三价铕离子掺杂的钒酸镧发光材料

Trivalent Europium Ions-Doped Lanthanum Vanadate Luminescent Materials

王莉丽　著

本书数字资源

北　京
冶　金　工　业　出　版　社
2023

内 容 提 要

近年来，荧光材料的理论基础和制备技术不断发展，以钒酸盐为基质的红色荧光粉是发光材料研究中的活跃部分。本书介绍了采用水热制备方法，从铕离子掺杂的钒酸镧发光粉体及薄膜材料的发光强度出发，研究不同维度和形貌的发光材料结构及性能的关系，阐述了其发光机制。

本书可供从事荧光粉及发光薄膜材料研究与生产的科研人员和技术人员参考，也可作为高等院校物理、化学、材料科学、信息科学、照明工程等专业师生的参考书。

图书在版编目(CIP)数据

三价铕离子掺杂的钒酸镧发光材料/王莉丽著. —北京：冶金工业出版社，2023.5

ISBN 978-7-5024-9496-4

Ⅰ.①三…　Ⅱ.①王…　Ⅲ.①发光材料　Ⅳ.①TB34

中国国家版本馆 CIP 数据核字(2023)第 078813 号

三价铕离子掺杂的钒酸镧发光材料

出版发行　冶金工业出版社　　**电　　话**　(010)64027926
地　　址　北京市东城区嵩祝院北巷 39 号　　**邮　　编**　100009
网　　址　www.mip1953.com　　**电子信箱**　service@mip1953.com

责任编辑　于昕蕾　美术编辑　吕欣童　版式设计　郑小利
责任校对　梁江凤　责任印制　禹　蕊
三河市双峰印刷装订有限公司印刷
2023 年 5 月第 1 版，2023 年 5 月第 1 次印刷
710mm×1000mm　1/16；10.25 印张；197 千字；154 页
定价 63.00 元

投稿电话　(010)64027932　投稿信箱　tougao@cnmip.com.cn
营销中心电话　(010)64044283
冶金工业出版社天猫旗舰店　yjgycbs.tmall.com
(本书如有印装质量问题，本社营销中心负责退换)

前　言

发光是自然界中普遍存在的一种现象。发光材料在人类文明和科技的进步中起到了重要的推动作用。目前，发光材料的研究与物理、材料、化学及分子生物等诸多学科紧密联系，已成为一个重要的研究领域。

发光材料的种类很多，按照激发能量不同，可分为光致发光、阴极射线发光、电离辐射发光、电致发光、化学发光、生物发光、摩擦发光等。本书所研究的铕离子掺杂的钒酸盐微纳米材料属于光致发光材料，稀土发光材料在光致发光领域占有很大的比重。光致发光现象是材料受到如紫外光照射等辐射作用，发生辐射能量的吸收、存储、传递过程，最后以光辐射的形式释放能量。稀土发光材料由材料主体化合物（基质材料）和掺入的少量以至微量的杂质离子（激活剂）所组成。稀土离子独特的4f层电子结构使其具有丰富的光学谱带，三价铕离子被选择作为红光发光中心。钒酸盐具有优异的晶体结构、良好的紫外光吸收性能和较高的能量传递效率，而被选择作为稀土离子掺杂的基质材料。

发光材料的形态有粉体、薄膜、单晶或非晶体，材料的不同形态其发光性质也不同。本书详细介绍了具有新型结构的铕离子掺杂的钒酸盐发光粉体和发光薄膜，探讨了其水热制备技术、晶体生长及发光机制。

本书第 1 章综述了国内外钒酸盐为基质的稀土发光材料的研究成就和进展，介绍了稀土发光材料的基本理论、制备方法及应用。第 2~5 章着重讨论钒酸盐微纳米材料的水热制备技术，运用了大量的图片，清晰地展示了材料微观形貌与晶体生长、材料发光性能的关系。第 6 章对前面内容进行了总结。在水热制备方法和发光机制研究上具有一定的创新性，可为新型材料的制备和相关研究提供借鉴。

作者在稀土发光领域积累了一定的知识和经验，但由于作者学术及写作水平所限，且专著涉及晶体生长、发光领域的发展及前沿现状，有些问题尚处于百家争鸣阶段，专业名词术语也有不同，因此本书肯定存在缺点和不足之处。希望读者不吝赐教，提出批评和指正，更加希望能够与读者进行交流讨论。

特别感谢刘连利教授给予的精心指导和帮助，也感谢吕红艳和李佳璘两位研究生给予的支持。

王莉丽

2023 年 1 月

目　录

1 绪 论

1.1 引 言

发光材料是人类文明和科技进步的一个重要标志。近年来，发光材料发展迅猛，并与物理、材料、化学及分子生物等诸多学科紧密联系，成为一个重要的研究领域。

当材料受到如紫外光照射等外界激发作用后，其内部的电子受激后达到不稳定的激发态，当跃迁回到原来的平衡状态，随之发生能量的吸收、存储、传递和转换过程。在上述过程中如果材料没有发生化学变化，且以光辐射的形式释放能量的现象称为发光。这种受外界激发作用吸收能量而产生发光现象的材料称为发光材料，或称为荧光材料。

发光材料可简单地分为有机发光材料和无机发光材料。大部分有机发光材料存在掺杂热稳定性差、材料寿命短、原料成本高等缺点，其研究和应用相对较少。在实际应用和研究中，固体无机发光材料居多，其中以粉末状多晶为主，薄膜、单晶和非晶材料等较少。

依据物质所受激发作用不同，发光材料又可分为射线致发光材料、光致发光材料、热致发光材料、电致发光材料、化学发光材料和生物发光材料等。光致发光材料指在光的照射或激发下能够发光的材料。

由于大部分固体无机发光材料均是光致发光材料，通常所说的发光指的是光致发光。光致发光材料依据发光的持续时间不同，分为荧光材料和磷光材料。如持续时间较短，则为荧光材料；如持续时间较长，则为磷光材料。大部分稀土发光材料为磷光材料。稀土发光材料有基质和激活剂两部分。磷光材料的基质材料种类有很多，常见的有金属氧化物[1]、硒化物[2-4]、氟化物[5]、钒酸盐[6]、磷酸盐[7-8]、硅酸盐[9]、铝酸盐[10]及钨酸盐[11]等。可作激活剂的金属有银、铜、铬、锰、铋、锗、铅和稀土金属等。

光致发光材料按照发光方式，又可分为自激活型发光材料和受激型发光材料。自激活型发光材料[12-13]一般不需加入激活剂，其本身就能吸收激发能，形成结构缺陷型发光中心。部分自激活型发光材料也可以作为基质材料，将能量传递给掺杂离子而发光[14-15]。大多数光致发光材料为激活型发光材料，即在基质材料中掺入激活剂以取代基质晶格离子，形成杂质缺陷型发光中心而发光。稀土发光材料也大都为激活型发光材料，稀土离子常作为激活剂掺入基质中起激活作用，使原本不发光或发光很弱的光学惰性基质材料发光。

1.2 稀土发光材料

1.2.1 稀土发光材料的性质

稀土发光材料一般由基质材料和激活剂离子两部分组成，为了改善稀土发光材料的性能，有时在基质材料中掺入共激活剂、敏化剂、助熔剂、电荷补偿剂等。稀土元素无论作为基质材料，还是作为激活剂、共激活剂和敏化剂等，这些材料统称为稀土发光材料，也称为稀土荧光材料。

在稀土发光材料中，基质一般用来禁锢激活剂离子和吸收能量，基质将吸收的能量传递给禁锢在其晶格中的激活剂离子，激活剂离子得到能量并将能量以光的形式释放出来。稀土发光材料中激活剂的掺杂含量一般非常少，与基质的摩尔比为万分之几到百分之几。激活离子可以是一种离子，也可以为两种或两种以上的离子。

除了作为发光中心的激活剂外，有时在稀土发光材料中还掺入另一种杂质离子作为敏化剂。敏化剂起到传递能量的作用，将吸收的能量传递给激活剂离子。激活剂和敏化剂可取代基质晶格中原有格位上的离子，形成杂质缺陷，从而改善材料的发光性能。

发光材料的激活离子进入基质晶格中，由于激活离子与基质晶格中原有格位上的离子所带电荷的差异，会存在电荷的增加或减少。为了使电荷平衡，且利于激活离子进入基质晶格中，通过向基质中引入另外一种杂质来补偿所引起的电荷增加或减少[16-17]，引入的杂质称电荷补偿剂。电荷补偿剂一般为 Li^+、Na^+、K^+ 等碱金属阳离子和 F^-、Cl^-、Br^- 等卤素离子等。

基质材料和激活离子共同影响着稀土发光材料的发射光谱性质。在光的激发作用下，禁带中的激活剂离子在不同的基质晶体结构中形成局域能级位置的不同，从而产生不同的辐射跃迁，并发出不同波长的光。稀土发光材料的发光特征可总结为：

（1）发光光谱为线状谱，发光谱带窄，色纯度高；

（2）4f 轨道由于受外部的 5s 和 5p 轨道的屏蔽，对同样的稀土掺杂离子来说，发光颜色基本在不同的基质中无变化；

（3）荧光寿命长，荧光寿命从纳秒到毫秒，达到 6 个数量级；

（4）光吸收能力强，转换效率高，材料的发光亮度高；

(5) 环境对三价稀土离子的光谱形状影响小，荧光光谱的谱峰形状很少随温度而变[18]；

(6) 在大功率电束、高温、高能辐射和强紫外光照射下，材料具有较好的物理和化学稳定性；

(7) 发射波长分布区宽，谱线丰富；

(8) 在晶体中，稀土离子作为发光中心得到能量跃迁至激发态，晶体中会出现电子或空穴，激发停止后，材料发光仍旧可以持续一段时间，存在余辉效应。

稀土发光材料展现了极其丰富的光学性质，在发光领域中备受推崇，稀土发光材料常被称为巨大的光学宝库。

1.2.2 稀土发光的相关理论

稀土元素的发光基于其 4f 层电子在 f-f 组态内或 f-d 组态之间的跃迁。当稀土离子吸收能量后，4f 电子从低能级跃迁到高能级；在高能级表现出不同的电子跃迁形式和极其丰富的能级跃迁。由于稀土离子（从 Ce^{3+} 到 Yb^{3+}）的 $4f^n$ 共有 1639 个能级的电子组态，不同能级间可产生 20 余万个跃迁通道，可观察到的谱线约 30000 条，其光谱范围覆盖了从真空紫外到近红外光谱区。

1.2.2.1 稀土离子的能级结构

稀土发光材料之所以具有特殊的发光性质，与稀土离子特殊的结构密切相关。稀土元素（rare earth，简称 RE）共 17 种，包括 15 种镧系元素（lanthanide，简写为 Ln）和属ⅢB 族的钪（Sc）、钇（Y）两种元素。稀土元素共生在天然矿物质中，有着相似的电子壳层结构和化学性质。

稀土元素原子及+3 价离子的电子组态[19]如表 1-1 所示。其中，[Ar] = $1s^22s^22p^6$，[Kr] = $1s^22s^22p^63s^23p^63d^{10}4s^24p^6$，[Xe] = $1s^22s^22p^63s^23p^63d^{10}4s^24p^64d^{10}4f^{0\sim14}5s^25p^6$。在化学反应中，稀土元素表现出了典型的金属性质，可失去电子形成+2 价、+3 价和+4 价等多种价态。其中，稀土离子最稳定的价态是+3 价，同时，+3 价是所有稀土元素所共同的氧化态，+3 价也称稀土离子的特征氧化态。+3 价镧系稀土离子的电子构型为 $[Xe](4f)^{n-1}$，4f 电子填充在倒数第三层轨道，其角量子数 $l=3$，磁量子数 m 可取 0、±1、±2、±3 共 7 个值，因此，4f 电子层有 7 个轨道。

根据洪特规则，原子或离子的同一电子亚层中，电子为全充满、半充满和全空是比较稳定的状态。在+3 价稀土离子中，Y^{3+} 无 4f 电子，La^{3+} 的 4f 层电子为全充满状态，Lu^{3+} 的 4f 层电子为半充满，它们的电子层都具有密闭的壳层，很难产生辐射跃迁而发光，为光学惰性材料，适用于基质材料。从 $Ce^{3+}\rightarrow Yb^{3+}$，这些

表 1-1　稀土元素的电子组态[19]

元素	元素符号	原子序数	原子电子组态	RE^{3+}电子组态
钪	Sc	21	[Ar] $3d^1 4s^2$	[Ar]
钇	Y	39	[Kr] $4d^1 5s^2$	[Kr]
镧	La	57	[Xe] $5d^1 6s^2$	[Xe] $4f^0$
铈	Ce	58	[Xe] $4f^1 5d^1 6s^2$	[Xe] $4f^1$
镨	Pr	59	[Xe] $4f^3 6s^2$	[Xe] $4f^2$
钕	Nd	60	[Xe] $4f^4 6s^2$	[Xe] $4f^3$
钷	Pm	61	[Xe] $4f^5 6s^2$	[Xe] $4f^4$
钐	Sm	62	[Xe] $4f^6 6s^2$	[Xe] $4f^5$
铕	Eu	63	[Xe] $4f^7 6s^2$	[Xe] $4f^6$
钆	Gd	64	[Xe] $4f^7 5d^1 6s^2$	[Xe] $4f^7$
铽	Tb	65	[Xe] $4f^9 6s^2$	[Xe] $4f^8$
镝	Dy	66	[Xe] $4f^{10} 6s^2$	[Xe] $4f^9$
钬	Ho	67	[Xe] $4f^{11} 6s^2$	[Xe] $4f^{10}$
铒	Er	68	[Xe] $4f^{12} 6s^2$	[Xe] $4f^{11}$
铥	Tm	69	[Xe] $4f^{13} 6s^2$	[Xe] $4f^{12}$
镱	Yb	70	[Xe] $4f^{14} 6s^2$	[Xe] $4f^{13}$
镥	Lu	71	[Xe] $4f^{14} 5d^1 6s^2$	[Xe] $4f^{14}$

元素的 4f 轨道依次被电子填充，从 $f^1 \rightarrow f^{13}$，电子层中都具有未成对 4f 电子，产生辐射跃迁可以发光，适于作激活剂。其中，Eu^{2+}、Eu^{3+}、Sm^{3+}、Ce^{3+}、Tb^{3+}和Dy^{3+}常用作发光材料的激活剂和敏化剂。

关于+3 价稀土离子发光性能的研究较多，其发射光谱一般来自内层电子的 4f 电子的跃迁。由于只有符合辐射跃迁选择定则的能级，其能级之间的辐射跃迁才是允许的，其中，能级之间的电偶极跃迁要满足两个选择定则。

（1）自旋选择定则：不同自旋态之间的跃迁是禁阻的。

（2）宇称选择定则：电偶极跃迁在相同宇称之间是禁戒的，只允许发生在不同宇称的能态之间。

原子能级之间除了电偶极辐射跃迁外，还有磁偶极辐射跃迁。磁偶极辐射跃迁恰好与之相反，其跃迁必须发生在相同宇称之间。对于红色发光粉来说，一般磁偶极跃迁的橙色光发光强度要比电偶极跃迁产生的红光强度弱得多。

+3 价稀土离子的 4f-4f 跃迁 $\Delta l = 0$，依据宇称选择定则，4f-4f 跃迁本应是禁阻的，由于稀土离子可受到邻近环境如晶体场对称性、配位场以及基质晶格的影响，其 4f 轨道与其他轨道可产生部分耦合，从而使 4f-4f 跃迁由原本禁阻的变为允许的。

除 4f-4f 辐射跃迁外，部分稀土离子还可以进行 d-f 辐射跃迁，此辐射跃迁 $\Delta l=1$，依据选择定则是允许的。d-f 跃迁产生的光谱为连续光谱，谱带宽，强度较高，荧光寿命短。由于 5d 处于电子壳层的外层，d-f 辐射跃迁受晶体场的影响较大。作为基质材料的稀土离子，其 4f-4f 跃迁不利于吸收激发能，在荧光光谱中，荧光强度一般较弱，而稀土离子的 d-f 跃迁产生的宽吸收谱带有利于对激发能的吸收，基质材料可更多地将吸收的能量传递给激活离子，从而提高稀土发光材料的发光效率。因此，稀土离子的 d-f 跃迁往往也成为稀土发光的研究对象。

1.2.2.2 电偶极跃迁的 Judd-Ofelt 理论

稀土离子 4f 电子的跃迁规律研究是发展新型发光材料的基础。自 20 世纪 60 年代稀土荧光粉问世以来，研究者们取得了大量的理论研究成果。确认了所有三价稀土离子的发光源于其 4f-4f、4f-5d 能级跃迁，给出了三价稀土离子 $5000cm^{-1}$ 以下的 4f 电子组态能级的能量位置。随着稀土荧光应用领域的拓展，稀土离子的光谱学日益完善，人们更为系统地认识了三价稀土离子的多光子效应（即量子剪裁)、离子间无辐射能量传递等光学特性，晶体场理论、能量传递机理等系统理论逐渐形成，其中最具代表性的是 J-O 理论和晶体场理论。

1962 年，Judd[20] 和 Ofelt[21] 分别发表了同一理论研究成果，即利用稀土离子基态到激发态跃迁的吸收峰积分强度，预测其电偶极、电多极跃迁的振子强度和跃迁概率表达式等。后来的研究者在此研究基础上进一步实验证实并发展了这一理论，形成了稀土离子发光特性的理论体系，即 Judd-Ofelt 理论，简称 J-O 理论。依据 J-O 理论计算，可确定实验中不易测定的发光参数，也可用于分析固体晶体中稀土离子的吸收、发射光谱。如今，J-O 理论已成为研究固体中稀土离子的光谱性质的重要理论。固体发光材料中，激活剂稀土离子 4f 组态内电子的跃迁多数具有电偶极的性质。稀土离子和原子状态的 $4f^n$ 电子在组态内的电偶极跃迁因宇称相同为禁戒的。Judd 和 Ofelt 为解释固体材料中稀土激活离子 4f-4f 组态内的电偶极跃迁，假设存在某种非中心对称的相互作用，在有配位离子等情况下，晶格振动或奇宇称成分引起了相反宇称的 $4f^{n-1}n^1l^1$ 组态混入 $4f^n$ 组态之中，这时，原 $4f^n$ 组态内不再是单一宇称态，而是 $4f^n$ 组态和 $4f^{n-1}n^1l^1$ 两种宇称的混合态，材料中可产生 f^n 组态内的受迫电偶极辐射跃迁，从而固体材料发出红光。目前，依据 J-O 理论，可推导出跃迁强度与晶体场的关系，用拟合吸收光谱可获得光学跃迁强度参数 Ω，使之成为研究稀土离子光谱性质的标准方法。

根据 J-O 理论，可通过 Eu^{3+} 的发射光谱计算出强度参数 $\Omega_J(J=2, 4, 6)$[22]。对稀土离子在不同材料中掺杂研究结果发现[23-24]，与 $^5D_0 \rightarrow {}^7F_2$ 跃迁相比，

$^5D_0 \to {}^7F_{4,6}$跃迁是很弱的电偶极跃迁，所以强度参数 Ω_4 和 Ω_6 可以忽略。$^5D_0 \to {}^7F_2$ 跃迁受基质环境影响很大，这种敏感地依赖于配体环境而变化的跃迁，称为超敏跃迁。强度参数中的 Ω_2 项与基质材料的晶体场对称性有关。Ω_2 项反映了基质材料的配位对称性及结构的有序性特征，Ω_2 数值越大，材料的共价性越强，晶体场对称性越低；反之，Ω_2 数值越小，则离子性越强，晶体场对称性越高。

Eu^{3+}是一种应用广泛的红色荧光粉的激活剂，以 Eu^{3+}作为发光中心的研究报道较多[25-27]。Eu^{3+}具有 $4f^6$ 电子组态，Eu^{3+}的可见光发射主要为$^5D_0 \to {}^7F_J$（J=0，1，2，3，4，5，6）跃迁，其中 Eu^{3+}的$^5D_0 \to {}^7F_1$ 磁偶极跃迁或$^5D_0 \to {}^7F_2$ 电偶极跃迁发光强度较高，两者强度之比为红橙比（R/O），其数值取决于在该发光材料中 Eu^{3+}所占据晶格位置的对称性的高低[28-30]。荧光粉的色纯度对基质结构的对称性提出了要求。基质结构的对称性高，以磁偶极跃迁$^5D_0 \to {}^7F_1$ 为主，对应于发射波长在 590nm 附近的橙色光；对称性低，则以电偶极跃迁$^5D_0 \to {}^7F_2$ 为主，对应于发射波长在 612nm 附近的红光；而 Eu^{3+}其他跃迁一般相对较弱。

对于 Eu^{3+}为激活剂的红色荧光粉，希望 Eu^{3+}在基质晶格中占据对称性较低的非反演中心对称格位，则对应于电偶极跃迁$^5D_0 \to {}^7F_2$ 的红光发射强度大，对应于磁偶极跃迁$^5D_0 \to {}^7F_1$ 的橙光强度弱，两者跃迁强度之比值红橙比（R/O）越大，色纯度越好。众多研究者旨在改进合成方法，通过对基质材料的晶体结构进行调控，以增强 Eu^{3+}的$^5D_0 \to {}^7F_2$ 跃迁强度，提高红色荧光粉的色纯度[31-32]。

1.2.2.3 晶体场理论

晶体场理论是研究晶体场对称性及晶体场强度来处理原子或者离子中电子的量子状态变化的理论。晶体场理论于 1929 年提出，目前仍是一个非常活跃的研究领域，是解释稀土离子发光的经典理论。

在晶体中，晶体场对体系能级的影响非常大。晶体场理论最初应用于对过渡族元素能级的研究，认为自由离子在周围晶格环境的静电作用影响下，产生一系列的能级劈裂（Stark 劈裂）[33]，Stark 劈裂的能级数目与离子所处晶体环境的局域晶格对称性直接相关。由于晶体场的存在破坏了原自由离子体系的球对称性，从而根据各谱项的性质劈裂为若干能级[34]。

当 Eu^{3+}在基质晶体中占据反演对称中心的基质格位时，4f 电子在组态能级间的跃迁方式为禁戒的电偶极跃迁，此时，几乎不受格位对称性影响的$^5D_0 \to {}^7F_1$ 磁偶极跃迁占主导地位，发射出 590nm 附近的橙光。当 Eu^{3+}占据的基质格位偏离反演对称中心的格位时，由于存在奇宇称相或晶格振动，相反宇称的 $4f^{n-1}5d$ 和 $4f^{n-1}$组态可混入 4f 组态中，产生“强制”电偶极跃迁。此时，电偶极跃迁

$^5D_0 \rightarrow {}^7F_2$ 占主导地位，发射峰在 612nm 附近，为红光发射区域。电偶极跃迁 $D_0 \rightarrow {}^7F_2$ 受对称格位和周围晶体场环境影响很大。因此，致力于调节基质晶体的结构，使 Eu^{3+} 处于低对称格位上，使 $D_0 \rightarrow {}^7F_2$ 的电偶极跃迁在红色荧光粉材料的发射光谱中占主导地位。Eu^{3+} 发射光谱中，$D_0 \rightarrow {}^7F_2$ 电偶极跃迁通常会劈裂成多个发射峰，发射跃迁劈裂现象是由 $^5D_0 \rightarrow {}^7F_2$ 能级的晶体场分裂形成的。

1.2.3 稀土发光材料的发光过程

发光过程与晶体能带结构、内部缺陷、能量传递、载流子迁移等微观结构、性质和过程密切相关[35]。稀土发光材料的发光包含能量吸收、能量传递和发光三个过程。

照射到物体上的紫外光，一部分被物体反射和散射，其余的光被物体吸收。发光材料的基质和激活剂均可对光产生吸收。对于稀土钒酸盐下转换发光材料，受到紫外光照射激发时，由于 VO_4^{3-} 对紫外光有着良好的吸收，稀土钒酸盐基质主要起到吸收能量的作用。且 VO_4^{3-} 的 π 轨道能使 VO_4^{3-} 和稀土离子的电子波函数有效重叠，VO_4^{3-} 和稀土发光中心离子可通过交换作用而有效地传递能量。此外，发光过程中还常产生使发光效率降低的热辐射等能量释放形式。

基质材料吸收光后，通常将吸收的能量传递给激活剂离子。除了发出荧光或发热等非辐射跃迁外，还存在一种跃迁回基态的方式，即激发中心（S^*）得到能量后，将能量传递给另一个激发中心（A）后使 A 发光，这个过程叫敏化发光。能量在激发中心间传递的过程可由式（1-1）表示。

$$S^* + A \longrightarrow S + A^* \tag{1-1}$$

在 S 敏化 A 的敏化过程中，A^* 可能会发生非辐射衰减，此时 A 被看作 S 发光的猝灭剂。敏化发光是晶体中能量传输的一种常见现象。这种辐射再吸收概率取决于敏化剂 S 发射的光对激活剂 A 的激发效率。在红色荧光粉中，作为发光中心的激活剂离子对能量吸收的效率和强度一般较低，发生辐射再吸收的敏化发光概率较小。

敏化发光、交叉弛豫和浓度猝灭都是比较常见的能量传递现象。当 S 和 A 为同一元素时，这种现象称为浓度猝灭，浓度猝灭的原因是晶体中发光中心浓度高导致激活离子间的交叉弛豫。交叉弛豫是激发中心把激发能的全部或部分转交给另一个中心的能量传递过程。作为发光中心的激活离子之间进行的能量传递即猝灭现象，可显著影响材料的发光性能。交叉弛豫会造成激发能量的损失，导致材料的发光强度降低。

另外，材料中的基质离子之间、激活剂等杂质离子之间和杂质与基质离子之间还存在协同发光现象，即一个杂质离子与另一个杂质离子（激活剂离子等）

在某光谱段吸收能量而发出波长相同或相近的光。

不同的敏化剂和协同剂改善材料发光的机制不同，相同的敏化剂和协同剂在不同的基质晶格中敏化机制和协同机理也不同，结合激活剂的发光特征和基质晶格的结构特征，研究敏化剂和协同剂提高荧光材料的发光强度的作用机制也成为稀土发光材料的研究热点。

1.3　钒酸镧微/纳米材料

镧系稀土钒酸盐的结构通式为 $LnVO_4$，其具有独特的电子外层结构、较大原子磁矩和较强的自旋轨道效应等特征，在光、电、磁学方面显示出了优异的性能[36-41]。钒具有多种价态，可形成多种钒氧化物和钒酸盐。$LnVO_4$ 微/纳米发光材料具有良好的热稳定性、结晶性和可见光透过性，其制备和光学性能研究引起了众多研究者的关注[42-45]。镧系稀土离子中，La^{3+} 比其他+3 价稀土离子的离子半径大，更容易实现 Eu^{3+} 掺杂。$LaVO_4$ 与商品化的 YVO_4 中有着相似的结构，$LaVO_4$ 微/纳米材料也是一种具有潜力的红色发光材料。

1.3.1　钒酸镧的结构与性质

在镧系+3 价离子中，La^{3+} 具有半充满的 4f 电子层结构，在钒酸镧基质中不发生 f-f 跃迁，不会因辐射跃迁而消耗能量，因而，钒酸镧是一个良好的基质材料。由于掺杂剂 Eu^{3+} 与 La^{3+} 有着相似的离子半径和结构，La^{3+} 的半径比 Eu^{3+} 的半径略大，Eu^{3+} 容易进入 $LaVO_4$ 晶体中占据 La^{3+} 的晶格位置。

对于镧系稀土钒酸盐 $LnVO_4$，除镧元素外，其他镧系稀土元素只能和氧元素形成 8 配位的 LnO_8 结构，其晶体只有一种结构：四方晶相（tetragonal，简写 t-）的锆石结构。由于镧系收缩的结果，镧元素具有最大的原子半径，和氧元素除了形成 8 配位的四方相锆石结构外，还能形成 9 配位的单斜相独居石结构。$LaVO_4$ 晶体有两种结构：四方晶相（tetragonal，简写 t-）的锆石结构和单斜晶相（monoclinic，简写 m-）的独居石结构。单斜晶相和四方晶相的钒酸镧晶体结构如图 1-1 所示[46]。单斜晶相的稀土离子对称性为 C1，而四方相稀土钒酸盐的稀土离子对称性为 C2。在化学反应中，具有 8 配位的四方锆石结构的 $LaVO_4$ 为热力学不稳定相，而具有 9 配位的单斜相的晶独居石结构 $LaVO_4$ 为热力学稳定相。

四方相 $LaVO_4$ 晶体空间群为 I41/amd，对应于 JCPDS 32-0504 中的晶格参数为 $a=b=7.458\times10^{-10}$m，$c=6.527\times10^{-10}$m。四方相钒酸镧晶体整体结构[47]如图 1-2 所示，四方锆石型的 $LaVO_4$ 由孤立的 VO_4 基团和 La 原子组成。V 原子与其

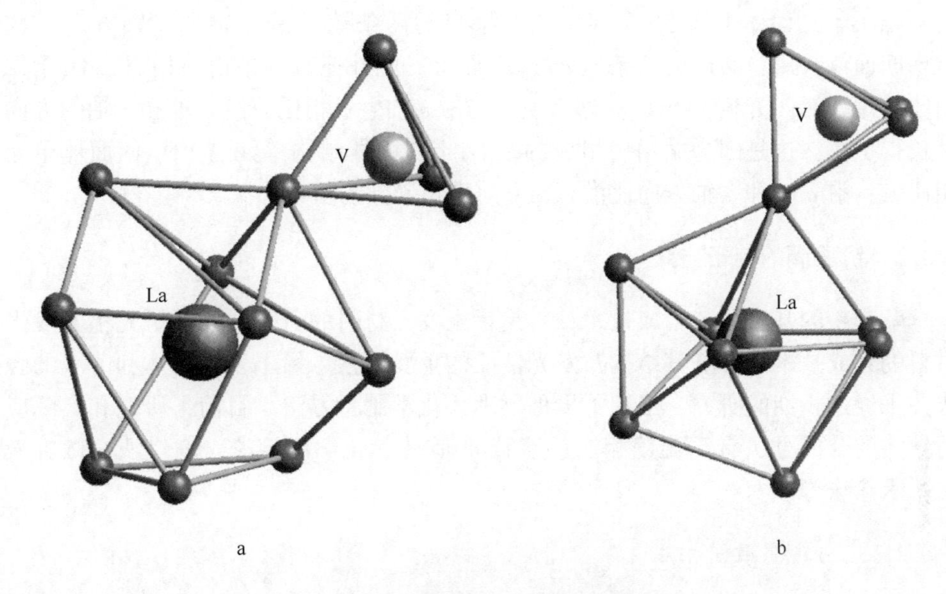

图 1-1 钒酸镧的单元结构图[46]
a—单斜晶相；b—四方晶相

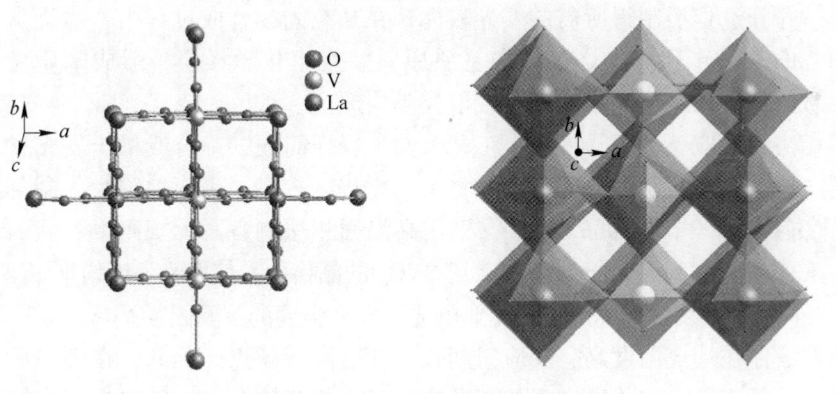

图 1-2 四方相 $LaVO_4$ 的整体结构图[47]

图 1-2 彩图

顶角的四个 O 原子形成形状规则的 VO_4 四面体，V 原子处在 VO_4 四面体的中心，V—O 键的键长为 1.713×10^{-10}m，O—V—O 的键角为 113.9°。处于结构中心的 La 原子与处于顶点的 8 个 O 原子形成了 2 个扭曲的四面体，这 2 个四面体组成了一个 LaO_8 十二面体。La 原子和 VO_4 四面体 4 个顶角的氧原子形成的 La—O 键长为 2.468×10^{-10}m，与 VO_4 四面体边上的 2 个氧原子形成的 La—O 键长为 2.550×10^{-10}m。任何一个四方晶胞中都有 4 个 $LaVO_4$ 非对称单元，其中 LaO_8 十二面体与 VO_4 四面体的连接方式为共边的交替相连，直链是沿着 c 轴方向形成的。LaO_8十二面体中有 20 条棱，相互垂直的两条棱（沿 a 轴和 b 轴方向）与 VO_4 四面体共用，共用的两条边处在 ab 面上，此外还有 4 条边与相邻 LaO_8十二面体共用。对四方相 $LaVO_4$ 晶体来说，与沿 c 轴生长相比，沿 a 轴和 b 轴的方向生长得更快，这是因为共用棱组成的 LaO_8十二面体结构单元与 VO_4 四面体单元相比较，沿 a 轴和 b 轴方向比沿 c 轴方向生长受到的阻力小。

1.3.2 钒酸镧的制备方法

荧光粉的基质材料合成技术一直是稀土发光材料的研究热点。研究稀土发光材料的合成技术是影响其结构及发光性能的重要因素。稀土发光粉体和薄膜的合成技术经过长期的研究，出现了多种物理、化学制备方法。目前，研究和实际应用较多的合成方法有高温固相法、溶胶-凝胶法、化学沉淀法、燃烧法、微乳液法、水热法等。

1.3.2.1 高温固相法

高温固相法是将高纯度的基质、激活剂、敏化剂以及助熔剂等原料按照一定比例混合，经研磨、混匀后，在 1000~1600℃的高温下焙烧进行固相反应，焙烧产物经粉碎、筛分过程后制得所需的发光粉体。在高温固相合成过程中，焙烧是形成发光中心的关键步骤。焙烧过程中基质原料间发生化学反应，形成基质材料；同时，激活剂进入基质晶格的间隙或取代晶格原子。

高温固相法的反应条件容易控制，工艺成熟，操作简便，是合成稀土发光材料最传统的方法。此方法制备的稀土发光材料晶化程度较高、表面缺陷少，制备的材料发光性能良好[48-49]。Shim 等人[50]采用高温固相法制备了无规则颗粒状的 $Y_{1-x}La_xVO_4$:Eu^{3+}发光材料，由于 La^{3+}掺杂到 YVO_4 的晶格中，使发光强度增加了 2 个数量级，材料的结晶度和表面形貌都是影响光致发光强度的重要因素。

高温固相法存在灼烧温度高、反应时间长、耗能高等缺点。此外，在固态反应合成中，化学反应是通过传质实现的，反应物必须相互接触，一般需有球磨等研磨过程，以提高反应速度和扩散速度，从而使制备的发光粉体组成和粒度均匀。高温固相法是制备荧光粉的主要方法，在研磨过程中，发光材料的晶型可能会被破坏，使荧光粉的发光性能下降，造成荧光粉的发光亮度大幅度降低。另外，在反应体系中通常加入助熔剂，以降低合成温度。助熔剂的挥发会对高温炉造成污染，而且助熔剂的加入往往加重了产物的烧结程度，容易引入色心等晶体缺陷，降低荧光粉的发光强度。

1.3.2.2 溶胶-凝胶法

溶胶-凝胶法始于 20 世纪 60 年代，目前已应用到生产中的一种无机材料制备方法。具体方法是将原料溶于水或有机溶剂中配成前驱液，再将前驱液按一定比例混合，通过控制反应条件，使前驱液发生水解、醇解或螯合反应，产物在溶剂中聚集成纳米粒子并形成溶胶，溶胶经蒸发干燥过程形成凝胶，凝胶再经过焙烧等过程，最终转化为粉末产物。

溶胶-凝胶法化学反应条件温和，焙烧温度比传统固相反应法低，反应过程易控制、副反应少、纯度高。溶胶-凝胶反应制备的纳米粉体粒度可控、尺寸小且分布窄[51-53]。前驱体与溶剂可实现分子水平上混合、组成精确，激活离子在基质晶格中分布均匀，制备产物晶格完善，制备的稀土发光材料具有良好的发光性能。

Tyminski 等人[54]采用溶液-凝胶法，并在 600℃ 下煅烧制备了掺杂 m-$LaVO_4$ 和四方相的 YVO_4、$GdVO_4$ 和 $LuVO_4$ 上转换发光材料，并研究了发光过程、晶体结构与上转换发光的关系。Wiglusz 等人[55]采用溶胶-凝胶法合成了结晶性和发光效率良好的 Eu 掺杂 YVO_4 纳米晶，并在研究中发现了纳米晶的尺寸效应引起了晶胞体积的膨胀和 XRD 谱峰变宽。Herrera 等人[56]以采用溶胶-凝胶-丙烯酰胺聚合和固相反应法制备了 m-$LaVO_4$，并用 Zr 还原 $LaVO_4$ 获得 $LaVO_3$，计算了 $LaVO_4$ 和 $LaVO_3$ 的电子结构。由于 m-$LaVO_4$ 为热力学稳定态，溶胶-凝胶法制备的 $LaVO_4$ 一般均为单斜相，其发光性能要比其他掺杂的镧系稀土钒酸盐弱。此方法尽管被许多研究者认为是一种很有前景的合成方法，但不适合 t-$LaVO_4$ 的选择性合成。

此外，溶胶-凝胶法（sol-gel）用于稀土发光薄膜的制备，其优点是可以多次涂膜，制备的薄膜厚度可控。但溶胶-凝胶法制备薄膜的操作过程复杂，反应周期长，膜基附着力差。常采用旋涂技术制备晶种层，得到的稀土发光薄膜[57-59]结晶度较低，发光强度不高，需要高温煅烧过程提高薄膜的结晶度，以改善薄膜材料的发光性能。

1.3.2.3 化学沉淀法

化学沉淀法是水溶性的原料通过液相化学反应，在溶液中生成难溶沉淀物，经分离、洗涤、过滤后，沉淀物作为前驱化合物，进行焙烧，前驱化合物分解制备发光产物。化学沉淀法可分为直接沉淀法、均匀沉淀法和共沉淀法等。该方法工艺简单，易于实现工业化；稀土发光产物的制备过程中焙烧温度低，有利于节约能源。化学沉淀法的优点是能精确地控制前驱物粒子在液相中的成核与生长，制备出的发光粉体粒度分布可控、分散性较好。

Bing Yan 课题组[60]以稀土配位聚合物与水杨酸为原料，采用了一种新型的原位化学共沉淀法制备了多种稀土离子（Eu^{3+}、Dy^{3+}、Er^{3+}）掺杂的钒酸盐发光材料。Anees 等人[61]采用共沉淀法制备了水溶性的纳米多孔 $LaVO_4$:Eu^{3+} 和

$LaVO_4$:Eu^{3+}，Tb^{3+}球形颗粒，在药物运输方面具有潜在应用。沉淀法中反应条件直接影响着粒子大小、分布均匀性、膜层致密性以及附着力等。沉淀法制备薄膜的优势在于可在形状复杂的玻璃、陶瓷等固体表面上制膜。

1.3.2.4 燃烧法

燃烧法是将反应物和有机助燃剂混合制备成前驱物，助燃剂经外部点燃后而诱发局部化学反应，当温度达到前驱物放热反应的引发温度时，前驱物被点燃，使化学反应蔓延到整个反应体系，这种化学反应一般均为伴有火焰的氧化还原反应。

Veldurthi 等人[62]采用燃烧法以甘氨酸为燃料制得了 $Ag/LaVO_4/BiVO_4$ 复合物，制备的复合物与单一的 $LaVO_4$ 或 $BiVO_4$ 相比具有优异的光催化性能，$BiVO_4$ 虽然没有催化能力，但可以通过 Ag 作为电子媒介来提高 $LaVO_4$ 对 H_2 的催化性能。燃烧法制备过程简便，反应时间短，是一种非常安全、节能的技术。通过对助燃剂种类、反应物与助燃剂的比例等因素的调节，可制备超细或亚超细的发光粉体，但此燃烧法很难控制产物的形貌。

1.3.2.5 微乳液法

近年来，采用微乳液法[63-64]制备纳米稀土发光材料的研究越来越多。微乳液指两种互不相溶的溶剂形成的均匀乳液，一般为有机溶剂和水溶液，其液滴尺寸为纳米级。微乳液法是在表面活性剂的作用下，将反应物分别溶于组成相同的微乳液中，两种微乳液混合后，在水核中发生化学反应，反应产物一般以纳米微粒的形式稳定地分散在微乳液中，将纳米微粒通过超速离心分离，去除附着在微粒表面的油和表面活性剂，干燥后即可制得所需的纳米粒子。

Zhang 等人[65]以 CTAB 为表面活性剂，采用微乳液辅助水热法制备了粒径分布窄、分散性好的 YVO_4:RE（RE = Yb^{3+}/Er^{3+}，Yb^{3+}/Tm^{3+}）上转换发光材料。Fan 等人[66]也采用微乳液辅助水热法制备了 t-$LaVO_4$ 纳米线，微乳不只作为模板，而且与生长晶体的表面相互作用使晶体定向生长成纳米线。微乳液法在一个球形纳米级液滴内完成了晶体的成核、生长、聚结、团聚等过程，因此产物尺寸小而均一、分散性好。微乳液法制备的产物形貌可控，可制备纳米颗粒、纳米棒、球形等多种维度的纳米稀土发光材料。该方法的缺点是产率低，普适性差。

1.3.2.6 水热法

水热法是以水溶液作为反应媒介，将前驱物原料置于密闭的反应体系中，加热至临界或接近临界温度而产生高压条件，使前驱物在反应系统中不断溶解-结晶，产物达到一定的过饱和度，形成原子或分子生长基元，进行成核结晶过程制备出晶体。此方法提供了一个常压条件无法得到的特殊的物理、化学环境，反应过程受水热体系的温度和压力影响。

尽管水热反应周期比较长，但水热法操作简单、易行，许多研究者采用该方法制备荧光粉。通过对前驱物的种类、初始溶液 pH 值、水热温度、压力、反应时间及反应物浓度等实验参数的控制，实现对水热产物组分、晶型及颗粒尺寸等微观结构进行“调控”[67-70]。水热法在稀土发光纳米材料的制备中显示出了很多优点[71]：

(1) 制备过程中采用中低温液相控制，反应条件温和，能源消耗低；

(2) 水热法适用性广，可以制备多维度的纳米粉体、薄膜等纳米稀土发光材料；

(3) 反应时水热体系中溶液快速对流，制备的稀土发光材料物相均匀，纯度较高，在液相中前驱物达到原子级均匀混合，稀土离子更容易进入晶格，提高其掺杂浓度；

(4) 由于能够提供高压、密闭的反应体系，可实现其他方法无法得到的物相生成和晶化过程，尤其适合亚稳相和高温不稳定相稀土发光材料的制备；

(5) 制备产物的尺寸小而均匀，且分散性好；

(6) 制备的产物晶粒发育完整，水热产物的结晶度好，制备的稀土发光材料发光性能良好。

到目前为止，研究者们通过水热法合成了各种形貌的 $LaVO_4$ 微/纳米材料[72-74]，如纳米颗粒、纳米棒、束状棒、微米立方体、实心球和空心纳米球。Ropp 和 Carroll[75] 首次合成了结晶度较低的 t-$LaVO_4$。Oka Yoshio 及其课题组成员[76]在水热条件下，分别采用 LaCl、$La_2(SO_4)_3$ 和 $La(NO_3)_3$ 为 La 源，V_2O_5、$VO(OH)_2$ 和 $NaVO_3$ 为 V 源，制备了结晶度较高的 t-$LaVO_4$ 材料，并对其结构开展了详细的研究，确定了晶胞参数和结构。Fan 研究组[77]采用 EDTA 导向的水热法在 2.5~6.5 的 pH 值下产生 $LaVO_4$ 纳米颗粒和纳米棒，产物的微观结构是影响其发光强度的主要因素，四方晶相的掺杂 $LaVO_4$ 纳米材料具有更高的发光强度。Wang 等人[78] 报道了 pH 值 2~10 的范围内，在 EDTA 辅助下制备出了 t-$LaVO_4$ 海胆状微球、纳米棒和纳米线，与热力学稳定 m-$LaVO_4$ 相比，热力学亚稳态的 t-$LaVO_4$ 具有更优异的发光性能。

大量研究表明，与热力学稳定 m-$LaVO_4$ 相比，热力学亚稳态的 t-$LaVO_4$ 是更优异的基质材料[79-81]。一般地，亚稳态物质通常可以通过“软化学”方法制备，水热法是一种常用的制备亚稳态物质的方法。水热过程为钒酸镧从稳定的单斜晶型向亚稳的四方晶型转变提供了足够的能量，还可以通过调节合成水热条件来控制产物的结构和形貌，无须煅烧便得到良好的结晶度。因此，水热法成为了一种良好的选择性合成 t-$LaVO_4$ 的方法，备受广大研究者青睐[82-85]。

此外，研究者们通过对水热技术进行改进，发展了一些新的合成方法。近年来发展较快的溶剂热法[86]，用有机溶剂代替水为溶剂体系，扩大了水热法的应用范围。

1.3.3 钒酸镧微/纳米材料的研究进展

稀土无机盐作为发光基质材料在稀土发光材料中占有很大的比重，目前，常见的稀土无机盐基质材料体系有稀土硼酸盐[87-89]、稀土磷酸盐[90-91]、稀土铝酸盐[92-93]、稀土硅酸盐[94-95]和稀土钒酸盐[96-97]等。为改善材料的发光性能，两种或两种以上复合基质的荧光粉的合成已有报道[98-101]。兰州理工大学董其铮[102]合成了具有良好紫外吸收和色纯度的 $Y(P, V)O_4$:Eu 纳米红色荧光粉，并研究其能量传递过程。研究者们不断探索着新的稀土发光体系，研究发光过程中的能量转移，以及激活剂与其他掺杂助剂的相互作用机理，更好地利用电荷迁移带的近紫外吸收，实现稀土离子高效的可见光发射等性能。从 VO_4^{3-} 到稀土离子之间有效的能量转移，使得钒酸盐体系仍然是研究和应用最多的体系之一。

钒酸盐体系纳米材料研究最多的 YVO_4 晶体，目前已经被商品化。其中，$LaVO_4$ 和 YVO_4 有着相似的晶体性质，是商业化 YVO_4 的潜在替代品。Grzyb 等人[103]采用水热法合成了四方晶相的 Eu^{3+} 掺杂 YVO_4、$LaVO_4$ 和 $GdVO_4$ 纳米晶，计算了 Eu—O 键拉伸力常数和 Judd-Ofelt 强度参数 Ω，讨论了晶格畸变对 Ω 和 Eu^{3+}发光强度的影响。目前，采用水热法利用配合剂、表面活性剂等助剂作为模板已经成功制备出零维和一维 $LaVO_4$ 纳米材料[61, 104]，材料的尺寸和维度对其发光性能的影响研究一直备受关注[105-106]。在 $LaVO_4$ 纳米材料的水热制备过程中，配合剂和 pH 值是两个关键性的影响因素。关于 t-$LaVO_4$ 纳米材料的水热合成报道中，通过对镧源和钒源、水热时间、水热温度、配合剂和初始溶液 pH 值等实验因素的调节，均可控制备 $LaVO_4$ 晶体的微观形貌及发光性能[107-109]。Ma 等人[110]以镧和钒的氧化物作为前驱体，合成了单斜相和四方相 $LaVO_4$ 纳米棒，由于 EDTA 与 La^{3+}螯合作用加速了镧氧化物的溶解，促进了 t-$LaVO_4$ 纳米棒的形成。Jia 等人[79]制备了 t-$LaVO_4$ 纳米材料，通过与 m-$LaVO_4$ 体材料对比，发现 t-$LaVO_4$:Eu 纳米材料荧光强度远远高于 m-$LaVO_4$ 体材料，并探讨了基质的晶体结构、Eu 离子所占据的晶格位置对材料发光效率的影响，认为具有良好结晶度的四方相锆石结构是其 t-$LaVO_4$:Eu 纳米材料荧光强度高的原因。此后，他们[111]以 Na_3VO_4 和 $La(NO_3)_3$ 为前驱体，EDTA 为模板剂，在 pH 值 2~13 范围内制备了单斜相及四方相的 $LaVO_4$ 一维纳米材料，讨论了 EDTA 的螯合作用t-$LaVO_4$ 一维纳米材料的形成机理。Fan 等人[112]以 NaOH 为矿化剂合成了 $LaVO_4$ 纳米棒，采用 Ostwald 熟化机制解释了 $LaVO_4$ 纳米棒的生长。后来，他们[77]调节初始溶液 pH 值在 2.5~6.5 之间，制备了不同形貌的 m-$LaVO_4$ 及 t-$LaVO_4$ 晶体，同样发现了从单斜相结构向四方相结构的晶型转变导致晶体荧光性能显著提高。

空心微球具有独特的内部空腔，其比表面积大、密度低、扩散性高、吸收能力强等特点，在药物、催化、光学材料等领域有着广泛的应用前景[113-116]。空心球的制备有硬膜板法、软膜板法和免模板法[117]。艾鹏飞等人[118]以单分散的碳球为硬模板，采用共沉淀法合成了具有良好发光性能的六方晶 $Y_2O_2S:Eu^{3+}$空心微球，空心微球粒直径在350~450nm。硬膜板法操作复杂，高温煅烧去除模板会导致空心结构不稳定。而软膜板法中的模板易于去除，乳液滴、表面活性剂和气泡都是常用的软模板。Wang 等人[119]采用 SDS-PEG 软团簇为模板制备了 $YVO_4:Eu^{3+}$空心微球。免模板法无需模板剂便可直接制备空心微球，其形成过程有两种解释机理：一种是柯肯达尔效应（Kirkendall effect），Tian 等人[120]采用水和正丁醇的混合物作为溶剂，合成了直径低于 80nm 的 t-$LaVO_4:Eu^{3+}$纳米空心球，纳米空心球的形成是基于球内部和外部扩散速率不同；另一种是“奥氏熟化”机理（Ostwald ripening），奥氏熟化是由于能量的因素晶粒逐渐长大的过程，是一种自发的过程[112]。Liu 等人[121]采用水热法制备了氧化铈空心微球，并研究了空心微球的奥氏熟化过程。

就纳米阵列膜的制备方法来说，常用的方法是物理沉积法和化学气相沉积法，但这两种方法实验装置复杂，难以大面积成膜。水热法是一种制备先进材料的重要手段，操作简单，材料生长易控制，是一种纳米阵列膜比较有前途的制备方法。水热法制备的多晶薄膜具有良好的结晶度，稳定性好，而且可以制备任意形状、尺寸的薄膜。目前，采用水热法合成氧化锌、二氧化钛等氧化物阵列膜的研究已有大量报道，尹沛羊等人[122]采用水热法制备了钛酸锶钡纳米管阵列薄膜，并对薄膜的结构、形貌和介电性能进行了研究。

近年来，关于发光薄膜的合成方法[123-126]已开展了一些研究工作。北京化工大学刘军枫课题组[127]通过溶胶-凝胶法制备了 $LaVO_4$ 胶体纳米晶，采用简单的涂敷技术制备的 $LaVO_4$ 薄膜具有良好的荧光性能；采用溶胶-凝胶法，利用旋涂或进一步自组装技术制备了 Eu^{3+}、Dy^{3+}、Sm^{3+}掺杂 $LaVO_4$ 纳米棒阵列[128]，透明的 $LaVO_4$ 薄膜具有良好的荧光性能，其中，Dy^{3+}掺杂 $LaVO_4$ 胶体纳米晶薄膜的制备拓展了稀土发光材料在太阳能电池方面的应用。长春应用化学研究所的洪广言、林君小组[59-60]采用溶胶-凝胶法制备钒酸盐稀土 $RP_{1-x}V_xO_4:A$（R=Y, Gd, La; A=Sm^{3+}, Er^{3+}）发光薄膜，在提高发光体的相对发光强度和相对量子效率方面取得了进展。王磊等人[129]采用溶胶-凝胶模板法以多孔氧化铝模板制备了 $Y_2O_2S:Eu^{3+}$, M^{2+}(M=Mg, Ca, Sr, Ba), Ti^{4+}纳米阵列红色发光材料，表现出良好的余辉性能。

目前，由于水热法对基底的要求高，制备的薄膜易脱落，关于纳米阵列发光薄膜的水热制备仍有一定的挑战。人们希望通过有效手段制备出具有良好结晶度、尺寸形貌可控、大面积分散性较好、性能稳定的样品，进而对其发光机理进行深层次分析研究。钒酸盐纳米阵列发光薄膜的合成和发光性能研究还未见报道，钒酸镧的维度、形貌、光谱性质与发光机理的本质联系有待进一步研究[130-131]。

1.3.4 钒酸镧微/纳米材料的应用

钒酸镧晶体具有良好的磁性、光催化活性、敏感特性、热稳定性、导电性及气敏性等特性，且在较宽的光谱范围内有高度的透光性能，是一种性能优良的双折射单轴晶体，可作为催化剂载体、荧光剂、偏振器、激光基质材料、医药及生物标记物等[132-136]。随着科技的进步和理论研究的发展，稀土钒酸盐的应用范围也正在向其他领域拓展。

稀土荧光粉在稀土发光材料中占有相当大的比重，是稀土发光材料产业的支撑材料。稀土三基色荧光粉分别由发红、绿、蓝三原色光的三种荧光粉按一定比例混合而成。20 世纪 60 年代，Levine 和 Palilla[139] 首次研制出了稀土红色荧光粉 YVO_4:Eu，主要用于阴极射线彩色显像管（CRT）的发光材料。随后，稀土荧光粉的制备、性质及理论研究均经历了突飞猛进的发展，YVO_4:Eu^{3+}和 Y_2O_3:Eu^{3+}等稀土红色荧光粉取代了发光效率低的 $Zn_3(PO_4)_2$:Mn 非稀土红色荧光粉，使稀土钒酸盐发光材料得到了关注。随后，商品化的 YVO_4:Eu 发光材料在紫外光辐射下物理、化学稳定性好，热猝灭温度高，发光效率高且光色可调，因而钒酸盐发光材料成为了一种重要的稀土发光材料[137-138]。直到 21 世纪初，蓝色 InGaN 发光二极管（LED）技术的突破及白光 LED 的产业化，才使稀土三基色荧光粉的需求减少。

近年来，等离子体平板显示（PDP）和场发射显示（FED）技术产业化迅速发展。PDP 具有屏幕大、高亮度和对比度、工作寿命长、响应速度快、环境适应性好等优点[140-141]。PDP 所用的红粉（Y,Gd)BO_3:Eu^{3+}是紫外光激发的，发出的光主要是 593nm 左右对应于 Eu^{3+}磁偶极跃迁的橙色光，色纯度较差。随着 PDP 产业的发展，要求具有更高发光效率、更纯发光颜色的发光材料[142-143]。FED 显示要求具有亮度高，视角宽，工作温度范围大、质量轻，体积小，功耗小等特性，还要具有特定的导电性、稳定性、形貌特征等。目前，PDP 所使用的荧光粉仍为灯用三基色荧光粉，没有真正能够满足 PDP 和 FED 显示要求的稀土三基色荧光粉，新型用发光材料的制备是一个亟待解决的问题。目前，荧光粉的研究主要有两方面[144]：一是对荧光粉进行改性，以获得较好的导电性和稳定性；二是研制具有良好的发光性能和导电性能的新型荧光粉。

面对 PDP 等高新技术的快速发展，提高稀土荧光粉窄带光谱的纯度、效率及宽带光谱的舒适度、补色作用，探索荧光粉发光与颗粒尺寸的内在联系，提高稀土荧光粉的发光质量和二次特性，提高荧光粉发光效率。以稀土钒酸盐为基质的发光材料符合 PDP 用荧光粉的要求，稀土钒酸盐基质材料又重新引起研究者的关注。

1.4 本书的研究意义及内容

1.4.1 研究意义

四方相 $LaVO_4$ 是一种巨大潜力的基质材料，其晶体结构与 YVO_4 相差无几，是商业化 YVO_4 的一种很好的替代品。四方相 $LaVO_4$ 新型发光材料的制备和物性研究一直是研究的热点。开展单斜相及四方相 $LaVO_4$ 新型微纳米材料的可控合成，对于推动我国的绿色照明工程，促进绿色照明工程的实施有着重要的实际和经济意义。

纳米稀土发光材料由于具备纳米材料的量子尺寸效应、小尺寸效应、表面效应和宏观隧道效应等物理、化学特性，纳米颗粒间巨大的表面界面能量改变了纳米材料的结构、键参数和掺杂离子格位等因素，使激活离子传递给猝灭中心的能量降低，理论上可以有效提高猝灭浓度，提高激活剂在纳米发光材料中的掺杂量，进而提高发光强度。但事实上，纳米材料的荧光强度和量子效率却往往小于商品化荧光粉体材料。对于这一现象产生的原因在于纳米晶粒表面有很多猝灭中心，粒径越小比表面积越大，其猝灭中心就越多；而对于微米材料，颗粒大其晶格越完整，效率也会越高，发光强度高。因此，纳米尺度的稀土发光材料荧光性能往往低于微米级的稀土发光材料，从而限制了纳米稀土发光材料的应用。而具有纳米结构的微米级晶体既保持了纳米材料优异的性能，又能够解决纳米材料由结晶度低、表面猝灭中心多引起荧光性能降低的问题。因此，具有纳米结构的微米级 $LaVO_4$ 发光材料，会成为一种具有优异性能的新型无机功能材料。对于 Eu^{3+} 为激活剂的荧光材料，一方面筛选紫外光激发下能有效地向 Eu^{3+} 传递能量的基质，另一方面筛选能有效敏化 Eu^{3+} 发光的敏化剂，以提高 Eu^{3+} 掺杂稀土发光材料发光强度。

本书的研究重点着眼于 Eu^{3+} 掺杂四方相钒酸镧微/纳米材料的制备、形成机理、微观结构与发光性能间的关系研究，考查钒酸镧纳米棒、空心微球及纳米阵列膜中 Eu^{3+} 的能量猝灭和能量转移等，从而提高钒酸镧基质红色荧光粉的发光强度、色纯度等荧光性能。对于人们进一步认识稀土发光材料的微观结构与发光性能的本质联系，尤其是对纳米稀土发光材料的发光机制研究有着重大的理论意义。此外，纳米阵列膜其垂直有序的结构将为稀土发光材料的科学研究注入新的活力，与钒酸盐稀土材料原有性质融合，将显现出新颖的发光特性，高结晶度纳米阵列膜将带给发光材料纳米尺度、维度上的各种限域效应，其有序的结构与钒酸盐稀土材料原有性质融合，可控合成的纳米阵列等具有有序结构的材料将显示出新颖的光学、电学等性质，是一种有着巨大应用前景的新型稀土功能材料。

1.4.2　研究内容

本书采用水热法制备多种维度的四方相 Eu^{3+} 掺杂钒酸镧微/纳米材料，以期待提高材料的发光强度和色纯度，研究 $LaVO_4:Eu^{3+}$ 微/纳米材料的合成、结构与发光性能的相关性，为 $LaVO_4:Eu^{3+}$ 多晶材料、薄膜等发光材料应用于显示、照明、药物、太阳能电池等应用领域奠定了一定的实验基础。

主要研究内容分为四部分。

(1) 采用水热法，以 EDTA 为螯合剂，制备 t-$LaVO_4$ 纳米棒和束状棒。研究初始溶液 pH 值、水热时间、水热温度及 Eu^{3+} 掺杂浓度等因素对 $LaVO_4:Eu^{3+}$ 晶体结构和发光性能的影响，通过 XRD、SEM、TEM、FT-IR、Raman、UV-Vis、PL 等分析技术，对制备的 $LaVO_4:Eu^{3+}$ 纳米棒和束状棒的微观结构和发光性能进行研究。研究 EDTA 的电离与 La^{3+} 的螯合作用对 $LaVO_4:Eu^{3+}$ 一维纳米棒和束状棒的作用机理，探讨 $LaVO_4:Eu^{3+}$ 一维纳米棒和束状棒的形成和发光机理。

(2) 在水-乙醇混合溶剂体系中，以 EDTA 为螯合剂，制备以 t-$LaVO_4$ 为主的微米花球，考查初始溶液 pH 值、水与乙醇的体积比、水热时间、水热温度、钒元素与镧元素的摩尔比（VO_4^{3-}/La）、镧元素与螯合剂的摩尔比（La/EDTA）及 Eu^{3+} 掺杂浓度等因素对 $LaVO_4:Eu^{3+}$ 晶体结构和发光性能的影响机制，探讨所制备的微米花球形成机理及发光性能影响机制。

(3) 在水-乙二醇混合溶剂体系中，以 EDTA 为螯合剂，制备单孔 t-$LaVO_4$ 空心微球，通过对样品的测试和表征，探讨初始溶液 pH 值、水热时间、乙二醇用量及 Eu^{3+} 掺杂浓度等因素对 $LaVO_4:Eu^{3+}$ 晶体结构和发光性能的影响机制，并探讨了四方相单孔 t-$LaVO_4$ 空心微球的形成机理。

(4) 以 EDTA 为螯合剂，结合水热法在铜片为基底上制备 t-$LaVO_4$ 纳米阵列材料，探讨初始溶液 pH 值、水热时间、EDTA/La^{3+} 摩尔比及 Eu^{3+} 掺杂浓度等因素对 $LaVO_4:Eu^{3+}$ 晶体结构和发光性能的影响，并探讨 t-$LaVO_4$ 纳米阵列材料的形成和发光机理。

2 $LaVO_4:Eu^{3+}$ 束状棒的制备及发光性能

2.1 引　　言

钒酸镧晶体具有良好的晶体结构，在光、电、磁学等方面显示了优异的特性[145-149]。其中，t-$LaVO_4$ 比 m-$LaVO_4$ 更适于作为稀土离子掺杂发光的基质材料，因此，选择性合成 t-$LaVO_4$ 晶体成为了研究的热点。

水热法制备的产物微观结构可控性好，形貌规整，产物无须进一步煅烧便具有良好的结晶度，是一种备受广大研究者青睐的亚稳态物质的合成方法。溶液中稀土钒酸盐材料的合成方法主要有两种：一种是在合成过程中不采用任何有机模板剂，在无机盐（如 NaOH 等）辅助合成稀土钒酸盐，材料的生长机理主要用 Ostwald 熟化机制来解释[112]；另一种是采用有机模板剂（EDTA、柠檬酸、CTAB、CTAC 等），材料的生长机理主要用模板剂的导向作用来解释。大部分 $LnVO_4$ 纳米材料的制备过程都采用了有机模板导向剂。其中，EDTA 是一种常用的有机模板剂，EDTA 又可以写作 H_4L，其中 $L^{4-}=(CH_2COO)_2N(CH_2)_2N(CH_2COO)_2^{4-}$，每个 EDTA 分子中含有四个羧基氧原子和两个氨基氮原子，两个氨基氮原子和四个羧基氧原子上的孤对电子具有很强的配合能力，能与镧、铕等许多金属离子形成稳定的多元环配合物。大量研究中已报道采用了水热法，以 EDTA 为模板剂制备 $LaVO_4$ 纳米棒[77]、纳米线[78]及束状棒[110-111]等多种形貌的一维纳米材料。尽管 $LaVO_4$ 一维纳米材料已经被合成，但由于水热实验影响因素较多，重现性差，且在较宽的 pH 值范围内合成 $LaVO_4$ 材料的研究很少，t-$LaVO_4$ 一维纳米材料的生长机理分析得不够深入，仍有待进一步研究。

在本章中，采用水热法，分别以 EDTA、KCl 为模板导向剂，选择性制备 Eu^{3+}掺杂的 t-$LaVO_4$(t-$LaVO_4:Eu^{3+}$) 束状棒及一维纳米棒，系统地研究初始溶液 pH 值、模板导向剂、水热反应时间和水热温度等水热条件对 $LaVO_4:Eu^{3+}$产物微观结构和荧光性能的影响，探索合成发光强度高、色纯度好的 t-$LaVO_4:Eu^{3+}$红色荧光粉的最佳水热制备条件，分析 t-$LaVO_4:Eu^{3+}$微/纳米结构与材料发光性能的相关性。本章中 t-$LaVO_4:Eu^{3+}$微/纳米材料的选择性合成和形貌控制，为进一步水热制备具有复杂结构的红色荧光粉晶体及发光薄膜的基础研究，对于其他稀土发光材料的研究具有重要的借鉴意义。

2.2　实 验 内 容

2.2.1　实验设备及原料

实验所用的仪器和设备如表 2-1 所示。

表 2-1　实验仪器和设备

仪器和设备	型　号	生产厂家
电子天平	AB-104-N	Mettler Toledo-Gronp 公司
电热套	500mL	天津市莱悦纳格实验室仪器销售有限公司
恒温加热磁力搅拌器	DF-101S	巩义市予华仪器有限责任公司
超声波清洗器	KQ-100KDEX	昆山市超声仪器有限公司
电热恒温鼓风干燥箱	DHG-9140A	上海风棱实验设备有限公司
聚四氟乙烯水热合成釜	25mL	上海隆拓仪器设备有限公司
酸度计	PB-10	德国赛多利斯仪器有限公司
箱式电阻炉	SXL-1304	福州精科仪器仪表有限公司

实验中使用的化学药品及原料如表 2-2 所示。

表 2-2　实验药品及材料

品　名	纯　度	供　应　商
偏钒酸铵	分析纯	成都西亚化工股份有限公司
氧化镧	高纯	广东翁江化学试剂有限公司
乙二胺四乙酸二钠	分析纯	天津市大茂化学试剂厂
氧化铕	分析纯	上海晶纯生化科技股份有限公司
氢氧化钠	分析纯	天津永晟精细化工有限公司
浓氨水	分析纯	盘锦福临化工有限公司
浓盐酸	优级纯	锦州古城化学试剂厂
氯化钾	分析纯	国药集团化学试剂有限公司
无水乙醇	分析纯	天津市风船化学试剂科技有限公司
去离子水	—	自制

2.2.2 实验方法

2.2.2.1 溶液配制

(1) 0.2mol/L $LaCl_3$ 溶液：称取 La_2O_3 粉体 7.427g 于烧杯中，加入适量热的去离子水溶解后，溶液降至室温，转移至 100mL 容量瓶中，定容。

(2) 0.02mol/L $EuCl_3$ 溶液：称取 Eu_2O_3 粉体 0.352g 于烧杯中，加入适量的稀 HCl 在 80℃恒温水浴中进行反应，待 Eu_2O_3 粉体全部溶解后，待溶液冷却至室温，用去离子水定容至 100mL。

(3) 0.2mol/L NH_4VO_3 溶液：准确称取 NH_4VO_3 粉体 2.340g 于烧杯中，用热的去离子水搅拌至粉体全部溶解，溶液冷却至室温后，转移至 100mL 容量瓶中，用去离子水定容。

(4) 0.2mol/L Na_2EDTA 溶液：准确称取 Na_2EDTA 盐 7.445g 于烧杯中，加入热的去离子水不断搅拌至全部溶解，待溶液冷却至室温后，用去离子水定容至 100mL。

(5) 0.2mol/L KCl 溶液：准确称取 KCl 晶体 1.491g，去离子水中溶解，并定容 100mL。

(6) 氨水溶液：浓氨水与蒸馏水体积比为 1∶1 和 1∶2 的混合溶液。

(7) 稀盐酸溶液：浓盐酸与蒸馏水体积比为 1∶1 和 1∶2 的混合溶液。

(8) 氢氧化钠溶液：称取 20g 氢氧化钠，用去离子水溶解，定容至 100mL，浓度为 5mol/L。

2.2.2.2 无配合剂制备 $LaVO_4$:Eu^{3+} 纳米晶

(1) 初始溶液的制备：用移液管依次取上述步骤 2.2.2.1 中的 $LaCl_3$ 溶液 2mL 和 $EuCl_3$ 溶液 0.1mL 于 25mL 的烧杯中，磁力搅拌下向其中逐滴加入 2mL 上述 2.2.2.1 中配制好的 NH_4VO_3 溶液，持续搅拌 20min 后，加入蒸馏水 12mL，搅匀，用上述氨水、盐酸溶液将体系调至不同的 pH 值，制备成水热反应初始溶液。将水热反应初始溶液全部转移至 25mL 反应釜中，密封，放入恒温烘箱中在 200℃下水热 2d。

(2) 水热产物的分离、洗涤和干燥：水热反应结束后，待反应釜自然冷却至室温，将釜中溶液及沉淀物全部转移至烧杯中，静置，待烧杯中的粉体基本沉淀在底部，去除上部清液，用蒸馏水，无水乙醇反复清洗粉体数次。将洗好的粉体放入烘箱中 80℃干燥 6h，得到 $LaVO_4$:Eu^{3+}样品粉体。

2.2.2.3 EDTA 辅助合成 $LaVO_4$:Eu^{3+}发光材料

(1) 初始溶液的制备：依次取步骤 2.2.2.1 中配制好的 $LaCl_3$ 溶液 1.9mL 和

$EuCl_3$溶液1mL混合于小烧杯中，磁力搅拌下加入2mL步骤2.2.2.1中配制好的EDTA溶液，继续搅拌20min后，逐滴加入2mL NH_4VO_3溶液，加蒸馏水使溶液总体积约至15mL，此时所制得的混合溶液为初始溶液。搅拌30min后，用稀盐酸溶液、氨水溶液或氢氧化钠溶液将初始溶液调至所需的pH值。将调好pH值的初始溶液转移至25mL聚四氟乙烯反应釜中，密封，加热到一定温度（140℃、160℃、180℃、200℃、220℃）进行水热反应一定时间（5h、12h、1d、2d、4.5d）。

（2）水热产物的分离、洗涤和干燥：实验步骤与2.2.2.2节相同。

2.2.2.4　KCl与EDTA辅助合成$LaVO_4$:Eu^{3+}发光材料

（1）初始溶液的制备：取步骤2.2.2.1配制的$LaCl_3$溶液1.9mL和$EuCl_3$溶液1mL混合于小烧杯中，搅拌下分别加入2mL EDTA和2mL KCl溶液，搅拌20min后，逐滴滴入2mL NH_4VO_3溶液，加蒸馏水约至15mL，制备的混合溶液为初始溶液，用氢氧化钠溶液调节初始溶液pH值为11或12，搅拌20min后，将初始溶液转移至25mL聚四氟乙烯反应釜中，密封，在水热温度200℃下，水热反应1d。

（2）水热产物的分离、洗涤和干燥：实验步骤与2.2.2.2节相同。

2.2.2.5　不同Eu^{3+}掺杂浓度的$LaVO_4$:Eu^{3+}发光材料的合成

（1）初始溶液的制备：制备不同Eu^{3+}掺杂浓度的$LaVO_4$:Eu^{3+}晶体时，分别取步骤2.2.2.1中配制的$LaCl_3$溶液和$EuCl_3$溶液体积为：1.98mL和0.2mL，1.96mL和0.4mL，1.9mL和1mL，1.84mL和1.6mL，1.8mL和2mL；Eu^{3+}占稀土元素总量的摩尔分数分别为1%、2%、5%、8%和10%。加入2mL EDTA搅拌20min，然后逐滴滴入2mL NH_4VO_3溶液，加蒸馏水约至15mL制备初始溶液，用氢氧化钠溶液调节溶液pH值为11，搅拌20min后，将初始溶液转移至25mL聚四氟乙烯反应釜中，密封，水热温度200℃下水热反应2d。

（2）水热产物的分离、洗涤和干燥：实验步骤与2.2.2.2节相同。

2.2.3　表征与测试

2.2.3.1　XRD分析

采用日本理学公司的Rigaku Ultimal Ⅴ型的X射线衍射仪对样品相组成进行分析，测试条件为Cu Kα辐射，40kV，40mA，连续扫描方式，扫描速度7(°)/min，步宽0.02°，扫描范围为10°~80°。

2.2.3.2 SEM及EDS表征

采用日本日立公司生产的S-4800型扫描电镜对样品微观形貌进行表征，并采用Bruker Quantax 200能谱仪对样品元素组成进行分析。

2.2.3.3 FT-IR光谱

样品和KBr经远红外烘干，采用KBr压片的方法，用美国Varian公司的FT-IR 2000型傅里叶变换红外光谱仪对合成的水热产物进行FT-IR光谱测试。

2.2.3.4 UV-Vis光谱

采用日本岛津公司生产的UV-2550型紫外可见分光光度计（积分球附件）检测样品在紫外可见区的漫反射性能及吸收性能，测量范围为205~800nm，采集数据间隔为1nm。

2.2.3.5 HRTEM微观形貌表征

采用JEOL-2100透射电子显微镜和FEI Tecnai G2 F20 U-TWIN TEM场发射高分辨透射电镜分析样品的晶体结构和微观形貌。

2.2.3.6 Raman光谱

采用Horiba Jobin Yvon Lab Ram HR Evolution拉曼光谱仪，使用波长为532nm激光器进行Raman光谱测试。

2.2.3.7 PL光谱

采用Horiba公司生产的FLUOROMAX-4-NIR型荧光光谱仪测试样品的激发和发射光谱。激发光谱和发射光谱的监测波长为616nm和273nm。测试激发光谱和发射光谱时所使用的狭缝为0.5~2nm，数据采集间隔为0.2nm。

2.3 结果与讨论

钒酸镧基质材料的形貌、晶相对产物发光性能有较大的影响。本章采用水热法在无配合剂下探究了体系pH值对$LaVO_4$:Eu^{3+}纳米晶的晶相、微观形貌以及光学性能的影响，再以EDTA为配合剂下探究了体系pH值、反应温度、反应时间、不同铕的掺杂量等因素对$LaVO_4$:Eu^{3+}纳米粉体产物晶相、微观形貌以及发光性能的影响，消除产物中的杂相生成，实现形貌的可控合成，提高产物的紫外吸收可见发射转光性能。

2.3.1　无配合剂下水热体系 pH 值对 $LaVO_4$:Eu^{3+}纳米晶的影响

由于在不同 pH 值下钒酸根会形成一系列的不同聚合度的多钒酸根，溶液 pH 值直接影响钒元素的存在形式和稳定性。通过调节溶液体系 pH 值可调控钒酸根的存在形式，进而控制钒酸镧晶体的形貌。本部分在无配合剂下，调节初始溶液的 pH 值分别为 4、5、6、7、8、9、10、11、12 和 13，在 200℃下，水热 2d 的条件下，制备 $LaVO_4$:Eu^{3+}纳米晶，并对其物相、微观形貌及光学性能进行测试，讨论 pH 值对产物结构和发光性能的影响。

图 2-1 为不同 pH 值下制备产物的 XRD 谱图，同时给出了四方相锆石结构（t-）$LaVO_4$（JCPDS No. 32-0504）和单斜相独居石结构（m-）$LaVO_4$（JCPDS No. 50-0367）的标准谱图。当水热体系 pH 值为 4 时，水热产物大部分的衍射峰与 m-$LaVO_4$（No. 50-0367）的标准谱峰相符，t-$LaVO_4$ 衍射峰强度较低，表明产物以 m-$LaVO_4$ 为主，有少量的 t-$LaVO_4$ 存在。水热体系 pH 值为 5~10 时，衍射峰的位置与 m-$LaVO_4$ 的标准谱图一致，对应的空间群为 P21/n(14)，无杂峰，说明产物为较纯的 m-$LaVO_4$ 晶体。pH 值分别为 11、12、13 时，产物中均存在 m-$LaVO_4$ 和 t-$LaVO_4$ 晶体，随着 pH 值增大，衍射峰强度增强，单斜相 $LaVO_4$ 晶体结晶度增高。依据 XRD 的数据结果，通过 Scherrer 公式 $D=K\lambda/(\beta\cos\theta)$（式中，$K$ 为常数；λ 为 X 射线波长；β 为半高宽；θ 为衍射角）计算，可以得出 pH 值为 5 时，合成产物的粒径约为 53nm。

图 2-2 为在不同 pH 值下水热合成产物的 SEM 图。当初始溶液 pH 值为 4 时，如图 2-2a 所示，产物微观形貌为不规则颗粒组装成的大小不一的球，不规则颗粒尺寸 20~70nm，团聚的球尺寸为 100~300nm。当初始溶液 pH 值为 5~8 时，如图 2-2b~e 所示，产物微观形貌为近似球形的纳米颗粒，颗粒尺寸在 40~100nm 之间，纳米颗粒尺寸均一，有团聚现象。当初始溶液 pH 值为 9 时，如图 2-2f 所示，产物微观形貌为尺寸均匀的纳米棒，纳米棒直径约 20nm，长约 100nm。当初始溶液 pH 值为 10 时，如图 2-2g 所示，大部分产物微观形貌为直径 30nm 左右不规则的纳米颗粒，另可见少量的纳米棒。结合 XRD 检测结果分析，上述纳米颗粒及纳米棒均为 m-$LaVO_4$ 纳米晶。当初始溶液 pH 值为 11~12 时，如图 2-2h 和 i 所示，产物有两种微观形貌：纳米颗粒和纳米棒，纳米棒直径约 30nm，长度在 50~100nm 之间，纳米颗粒约 50nm。如图 2-2j 所示，初始溶液 pH 值为 13 时，产物微观形貌主要为直径约 300nm 的不规则颗粒，另可见部分直径 100~200nm、长约 3μm 的微米棒。可见，在初始溶液 pH 值较低时，水热产物为 m-$LaVO_4$，微观形貌以颗粒为主，pH 值大于 11 时，水热产物开始出现少量亚稳态结构的 t-$LaVO_4$。

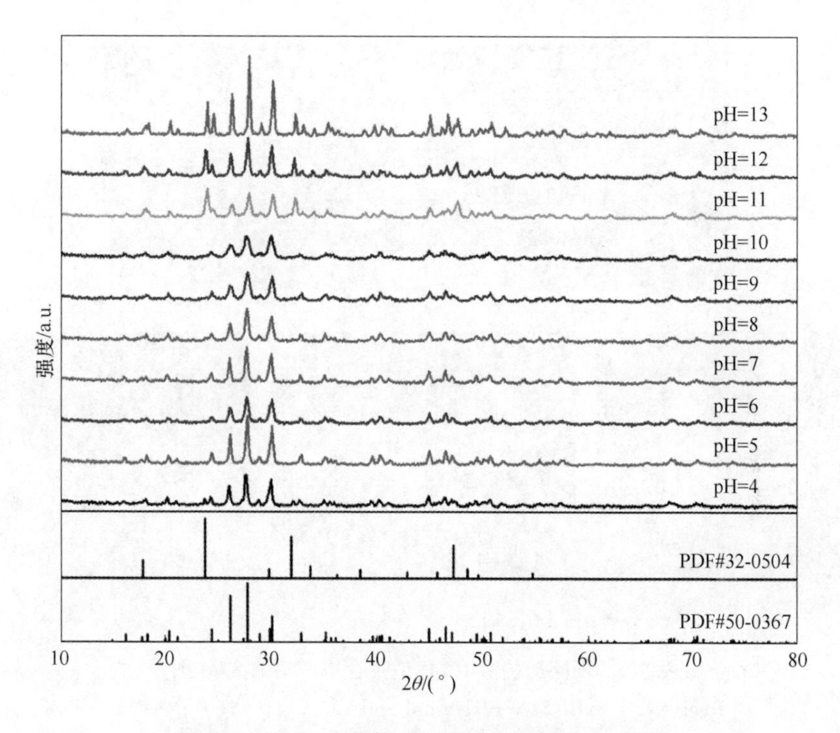

图 2-1 不同 pH 值体系下合成产物的 XRD 谱图

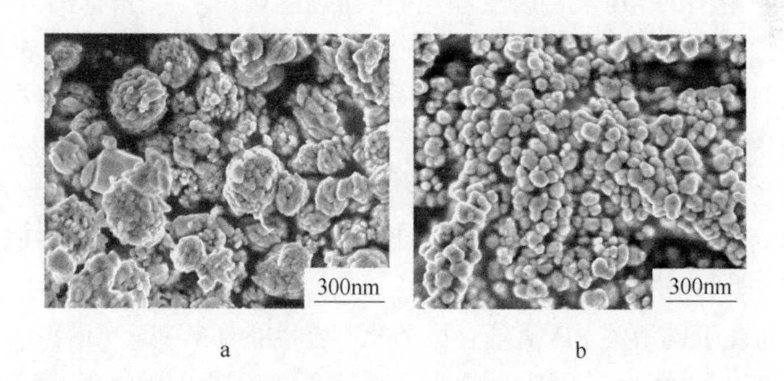

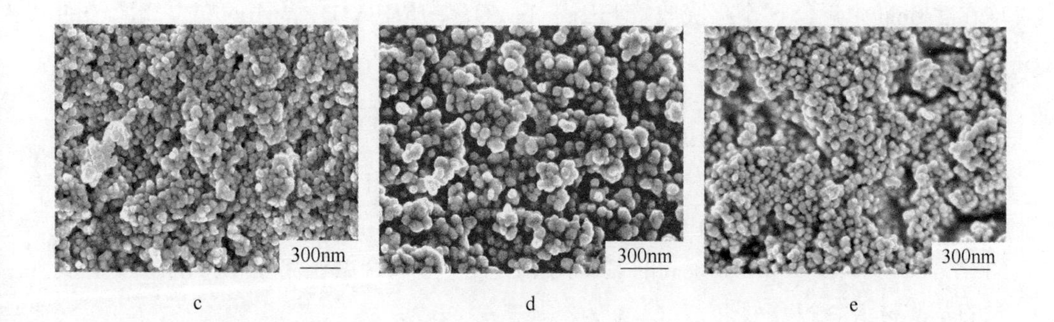

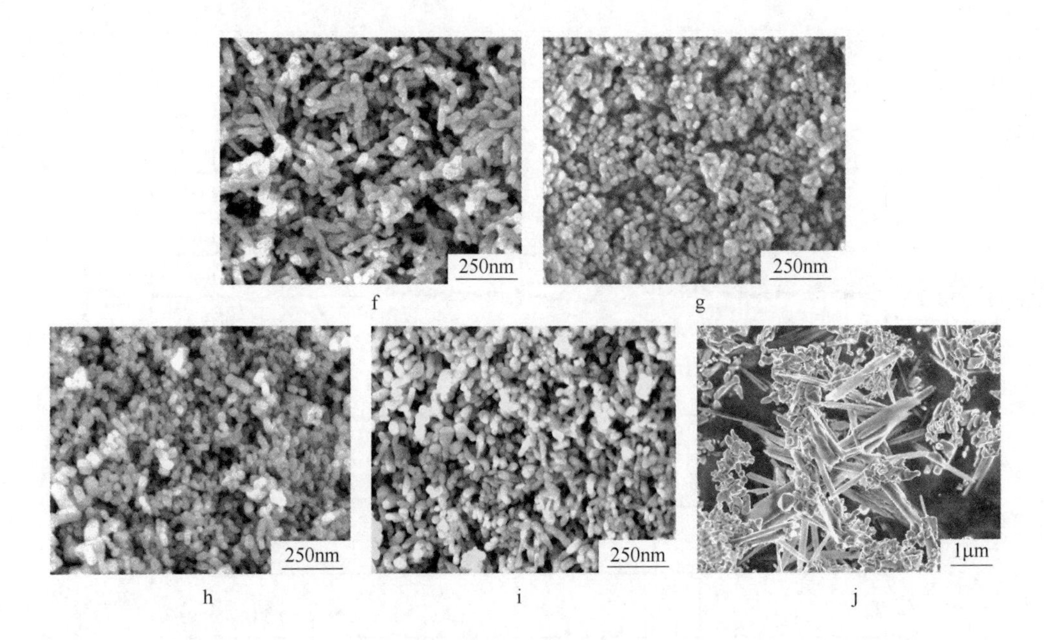

图 2-2　不同初始溶液 pH 值下合成产物的 SEM 图

a—pH=4；b—pH=5；c—pH=6；d—pH=7；e—pH=8；f—pH=9；
g—pH=10；h—pH=11；i—pH=12；j—pH=13

调节体系溶液的 pH 值可改变晶核的表面自由能[77]。在体系溶液 pH 值较低时，晶核表面吸附的 H^+浓度较高，各个方向的界面自由能相同，晶核易长成颗粒同时表面自由能降低，达到热力学稳定状态，因此在酸性溶液体系中以生成热力学稳定的单斜相 m-$LaVO_4$ 纳米颗粒为主。随着溶液体系 pH 值增大，OH^-浓度增加，取代了晶核表面的部分 H^+，使晶核的不同晶面界面自由能不同，且增加了系统的界面自由能，变成了热力学不稳定状态，晶核在不同的方向生长速率不同，以至于产物中出现 t-$LaVO_4$ 纳米棒。

图 2-3 为在不同溶液 pH 值下合成的水热产物的 UV-Vis 光谱图。所有产物均在近紫外区 200~400nm 范围内呈现出一个较宽的强吸收峰，其最强紫外吸收峰均在 270nm 附近，这个强吸收峰归因于 $LaVO_4$ 基质中 VO_4^{3-} 基团的配位氧原子的电子向中心钒原子迁移[68]，这是由 $LaVO_4$ 晶体的能带结构决定的，价带上的电子被这一波段的光子激发，从价带上跃迁到导带，从而导致这种宽吸收带的产生。当溶液体系 pH 值为 4~8 时，产物颜色为偏黄绿色，在可见区 350~520nm 有一定强度的宽吸收峰。而溶液体系 pH 值为 9~13 时，产物为纯白色，在可见区几乎没有吸收，且 $LaVO_4$ 在紫外区有良好的吸收。pH 值较高时产物中有少量的 t-$LaVO_4$，可见，pH 值较高时制备的 t-$LaVO_4$ 更适合做铕离子掺杂的下转换发光的基质材料。

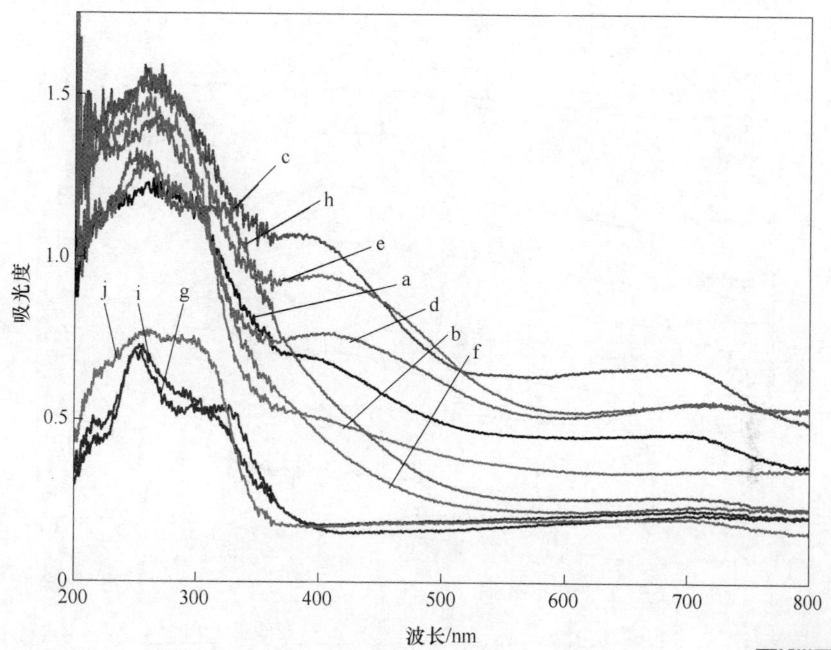

图 2-3 不同溶液 pH 值下合成产物的紫外光谱图

a—pH=4；b—pH=5；c—pH=6；d—pH=7；e—pH=8；f—pH=9；g—pH=10；h—pH=11；i—pH=12；j—pH=13

图 2-3 彩图

图 2-4 为不同溶液 pH 值下合成产物红外吸收光谱图。可以看出，在 $3450cm^{-1}$ 和 $1637cm^{-1}$ 处的吸收峰分别归属于 O—H 基团的对称伸缩振动和弯曲振动，可能来自 $LaVO_4$ 产物中少量的吸附水；而 $438cm^{-1}$ 是稀土离子 La—O 的特征振动峰；750~900cm^{-1} 的吸收峰归属于 VO_4^{3-} 的 V—O 键振动峰。$2361cm^{-1}$ 处的吸收峰归属于 C ═O 的不对称伸缩振动峰，可能来自测试环境中的 CO_2。综上，在不同 pH 值下合成的产物均为 $LaVO_4$，该结果与 XRD 检测结果相一致。

图 2-5 为不同溶液 pH 值下合成的 $LaVO_4:Eu^{3+}$ 纳米粉体在 273nm 激发下的荧光光谱图。图中所有的发射峰均为 Eu^{3+} 典型的特征发射，Eu^{3+} 在 273nm 紫外光的激发下由基态能 $^7F_0$ 被激发后至 $^5L_6$ 能级，再由 $^5L_6$ 能级非辐射弛豫到 $^5D_0$、$^5D_1$ 能级上，产生 $^5D_0 \rightarrow {}^7F_0$、$^5D_0 \rightarrow {}^7F_1$、$^5D_0 \rightarrow {}^7F_2$、$^5D_0 \rightarrow {}^7F_3$、$^5D_0 \rightarrow {}^7F_4$ 能级跃迁发射[82]，分别对应于 580nm、590nm、610~615nm、646nm、694nm 处的发射峰，产物均在 610nm、615nm 处的发射峰最强。受产物形貌和晶相的影响，产物具有不同的荧光性。当体系 pH 值为 4~10 时，产物荧光性较弱，其原因可能因为产物为 m-$LaVO_4$，其荧光性能远低于 t-$LaVO_4$。其中 pH 值为 9 时，荧光性较强，可能由于产物中的纳米棒提高了产物荧光性。与 pH 值低于 10 的产物相比，当体系

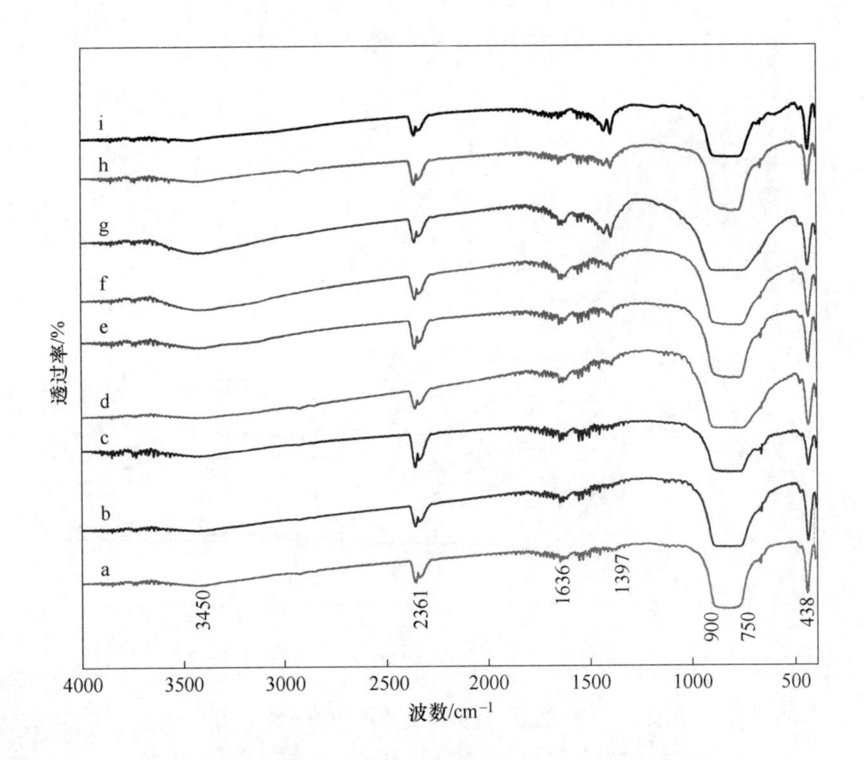

图 2-4　不同溶液 pH 值下合成产物的红外光谱图

a—pH=4；b—pH=5；c—pH=6；d—pH=7；e—pH=8；f—pH=9；
g—pH=10；h—pH=11；i—pH=12

pH 值为 11、12、13 时，由于产物中存在 t-$LaVO_4$，产物荧光强度高出 2 个数量级。在 pH 值为 11、12、13 时，产物中的 t-$LaVO_4$ 有较强的紫外吸收，增强了产物的红光发射强度，该结果与紫外吸收光谱的结论相符。

通过以上分析，在未加配合剂下，水热体系 pH 值低于 10 时，水热产物为 m-$LaVO_4$ 纳米颗粒，除了在紫外区有吸收外，在可见区也有一定的吸收，荧光强度较低；当 pH 值高于 11 时，产物为 m-$LaVO_4$ 纳米颗粒和 t-$LaVO_4$ 纳米棒，在紫外区有较好的吸收，在可见光区无吸收；当体系 pH 值为 11、12、13 时，产物 $LaVO_4$:Eu^{3+}具有强的红光发射强度，表明 t-$LaVO_4$:Eu^{3+}是良好的基质材料。

2.3.2　EDTA 辅助合成 $LaVO_4$:Eu^{3+}晶体材料的研究

2.3.2.1　初始溶液 pH 值对 $LaVO_4$:Eu^{3+}晶体的结构及发光性能的影响

初始溶液 pH 值是对水热产物的微观结构和发光性能影响较大的因素之一。在水热时间 2d，水热温度 200℃下，首先在初始溶液 pH 值为 3~13 范围内合成

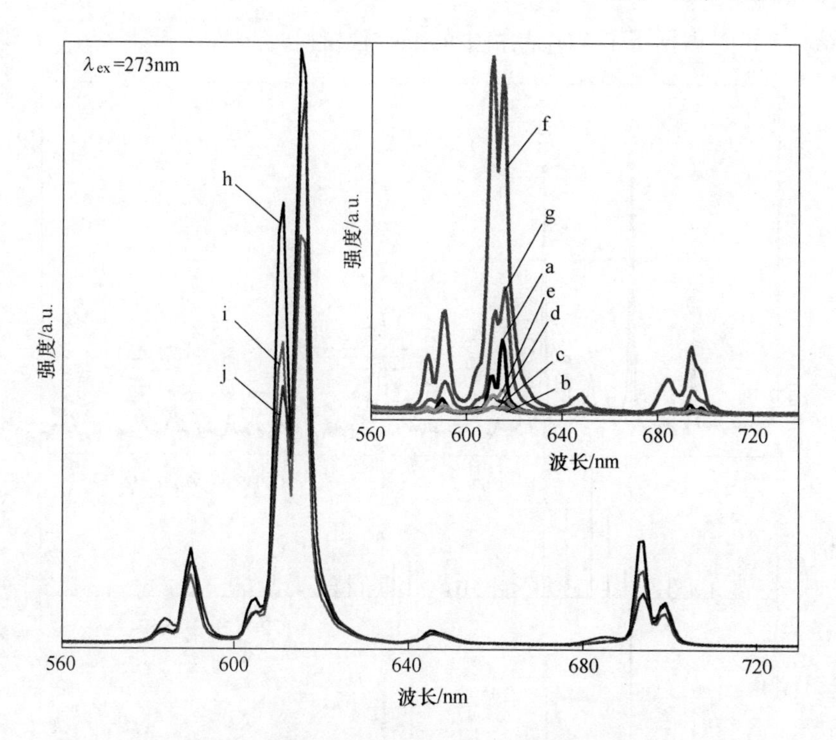

图 2-5 不同 pH 值体系下合成产物的荧光谱图

a—pH=4；b—pH=5；c—pH=6；d—pH=7；e—pH=8；f—pH=9；
g—pH=10；h—pH=11；i—pH=12；j—pH=13

$LaVO_4$:Eu^{3+}发光粉体，研究初始溶液 pH 值对制备 $LaVO_4$:Eu^{3+}样品的微观结构和发光性能的影响。

图 2-6 为初始溶液 pH 值为 3 时制备的水热产物的 XRD 图。图中有较强的三个衍射峰（32.3°、23.9°和 47.6°）与四方晶相 $LaVO_4$（JCPDS No. 32-0504）相对应，对应于空间群 I41/amd，晶胞参数 $a=b=7.49\times10^{-10}$m，$c=6.59\times10^{-10}$m，表明水热产物中含有 t-$LaVO_4$ 晶体。几个位于 27.9°、30.2°和 26.2°处的弱衍射峰与单斜相 $LaVO_4$（JCPDS No. 32-0504）相对应，表明产物中存在少量的 m-$LaVO_4$ 晶体。m-$LaVO_4$ 晶体属于 P21/n(I41) 空间群，其晶胞参数为：$a=7.047\times10^{-10}$m，$b=7.286\times10^{-10}$m，$c=6.725\times10^{-10}$m。因此，在 pH=3 时制备的水热产物为 t-$LaVO_4$ 和 m-$LaVO_4$ 晶体的混合物。此外，所有的衍射峰与标准卡片 JCPDS No. 32-0504 和 JCPDS No. 70-0216 相比，均向高角度有一定程度的偏移。由图可见，低角度的衍射峰偏移程度较小，高角度的衍射峰偏移程度较大，这是由于 Eu^{3+}掺杂到 $LaVO_4$ 晶体中，取代了 La^{3+}的晶格位置，由于镧系收缩现象，Eu^{3+}的半径比 La^{3+}的小，使晶体的晶胞参数减小，在谱图上表现为衍射峰向高角度偏移[150]。产物中没有 $EuVO_4$ 物相，说明 Eu^{3+}取代 La^{3+}时，并没有改变 $LaVO_4$ 的

晶体结构，Eu^{3+}占据了 $LaVO_4$ 晶格中的 La^{3+}位置。

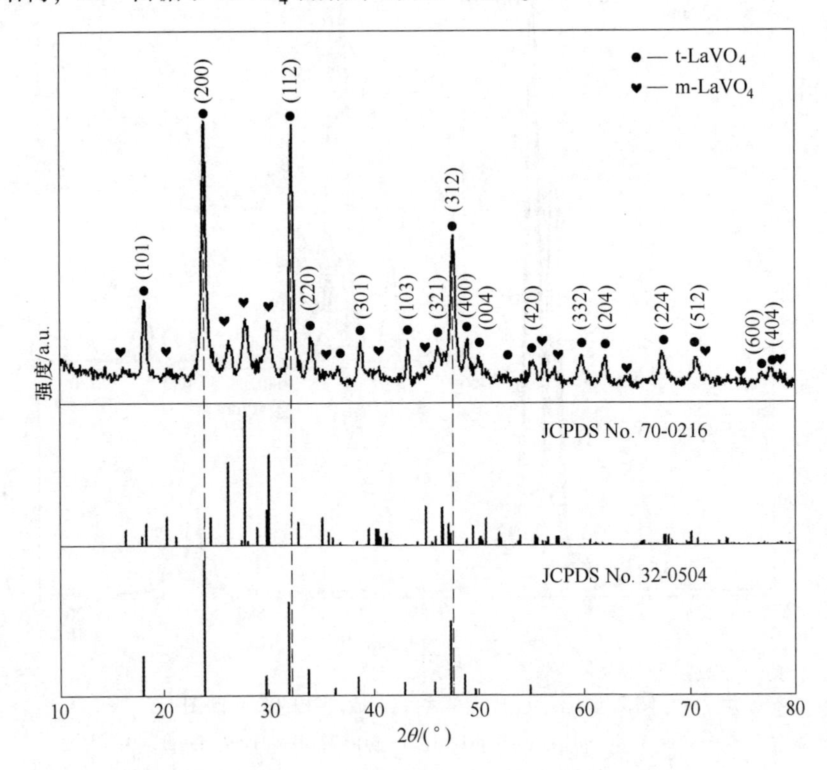

图 2-6　初始溶液 pH 值为 3 时制备的样品 XRD 谱图

图 2-7 为初始溶液 pH 值为 4~11 时制备的水热产物 XRD 图。所有产物的衍射峰均与 t-$LaVO_4$ 晶体的衍射峰（标准谱图 JCPDS No. 32-0504）相一致，无其他杂峰，为纯净的 t-$LaVO_4$ 晶体。当 pH 值低于 7 时，产物衍射峰强度较低，而当初始溶液 pH 值为 8~11 时，产物衍射峰强度增大，且衍射峰比较尖锐，说明 pH 值较高的初始溶液比 pH 值较低的初始溶液制备的 t-$LaVO_4$ 结晶度高。谱图上所有的衍射峰与标准卡片 JCPDS No. 32-0504 相比，向高角度有一定程度的偏移，表现为低角度的衍射峰位置偏移较小，高角度的衍射峰偏移程度大。这同样是由 Eu^{3+}掺杂到 $LaVO_4$ 晶体中，占据了 La^{3+}的晶格位置引起的[112]。

依据图 2-7 的 XRD 衍射数据，对初始溶液 pH 值为 4~11 时制备的 t-$LaVO_4$:Eu^{3+}晶体结构进行精修，半峰宽度的数据是依据 23.9°处的最强衍射峰进行计算的，晶胞参数计算结果如表 2-3 所示。随着 pH 值增高，半峰宽度减小，表明产物结晶程度增高，pH 值为 10 时制备的产物半峰宽最小，表明产物结晶程度最高。当初始溶液 pH 值在 4~8 时，晶胞参数随 pH 值升高而增大。当 pH 值为 9 时，产物晶胞体积存在一个突变，晶胞参数变小。当 pH 值在 9~11 时，产物晶

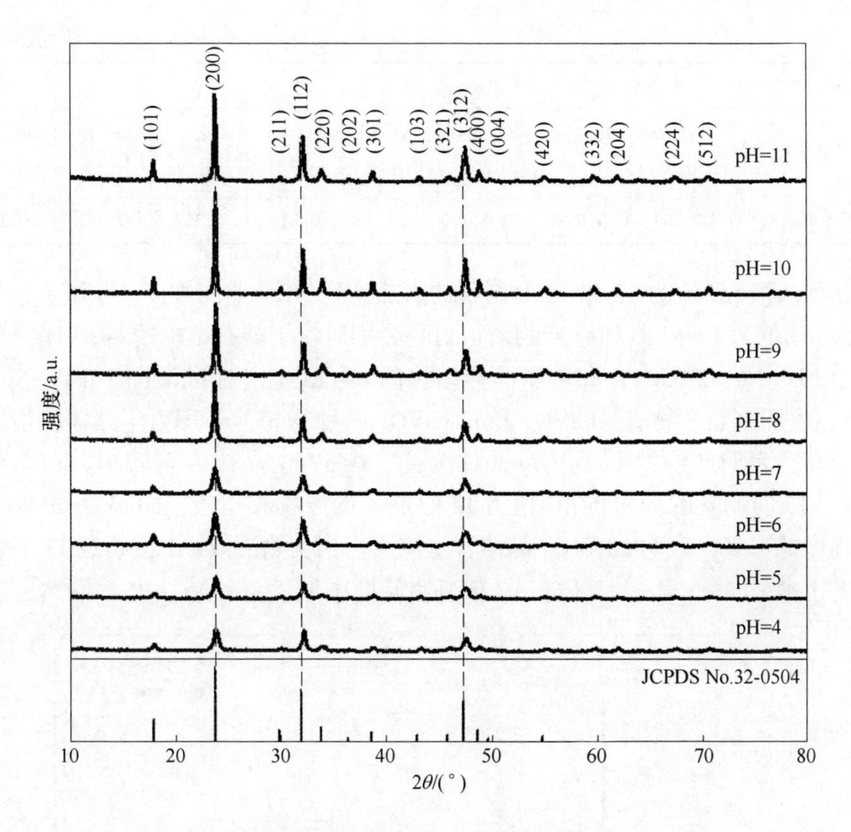

图 2-7 初始溶液 pH 值为 4~11 时制备的样品 XRD 谱图

胞体积又随着 pH 值的升高而增大，可能由于初始溶液 pH 值影响着 $LaVO_4$ 晶体的生长过程，从而导致其晶体结构的变化。当 pH 值为 10 时，产物的衍射峰最尖锐，半峰宽小，此时制备的水热产物结晶程度最好。总体说来，初始溶液 pH 值为 4~11 时制备的水热产物均为单一的 t-$LaVO_4$ 晶体。当 pH 值在 4~10 范围内，随着 pH 值的升高，衍射峰变得更加尖锐，衍射峰峰宽更小，生成的晶体结晶程度更高，晶胞参数增大。当初始溶液 pH 值为 9 时，晶胞参数的变化趋势出现了一个转折，可能是由 EDTA 电离程度增大，对 La^{3+} 螯合作用的增强所致。

表 2-3 pH 值为 4~11 时制备 $LaVO_4$:Eu^{3+} 晶体的晶胞参数

pH 值	4	5	6	7	8	9	10	11
$a=b$/m	7.452×10^{-10}	7.452×10^{-10}	7.461×10^{-10}	7.461×10^{-10}	7.465×10^{-10}	7.443×10^{-10}	7.457×10^{-10}	7.460×10^{-10}
c/m	6.534×10^{-10}	6.536×10^{-10}	6.550×10^{-10}	6.555×10^{-10}	6.549×10^{-10}	6.546×10^{-10}	6.538×10^{-10}	6.547×10^{-10}

续表 2-3

pH 值	4	5	6	7	8	9	10	11
单位晶胞体积/m^3	362.8×10^{-30}	363.1×10^{-30}	364.6×10^{-30}	364.9×10^{-30}	364.9×10^{-30}	362.6×10^{-30}	363.6×10^{-30}	364.4×10^{-30}
衍射峰半峰宽/(°)	0.563	0.558	0.547	0.514	0.317	0.327	0.224	0.265

初始溶液 pH 值为 12 和 13 时制备的水热产物 XRD 谱图如图 2-8 所示，当初始溶液 pH 值为 12 和 13 时，产物的衍射峰分别对应于锆石结构的 t-$LaVO_4$（标准谱图 JCPDS No. 32-0504）和单斜晶相结构的 m-$LaVO_4$（标准谱图 JCPDS No. 70-0216），表明水热产物有 t-$LaVO_4$ 和 m-$LaVO_4$ 两种物相，m-$LaVO_4$ 晶体的衍射峰强度较高，表明产物以 m-$LaVO_4$ 晶体为主，t-$LaVO_4$ 晶体含量较少。初始溶液 pH 值为 13 时制备的产物与 pH 值为 12 时制备的产物相比较，t-$LaVO_4$ 晶体的衍射峰强度低得多，表明 t-$LaVO_4$ 晶体含量减少。当初始溶液 pH 值超过 11 后，不能制备出纯 t-$LaVO_4$:Eu^{3+}晶体，pH 值升高倾向于形成 m-$LaVO_4$:Eu^{3+}晶体。

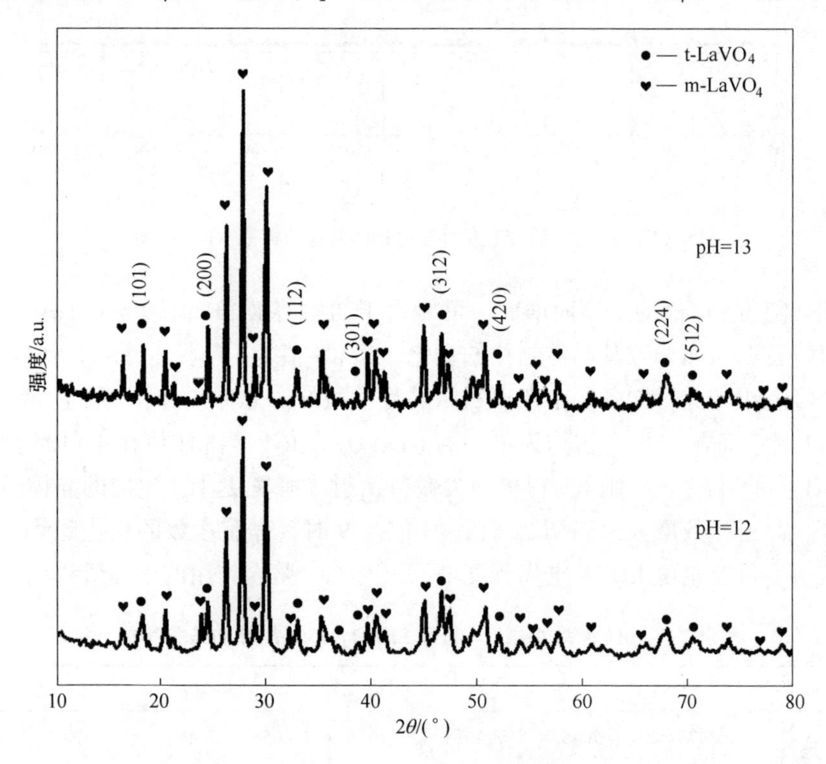

图 2-8　初始溶液 pH 值为 12 和 13 时制备的样品 XRD 谱图

综合以上分析可知，初始溶液 pH 值影响着水热产物的结构。初始溶液 pH

值过高或过低，产物为四方晶相和单斜晶相 $LaVO_4:Eu^{3+}$ 的混合物，未制备出纯 t-$LaVO_4$ 晶体。初始溶液 pH 值为 4~11 范围内可制备出纯 t-$LaVO_4:Eu^{3+}$ 晶体。Eu^{3+}进入 $LaVO_4$ 晶体中占据 La^{3+}的晶格位置，导致了 XRD 衍射峰的偏移和晶格参数的减小。

初始溶液 pH 值为 3~13 时合成 $LaVO_4:Eu^{3+}$ 水热产物的 SEM 图如图 2-9 所示。水热体系的初始溶液 pH 值为 3 时制备的产物微观形貌如图 2-9a 所示，产物由大量纳米棒和少量的纳米颗粒团聚在一起，纳米颗粒和纳米棒的直径均小于 10nm。当初始溶液 pH 值为 4 时，产物微观形貌如图 2-9b 所示，为直径不均匀、长短不一的纳米棒，纳米棒直径约 20nm，长度在 50~500nm 之间。如图 2-9c 所示，当初始溶液 pH 值为 5 时，产物微观形貌为纳米棒，与 pH 值为 4 时相比，纳米棒比较均匀，直径约 20nm，长度在 300nm 左右。当初始溶液 pH 值为 6 时，产物微观形貌如图 2-9d 所示，产物为由纳米棒组装成的直径约 1.0μm 的微米球状团簇，纳米棒直径在 30nm 左右。当初始溶液 pH 值为 7 时，产物的微观形貌如图 2-9e 所示，为纳米棒组装成的微米花球，与 pH 值为 6 时制备的产物相似。当初始溶液 pH 值为 8 时，制备的产物形貌如图 2-9f 所示，产物为两端为扇尾状的束状棒，束状棒长约 1μm，束状棒中间部分直径为 100~150nm，束状棒的两端可见许多 10nm 左右的纳米棒。当初始溶液 pH 值为 9 时，产物形貌如图 2-9g 所示，与 pH 值为 8 时制备的产物微观形貌相似，均为束状棒，直径约为 100nm，长度约为 1.2μm，束状棒两端可见许多 20nm 左右的纳米棒。当初始溶液 pH 值为 10 时，产物微观形貌如图 2-9h 所示，为长约 1.0μm、直径约 150nm 的四方柱状棒，棒的中间变得棱角分明，束状棒的两端为扇尾状，两端清晰可见直径约 40nm 的纳米棒，纳米棒尺寸均一。当初始溶液 pH 值为 11 时，产物微观形貌如图 2-9i 和 j 所示，与 pH 值为 10 时制备的四方柱状棒相似，长约 1.0μm，束状棒的中间部分直径约 200nm；图 2-9j 为图 2-9i 的放大扫描照片，棒两端的扇尾可见 10~40nm 四方纳米棒，组成两端扇尾的纳米棒与其他 pH 值制备的束状扇尾的纳米棒比较，直径较大。初始溶液 pH 值为 12 时制备的产物微观形貌如图 2-9k 所示，产物为不规则颗粒团聚而成，颗粒尺寸为 50~200nm。当初始溶液 pH 值为 13 时，产物微观形貌如图 2-9l 所示，产物为团聚的、形状规整的多面体颗粒，颗粒尺寸与 pH 值为 12 时制备的颗粒相比，颗粒更大些，在 100~500nm 之间。

因此，在初始溶液 pH 值为 4~11 范围内，制备的水热产物为定向生长的 t-$LaVO_4:Eu^{3+}$一维纳米棒或束状棒，当初始溶液 pH 值为 3 时，制备的产物为纳米棒和纳米颗粒的混合物，而当初始溶液 pH 值为 12 和 13 时，制备的产物为各向异性生长的 $LaVO_4:Eu^{3+}$颗粒。

图 2-10 为初始溶液 pH 值为 3、4、12 和 13 时制备 $LaVO_4:Eu^{3+}$产物的 UV-Vis 光谱图。所有的产物在 200~350nm 范围内均具有一个宽的吸收带，此吸收带

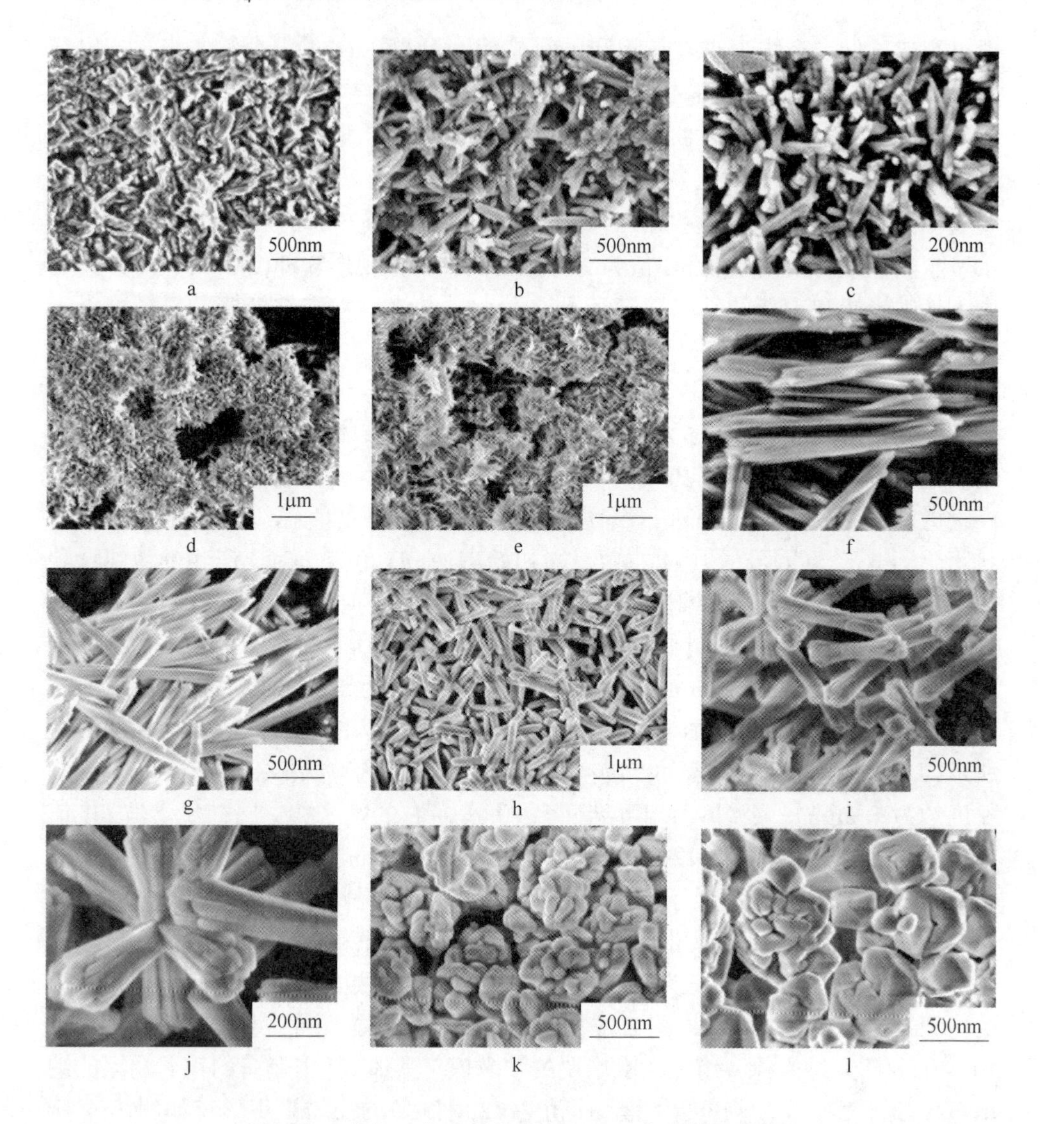

图 2-9 不同 pH 值下制备的 $LaVO_4$:Eu^{3+}晶体 SEM 图

a—pH=3；b—pH=4；c—pH=5；d—pH=6；e—pH=7；f—pH=8；g—pH=9；h—pH=10；i，j—pH=11；k—pH=12；l—pH=13

对应于 VO_4^{3-} 的吸收[151]。这个宽吸收带的形成是由于 $LaVO_4$ 价带上的电子被 205~350nm 这一波长范围的紫外光激发，跃迁到导带而产生的，表明所制备的 $LaVO_4$ 对紫外光具有良好的吸收。谱图上波长超过 350nm 后的可见光区，所有样品几乎没有吸收峰，表明产物对可见光吸收少，这是由 $LaVO_4$ 光学惰性的晶体结构决定的。当初始溶液 pH 值为 3、12 和 13 时，水热产物的紫外光吸收带最强吸收在 250nm 附近，而当初始溶液 pH 值为 4 时，产物在 250~330nm 吸收带内最强吸收峰在267nm附近。可见pH值为4时制备的t-$LaVO_4$:Eu^{3+}与混相$LaVO_4$:Eu^{3+}相比，最强紫外吸收峰向长波方向移动。总之，所制备的$LaVO_4$:Eu^{3+}材料对紫外光均具有良好的吸收，对可见光具有很好的透过性，表明$LaVO_4$:Eu^{3+}晶体适于作发光材料的基质材料。

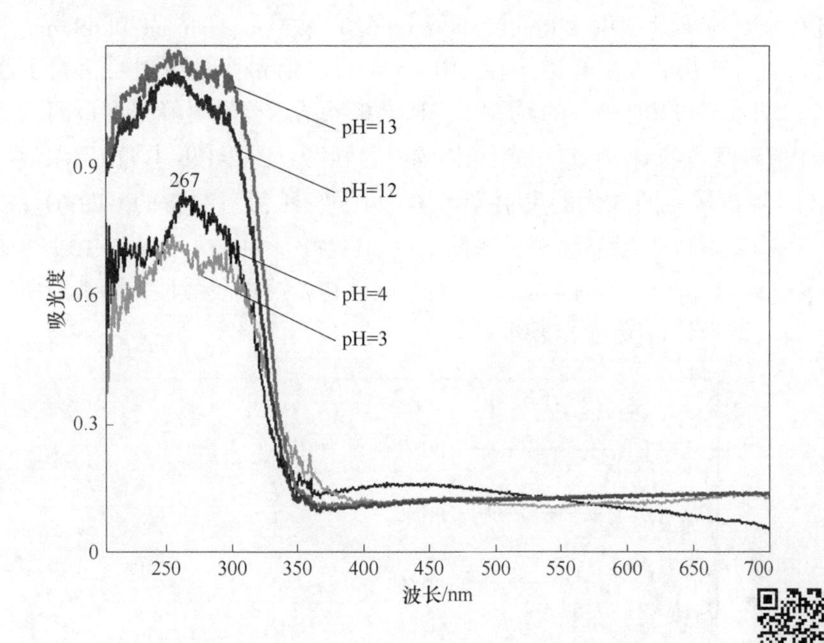

图2-10 初始溶液pH值为3、4、12和13时制备的$LaVO_4$:Eu^{3+}晶体的UV-Vis吸收光谱图

图2-10彩图

图2-11为初始溶液pH值为4~11时制备的t-$LaVO_4$:Eu^{3+}产物的UV-Vis光谱图。所有的产物在200~350nm范围内的宽吸收带中有两个吸收峰，其中最强的吸收峰在240~350nm之间。pH值为4~9时制备产物的最强吸收峰位于266nm左右，而当pH值为10和11时，制备产物的最强吸收峰在305nm附近。紫外吸收峰的红移可能是由pH值大于10时制备产物的晶体结构变化及晶胞收缩引起的。t-$LaVO_4$:Eu^{3+}产物在350~700nm的可见光区吸收很少，表明产物具有良好的可见光透过性。总之，所制备的t-$LaVO_4$:Eu^{3+}材料对紫外光均具有良好的吸收，对可见光具有很好的透过性，适于作稀土离子掺杂的基质材料。

图2-12为初始溶液pH值为4~11时合成的t-$LaVO_4$:Eu^{3+}晶体的激发光谱图和发射光谱图。图2-12a为激发光谱图，所有样品的激发光谱图均有一个宽的吸收峰，吸收峰范围为250~350nm，这个吸收峰是由VO_4^{3-}的特征吸收引起的[152]。总体上随着初始溶液pH值增高，激发光谱的吸收峰强度逐渐增高，表明pH值较高时制备的样品吸收的紫外光所发出的616nm红光高。在396nm处有一个相

对较弱的吸收峰，对应于稀土 Eu^{3+}的紫外吸收。表明 t-$LaVO_4$:Eu^{3+}晶体所发出的红光时，能量主要来自 VO_4^{3-} 对紫外光的吸收。样品的发射光谱如图 2-12b 所示，所有发射峰均为 Eu^{3+}的特征发射[153]，即得到激发能的 Eu^{3+}由基态被激发产生的特征峰，其中，Eu^{3+} 的$^5D_0 \rightarrow ^7F_0$、$^5D_0 \rightarrow ^7F_1$、$^5D_0 \rightarrow ^7F_2$、$^5D_0 \rightarrow ^7F_3$ 和$^5D_0 \rightarrow ^7F_4$ 能级跃迁分别对应于谱图中 580nm、590nm、610~625nm、646nm 和 694nm 附近的发射峰，所有产物的发射光谱均在 610~625nm 处有最强的发射峰，属于红光发射范围。pH 值为 11 时制备的 t-$LaVO_4$:Eu^{3+}束状纳米棒发射峰强度最高，远高于其他 pH 值时制备的 t-$LaVO_4$:Eu^{3+}晶体的发射强度。图 2-12b 中插图给出了 pH 值为 4~8 时制备样品的放大的发射光谱图。不同 pH 值下制备的 t-$LaVO_4$:Eu^{3+}样品$^5D_0 \rightarrow ^7F_2$ 发射峰强度强弱顺序依次为：pH = 11 > pH = 9 > pH = 10 > pH = 6 > pH = 8 > pH = 7> pH = 5> pH = 4。总体上，碱性初始溶液较酸性初始溶液所制备的 $LaVO_4$:Eu^{3+}纳米材料荧光强度高。

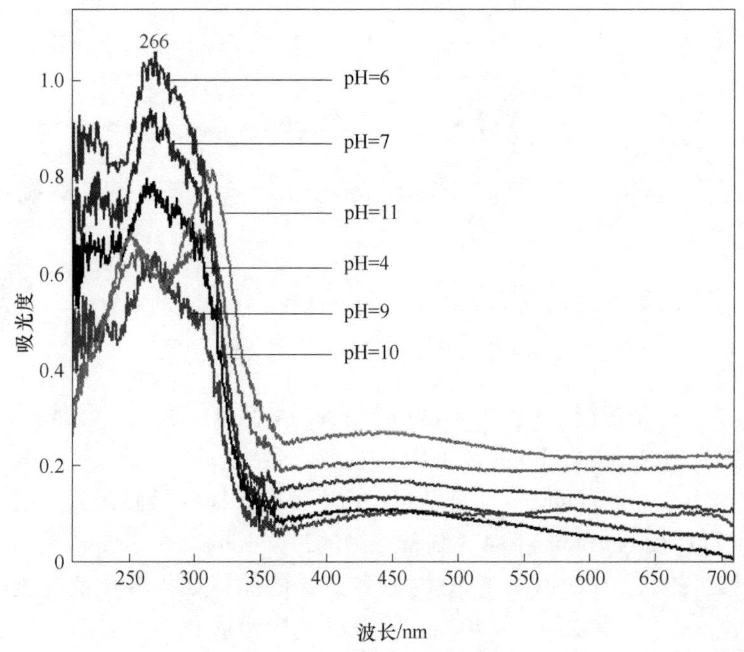

图 2-11 初始溶液 pH 值为 4~11 时制备的 t-$LaVO_4$:Eu^{3+} 晶体的 UV-Vis 吸收光谱图

图 2-11 彩图

结合表 2-3 中精修的晶胞参数进行分析，当初始溶液 pH 值在 4~8 时，制备的 t-$LaVO_4$:Eu^{3+}晶体晶胞参数逐渐增大，导致发光中心 Eu^{3+}之间的距离变大，发光中心之间的能量传递概率降低，避免了能量在发光

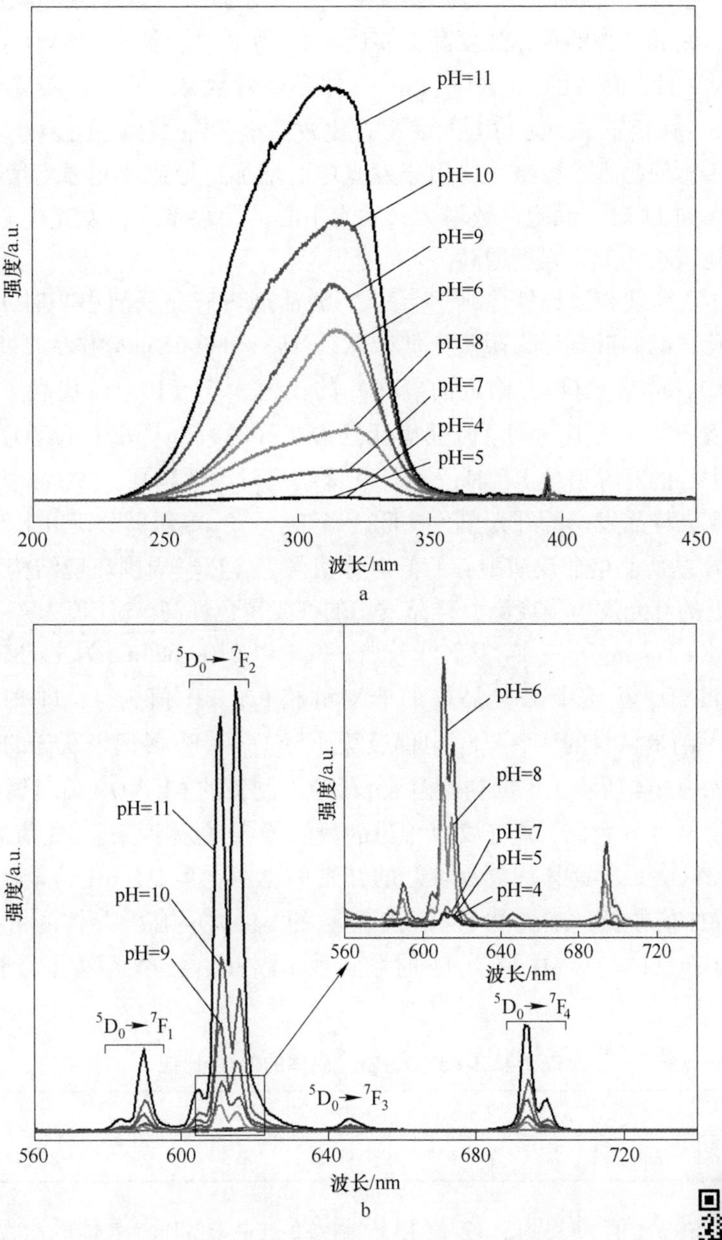

图 2-12 pH 值为 4~11 时制备的 t-$LaVO_4$: Eu^{3+} 样品的激发光谱图（a）和发射光谱图（b）

图 2-12 彩图

中心之间传递的损耗，因此，荧光强度随着 pH 值升高而增大。初始溶液 pH 值为 6 时制备的产物形貌为纳米棒组成的球形团簇，纳米棒由于比表面积大而产生的大量缺陷，其球形团簇减少了比表面积，表面缺陷减少，其结晶程度较高，因此产物的荧光强度高于 pH 值为 7 和 8 时制备的 t-$LaVO_4:Eu^{3+}$产物。当 pH 值为 9 时，制备的 t-$LaVO_4:Eu^{3+}$晶体晶格常数又减小，其荧光强度增高，可能由于此 pH 值下 EDTA 与 La^{3+}的螯合比较完全，Eu^{3+}掺入 t-$LaVO_4:Eu^{3+}$晶体的数目较多，使晶胞参数减小，由于发光中心增加，导致荧光强度增高。当 pH 值从 9 增高到 11 时，晶胞参数增大，发光中心的距离增大，发光中心之间的能量传递损耗减小，荧光强度增高。

根据 J-O 原理和选择性原则[20-21]，当激活剂占有非反演中心时，容易产生磁偶极跃迁，电偶极跃迁受阻。电偶极跃迁$^5D_0 \rightarrow ^7F_2$(616nm 附近的红光）与磁偶极跃迁$^5D_0 \rightarrow ^7F_1$（590nm 附近的橙光）的比值大小（R/O）代表了 Eu^{3+}周围的化学环境[154]。当$^5D_0 \rightarrow ^7F_1$ 磁偶极跃迁占主导时，Eu^{3+}处于 $LaVO_4$ 基质晶格处于反演中心的对称格位上，Eu^{3+}所处环境结构对称性越高，590nm 附近的橙光发射强度高，样品发出的红光单色性低。当$^5D_0 \rightarrow ^7F_2$ 电偶极跃迁占主导时，Eu^{3+}处于 $LaVO_4$ 基质晶格非反演中心的低对称格位上，Eu^{3+}周围环境结构对称性低，616nm 附近的红光发射强度高，样品发出的红光单色性高。pH 值为 4~11 时制备的 $LaVO_4:Eu^{3+}$晶体$^5D_0 \rightarrow ^7F_2$ 发射峰最强，发出以 610~625nm 为主的红光，所以 Eu^{3+}占据 $LaVO_4$ 基质中 La^{3+} 晶格的非对称格位。pH 值为 4 ~ 11 时制备的 t-$LaVO_4:Eu^{3+}$纳米材料的$^5D_0 \rightarrow ^7F_2$ 电偶极跃迁与$^5D_0 \rightarrow ^7F_1$ 磁偶极跃迁的 R/O 比值计算结果如表 2-4 所示。不同初始溶液 pH 值下制备的 t-$LaVO_4:Eu^{3+}$纳米材料 R/O 比值在 8.5~9.6 之间，高于文献报道的数值[78]。总体说来，pH 值为 4~11 时制备的 t-$LaVO_4:Eu^{3+}$晶体均具有较好的红光单色性。其中，pH 值较高的碱性初始溶液较 pH 值较低的酸性初始溶液所制备的 t-$LaVO_4:Eu^{3+}$晶体的 R/O 比值略大，红光单色性略好，pH 值为 11 时制备的 t-$LaVO_4:Eu^{3+}$晶体 R/O 比值最大，为 9.6。

表 2-4　t-$LaVO_4:Eu^{3+}$晶体的 R/O 比值

pH 值	4	5	6	7	8	9	10	11
R/O	8.6	8.6	9.3	9.1	8.5	9.5	8.7	9.6

初始溶液 pH 值为 3、4、12 和 13 时制备的 $LaVO_4:Eu^{3+}$晶体的激发光谱图和发射光谱图如图 2-13 所示。图 2-13a 为 $LaVO_4:Eu^{3+}$晶体的激发光谱图，在 240~340nm 之间有一宽的吸收峰，$LaVO_4:Eu^{3+}$材料对这一区域的紫外光的吸收主要是由于 VO_4^{3-} 基团的紫外吸收。图 2-13b 的发射光谱中所有发射峰均为 Eu^{3+}的特征发射。最强峰仍为对应于 616nm 附近的$^5D_0 \rightarrow ^7F_2$ 红光发射。pH 值为 4 时制备的

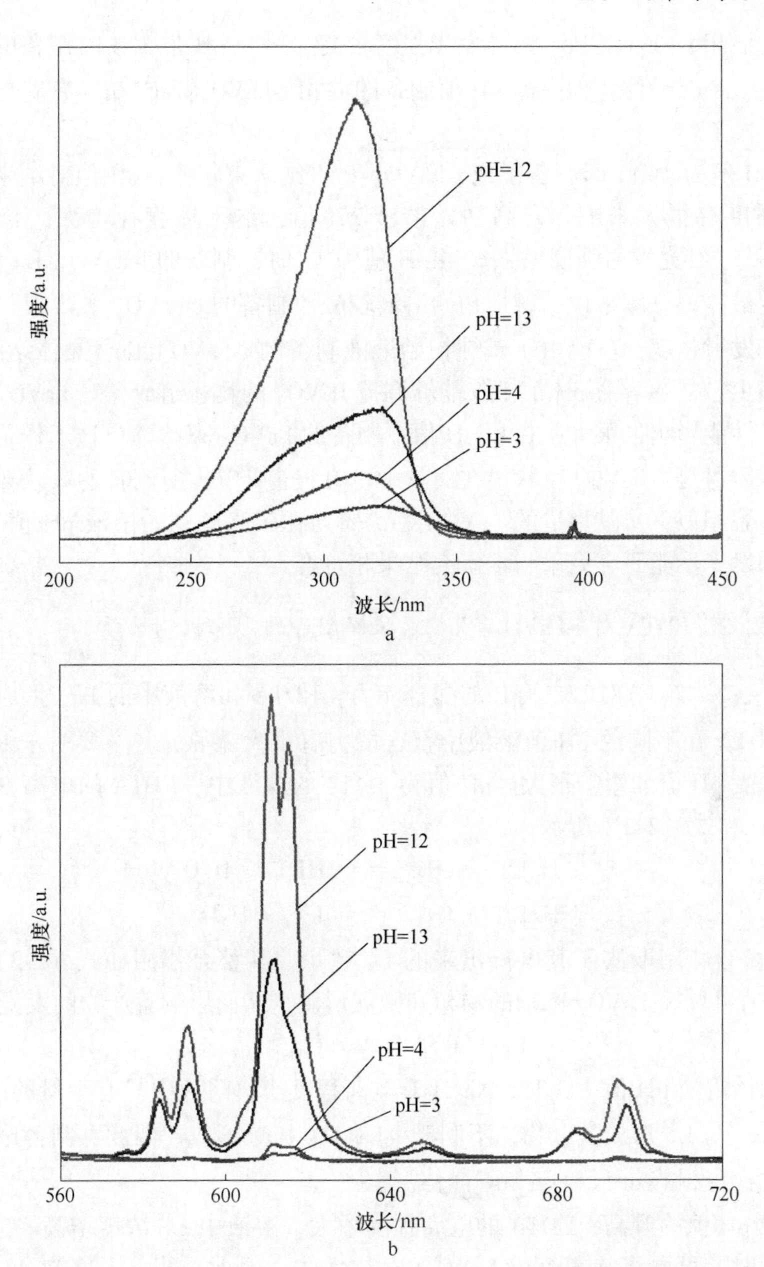

图 2-13 pH 值为 3、4、12 和 13 时制备的 $LaVO_4$:Eu^{3+}样品的激发光谱图(a)和发射光谱图(b)

t-$LaVO_4$:Eu^{3+}纳米棒比 pH 值为 3 时制备的 $LaVO_4$:Eu^{3+}纳米棒$^5D_0 \to ^7F_2$ 红光发射强度要高些，与 pH 值为 12 和 13 时制备的 $LaVO_4$:Eu^{3+}晶体相比较，其$^5D_0 \to ^7F_2$ 发射峰的强度远低于在 pH 值为 12 和 13 时制备的 $LaVO_4$:Eu^{3+}晶体，pH 值为 12

时制备的混相 t-$LaVO_4$:Eu^{3+}晶体发光强度较高。尽管 pH 值为 4 时制备的产物为纯 t-$LaVO_4$:Eu^{3+}晶体，但在高 pH 值制备的混相 t-$LaVO_4$:Eu^{3+}晶体有着更高的发光强度。

当 pH 值为 4~11 时制备了纯 t-$LaVO_4$:Eu^{3+}纳米束状棒，pH 值对纳米棒长径比荧光强度有很大影响。升高初始溶液 pH 值，纳米棒直径增大，长径比减小，$^5D_0 \to {^7F_2}$ 红光发射强度增强。当 pH 值为 11 时，制备的 t-$LaVO_4$:Eu^{3+}束状棒荧光强度最高。总体来说，碱性初始溶液较酸性制备的 t-$LaVO_4$:Eu^{3+}晶体具有更高的荧光发射强度，可能由于碱性初始溶液制备的 t-$LaVO_4$:Eu^{3+}晶体结晶度高、生长缺陷少。初始溶液 pH 值不仅能够调控 $LaVO_4$ 的物相组成，对 $LaVO_4$ 晶体结构及发光性能影响也很大，在高 pH 值下制备的 $LaVO_4$ 束状棒更适于作稀土发光材料的基质材料，$LaVO_4$ 束状棒在文献中也有报道[155]，所制备的束状棒与文献报道的形貌相似，文献报道的 $LaVO_4$ 束状棒均在较高的初始溶液 pH 值下制备，其结构和发光性能研究结果与本研究结果相符合。

2.3.2.2　EDTA 对 t-$LaVO_4$:Eu^{3+}束状棒制备的影响机制

EDTA(Na_2H_2L)对 La^{3+}有强的配合能力，EDTA 和溶液中的 La^{3+}形成螯合物 LaL^-。EDTA 在不同的 pH 值溶液中螯合能力有很大差异，其主要由于 EDTA 的电离程度受 pH 值的影响很大。pH 值为 3~13 的溶液中，EDTA 的电离方程式如式（2-1）和式（2-2）所示：

$$H_2L^{2-} + OH^- \rightleftharpoons HL^{3-} + H_2O \tag{2-1}$$

$$H_2L^{3-} + OH^- \rightleftharpoons L^{4-} + H_2O \tag{2-2}$$

EDTA 的螯合作用取决于其电离出来的 L^{4-}数量，其螯合作用如式（2-3）所示。溶液 pH 值可调控 $LaVO_4$ 产物的物相和微观形貌，从而影响着产物的发光性能。

$$La^{3+} + L^{4-} \rightleftharpoons LaL^- \tag{2-3}$$

当初始溶液 pH 值为 3 时，Na_2H_2L 电离程度小，溶液中只有少量的 L^{4-}，只有部分 La^{3+}与 L^{4-}形成螯合物，不利于 t-$LaVO_4$:Eu^{3+}形成。因此，制备产物中含有热力学稳定相的 m-$LaVO_4$:Eu^{3+}晶体。

随着 pH 值的升高，EDTA 的电离程度增大，溶液中 L^{4-}浓度增高。当 pH 值为 4~11 时，可制备纯净的 t-$LaVO_4$:Eu^{3+}晶体，因此，当 pH 值为 4~11 时，EDTA 的电离程度较大。EDTA 是一种选择性吸附的螯合剂[156]。在水热初始阶段，该螯合剂可吸附在析出 $LaVO_4$:Eu^{3+}微小晶粒的某个特定表面上，由于螯合剂对晶体的吸附，使晶体的生长形成了较大的空间位阻，所以有利于形成配位数较少的四方相钒酸镧。另外，由于螯合物 LaL^-可选择性吸附在析出 $LaVO_4$:Eu^{3+}微小晶粒的某个特定表面上，使 $LaVO_4$ 晶体各晶面的相对自由能发生了变化，使相对自由能较低的晶面优势生长，阻碍了 $LaVO_4$ 晶体其他晶面方向的生长，从而改变了各晶面的相对生长速率，晶体沿着自由能较低的晶面生长，从而形成一维纳米棒。

当 pH 值大于 11 时，EDTA 的电离程度变小。另外，溶液中 pH 值增高，溶液中存在大量的 OH^-。由于 La^{3+}和 OH^-之间作用力增强，在 La^{3+}的晶体表面与 L^{4-}竞争，La^{3+}和 L^{4-}的螯合作用减弱了，从而抑制了 $LaVO_4:Eu^{3+}$晶体的生长。有利于形成热力学稳定的 m-$LaVO_4:Eu^{3+}$晶体，因此，当 pH 值大于 11 时无法获得纯 t-$LaVO_4:Eu^{3+}$晶体。

结合 XRD 和 SEM 分析结果，当初始溶液 pH 值为 3 时，所制备的纳米棒应为 t-$LaVO_4:Eu^{3+}$晶相，纳米颗粒应为 m-$LaVO_4:Eu^{3+}$晶相。当初始溶液 pH 值为 4~11 时，所制备的纳米棒、纳米棒组装成的花球及由纳米棒形成的束状棒均为 t-$LaVO_4$。在不同 pH 值下晶体的纳米棒具有不同的长径比，当初始溶液 pH 值为 3~9 时，EDTA 随着 pH 值的增大，电离程度增大，溶液中 L^{4-}浓度增高，与 La^{3+}配合的数量多，除了优势生长晶面外，其他晶面生长受到了很好的抑制。因此，随着 pH 值增大，纳米棒的长径比增大，当初始溶液 pH 值为 9 时，产物长径比最大。由于 OH^-浓度不同，晶体晶面对 OH^-吸附程度不同，当初始溶液 pH 值超过 10 后，由于 OH^-浓度增高，溶液中的 OH^-与 La^{3+}作用增大，减弱了 L^{4-}对 La^{3+}的螯合作用，使 $LaVO_4$ 晶体自由能较低的晶面吸附 OH^-的数量增高，加速了 $LaVO_4$ 晶体在自由能较低的晶面上的生长，导致 $LaVO_4$ 产物长径比减小。当 pH 值为 12 和 13 时，制备的纳米棒和纳米颗粒为 t-$LaVO_4$ 和 m-$LaVO_4$ 混合晶相的晶体。当初始溶液 pH 值大于 12 时，由于大量的 OH^-与 $L^{(4-x)-}$竞争配合 La^{3+}，削弱了 EDTA 的结构导向作用，$LaVO_4$ 晶体在溶液中各向异性生长成颗粒。

当初始溶液 pH 值为 4~11 时，可制备单一的 t-$LaVO_4:Eu^{3+}$晶体，其微观形貌为一维纳米棒或纳米棒组装的束状棒。随着初始溶液 pH 值升高，纳米棒的结晶程度增高。当初始溶液 pH 值过高或过低（3、12 和 13）时，制备的产物中含有 m-$LaVO_4:Eu^{3+}$晶体，m-$LaVO_4:Eu^{3+}$的存在导致产物荧光强度降低。因此，初始溶液 pH 值影响着溶液中的 L^{4-}数量，控制 t-$LaVO_4:Eu^{3+}$产物的物相和微观形貌[157]。

2.3.2.3 水热温度对 $LaVO_4:Eu^{3+}$束状棒结构及发光性能的影响

水热温度影响着水热反应所提供的能量，影响晶体的生长过程。在 pH 值为 11，水热时间 2d，分别将水热温度调节为 140℃、160℃、180℃、200℃ 和 220℃，合成 $LaVO_4:Eu^{3+}$晶体。通过对不同水热温度下合成的水热产物进行表征和分析，进一步研究水热温度对制备 t-$LaVO_4$:Eu^{3+}样品微观结构和发光性能的影响。

图 2-14 为水热温度 140℃、160℃、180℃、200℃和 220℃下合成产物的 XRD 谱图。当水热温度为 140℃时，产物的衍射峰分别与 t-$LaVO_4$（标准谱图 JCPDS No. 32-0504）和 m-$LaVO_4$（标准谱图 JCPDS No. 70-0216）相对应，表明产物为四方相和单斜相钒酸镧混合物。当水热温度在 160~220℃之间时，产物的衍射峰分别与 t-$LaVO_4$（标准谱图 JCPDS No. 32-0504）一致，表明所制备的水热产物均为 t-$LaVO_4$。当水热温度为 140~180℃时，随着水热温度的升高，制备的 t-$LaVO_4$ 衍射峰强度增大，衍射峰变得尖锐，晶体的晶化程度增高，水热温度为超过 180℃后，随着水热温度的升高，t-$LaVO_4$ 衍射峰强度减弱，制备的晶化程度降低。由于 Eu^{3+}掺杂到 t-$LaVO_4$ 的晶格中，所有 $LaVO_4$ 产物的衍射峰均向高角度偏移，衍射峰的 2θ 值越大，衍射峰偏移程度越大。总之，水热温度在 160~220℃制备的产物均为 t-$LaVO_4$ 晶体，水热温度为 180℃制备产物的衍射峰最尖锐，产物晶化程度最高。

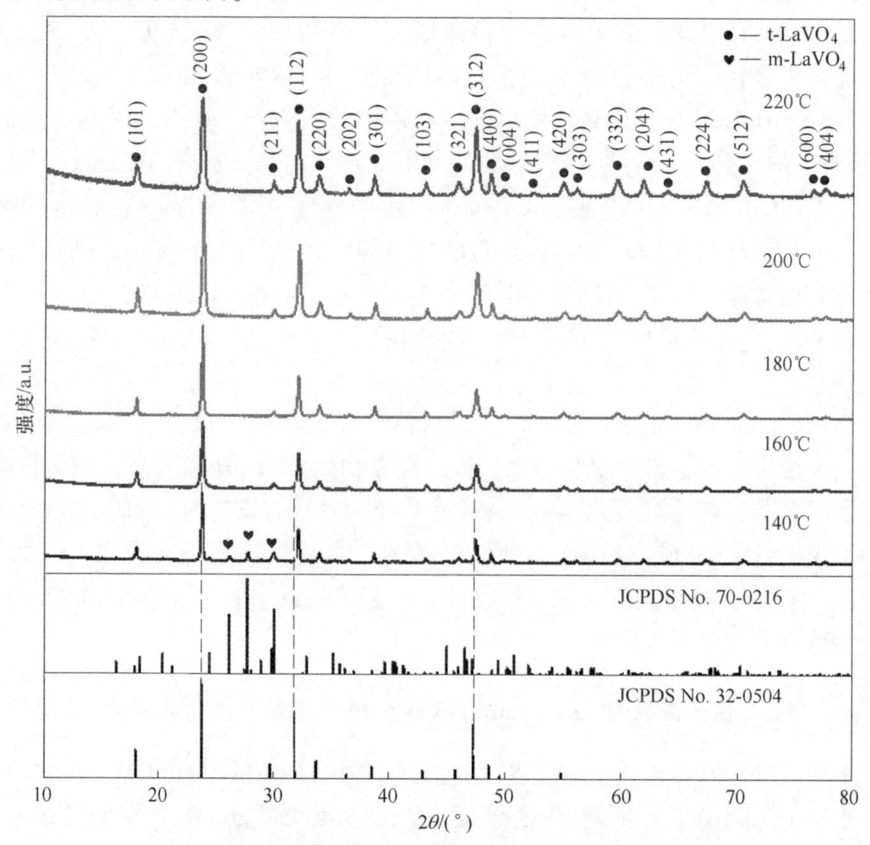

图 2-14　水热温度 140~220℃下制备样品的 XRD 谱图

图2-15为在水热温度140℃、160℃、180℃和220℃下合成产物的SEM图。当水热温度为140℃时，如图2-15a所示，水热产物的微观形貌为四方束状棒。四方束状棒截面为正方形，边长在100~400nm之间，长度约1μm，除四方束状棒外，还可见许多不规则纳米片团聚在一起形成球状团簇，球状团簇的尺寸在200nm左右。当反应温度为160~220℃时，制备的产物微观形貌如图2-15b~d所示，制备的产物均为长约1μm的四方束状棒，四方束状棒尺寸均一，中间部分边长约200nm。当水热温度为140℃时，制备的四方束状棒两端未见劈裂现象；当水热温度为160~200℃时，制备的束状棒两端均可见劈裂现象，两端劈裂出若干个四方纳米棒，当温度达到220℃时，制备的纳米棒劈裂程度最大，四方纳米棒的劈裂造成了晶体的破碎，可能使制备的t-$LaVO_4$:Eu^{3+}晶体结晶程度降低。纳米棒两端的劈裂现象可能由于在水热温度较高时，t-$LaVO_4$:Eu^{3+}晶体的溶解-再结晶速率增大，生长过程中EDTA不断创造出新的生长晶面形成的。

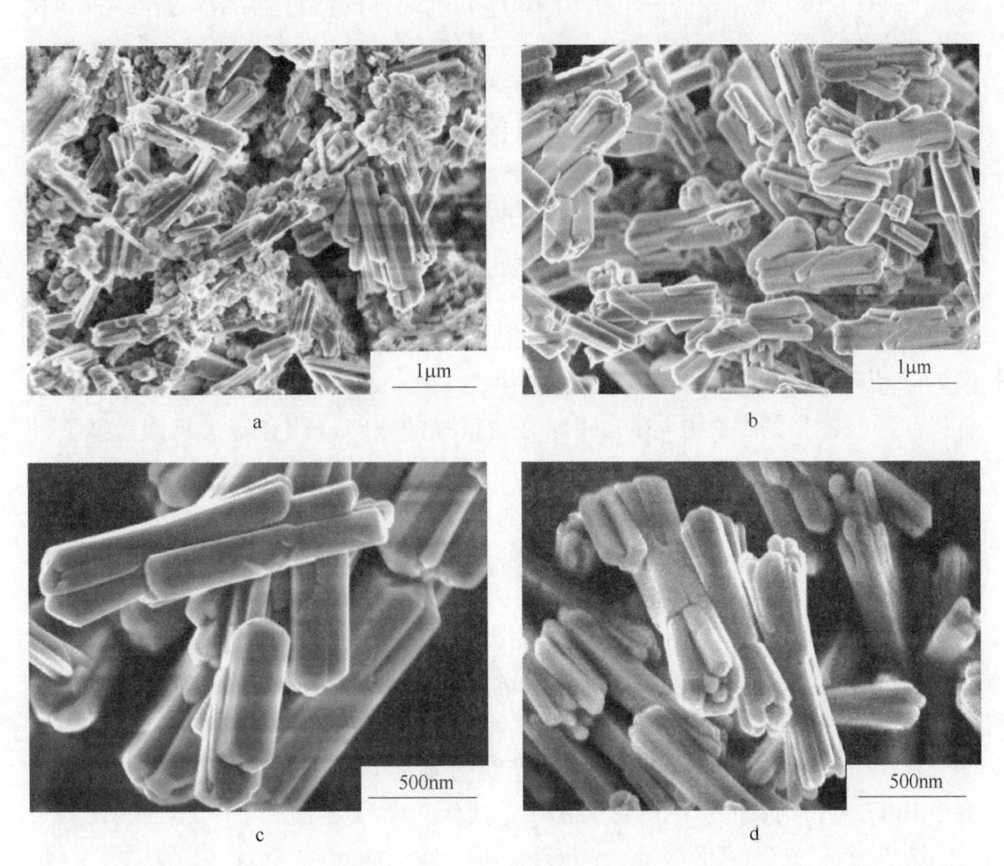

图2-15 不同水热温度下合成$LaVO_4$:Eu^{3+}晶体的SEM图

a—140℃；b—160℃；c—180℃；d—220℃

结合上述 XRD 分析结果，四方纳米棒为 t-$LaVO_4$:Eu^{3+}晶体，而纳米片为 m-$LaVO_4$:Eu^{3+}晶体。束状棒两端的纳米棒直径随着水热温度变化较大。当温度达到 220℃时，劈裂现象更为明显。因此，水热温度对 t-$LaVO_4$:Eu^{3+}束状棒的长度及直径影响不大，但对束状纳米棒两端的劈裂程度有很大的影响。

在水热反应过程中，$LaVO_4$:Eu^{3+}不断发生晶化作用，形成 $LaVO_4$:Eu^{3+}纳米棒。根据经典的晶体生长理论，升高反应温度促进液固界面移动加快，使组分扩散作用加快，反应速率提高。随着 $LaVO_4$:Eu^{3+}的反应速率增大，晶体的溶解再结晶速度加快，促进了微小晶粒的长大，从而生成的晶体缺陷较少，结构更加完整。当水热温度较低时，水热产物晶体表面缺陷多，当水热温度升高时，有表面缺陷的晶体会持续溶于溶液中再重新结晶，经过溶解-结晶过程，晶体不断地生长，缺陷减少。在 $LaVO_4$:Eu^{3+}晶体生长过程中，EDTA 不仅吸附于 $LaVO_4$:Eu^{3+}特定晶面，是一种四方晶相形成的结构导向剂，而且也是一种包覆剂，EDTA 包覆于 $LaVO_4$:Eu^{3+}晶粒表面，可在 t-$LaVO_4$:Eu^{3+}晶体的溶解-再结晶过程为晶体生长提供新的晶面，产生劈裂现象，促进了晶体的劈裂。在动力学上，晶体分裂与晶体快速生长有关。由于 EDTA 与溶液中的 La^{3+}发生螯合作用，升高水热温度，晶体的生长速度加快，溶液中稀土 La^{3+}的浓度降低，从而降低了 $LaVO_4$:Eu^{3+}晶核的成核速率，相对地提高了 $LaVO_4$:Eu^{3+}晶体生长速率，也有利于 $LaVO_4$:Eu^{3+}束状棒的分裂。当水热温度为 160~220℃时，制备的 $LaVO_4$:Eu^{3+}产物均有劈裂现象，具有较高的晶化程度，晶体的晶格缺陷较少，水热温度升高，$LaVO_4$:Eu^{3+}晶体劈裂现象更加明显，这是由生长速率提高引起的。

图 2-16 为水热温度 140℃、160℃、180℃、200℃ 和 220℃ 下合成的 $LaVO_4$:5%Eu^{3+}束状纳米棒的荧光光谱图。图 2-16a 为样品的激发光谱图，所有样品的激发光谱在 240~350nm 均有一很强的宽峰，此宽峰为钒酸盐基质的吸收峰[150-152]；当水热温度为 200℃时，制备产物的激发谱峰强度最高。在 394nm 有一弱峰，对应于 Eu^{3+}的吸收峰。图 2-16b 的发射光谱中所有发射峰均对应于 Eu^{3+}的特征发射。图中的发射峰均为 Eu^{3+}典型的特征发射。其中，谱图中位于 582nm、592nm、612~618nm、648nm 和 696nm 处的发射峰分别对应于 Eu^{3+}的$^5D_0 \rightarrow {}^7F_0$、$^5D_0 \rightarrow {}^7F_1$、$^5D_0 \rightarrow {}^7F_2$、$^5D_0 \rightarrow {}^7F_3$、$^5D_0 \rightarrow {}^7F_4$ 能级跃迁，所有产物均在 616nm 附近有最强发射峰，对应于的$^5D_0 \rightarrow {}^7F_2$ 红光发射。从图中看出，随着水热温度升高，制得的产物红光发射强度先升高后又降低，当反应温度分别为 180℃、200℃和 220℃时，产物均显示了较高的荧光强度，当反应温度为 160℃时，制备的水热产物荧光强度稍低，当反应温度为 140℃时，产物荧光强度最弱。

结合 XRD 和 SEM 的结果分析，较高的水热温度可为晶体的熟化过程提供更多的能量，合成的 t-$LaVO_4$ 产物晶体结晶较好，红光发射强度较高，水热温度为

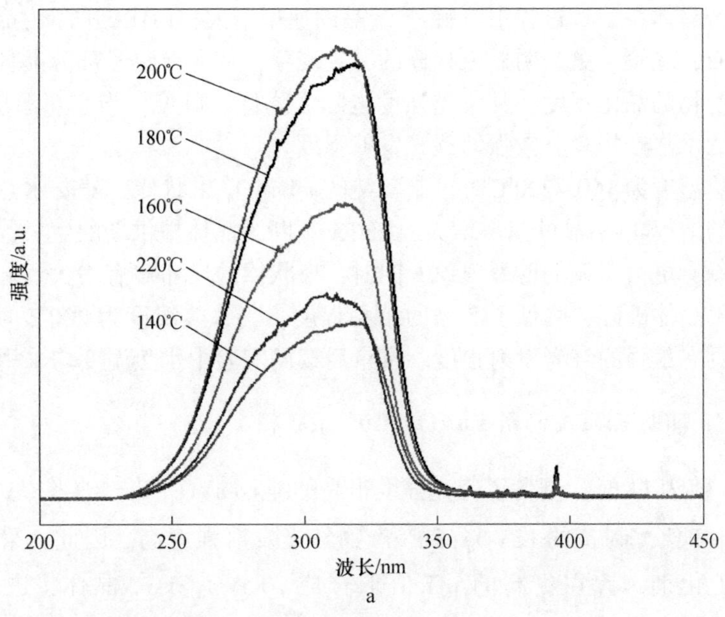

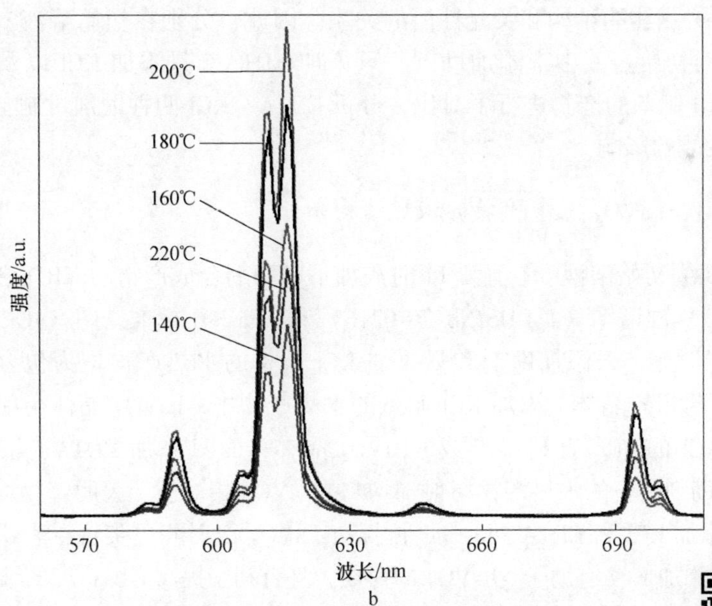

图 2-16 不同水热温度下 $LaVO_4$:Eu^{3+} 产物的激发光谱图（a）和发射光谱图（b）

图 2-16 彩图

140℃时提供的能量少，制备的水热产物存在 m-$LaVO_4$，导致其荧光强度较低。可见，升高水热温度有利于提高水热产物的荧光强度。当水热温度为 220℃时制备的束状纳米棒荧光强度低于 200℃制备的束状纳米棒，其原因可能是在水热温度更高时，晶体在生长过程中溶解-再结晶的速率增大，EDTA 不断为晶体提供新的生长晶面，导致了更为明显束状棒的劈裂现象，从而导致了部分晶体破碎，降低了水热产物的晶化程度，其荧光强度也随之降低。可见，当水热温度为 200℃时，制备的水热产物具有较强的红光发射强度。

当水热温度为 160~220℃时，制备纯的 t-$LaVO_4$ 束状棒，随着水热温度的升高，晶体的溶解-再结晶的速率增大，EDTA 不断为晶体提供新的生长晶面，制备的束状棒具有更为明显的劈裂现象，同时，束状棒的尺寸略有增大。同时劈裂现象也导致了晶体破碎，降低了产物的结晶程度，当水热温度为 200℃时，制备的水热产物具有最强的红光发射强度。本章后续的实验中水热温度均采用 200℃。

2.3.3 KCl 辅助 EDTA 制备 $LaVO_4$:Eu^{3+}束状棒

在 pH 值为 11 时，制备了荧光强度很高的纯 t-$LaVO_4$:Eu^{3+}纳米棒，并且提高初始溶液 pH 值，制备的 $LaVO_4$:Eu^{3+}产物红光发射强度高。因此，采用无机盐 KCl 作为矿化剂，旨在更高的 pH 值下合成 t-$LaVO_4$:Eu^{3+} 晶体，进一步探索 t-$LaVO_4$:Eu^{3+}晶体的结构和荧光性能的关系。因此，分别在初始溶液 pH 值为 11 和 12 时，对初始溶液中未添加助剂、只添加 EDTA、只添加 KCl 以及同时添加 EDTA 和 KCl 制备的产物进行了对比，分析 EDTA、KCl 两种助剂对制备产物的结构及发光性能的影响。

2.3.3.1 $LaVO_4$:Eu^{3+}产物的微观结构分析

图 2-17 为初始溶液 pH 值为 11 时添加不同助剂合成产物的 XRD 谱图。通过与 m-$LaVO_4$ 标准谱图（JCPDS No. 70-0216）和 t-$LaVO_4$ 标准谱图（JCPDS No. 32-0504）进行对比，未添加助剂和只添加 KCl 制备的水热产物均为包含 m-$LaVO_4$ 和 t-$LaVO_4$ 两相的晶体，添加 KCl 制备的水热产物中 t-$LaVO_4$ 晶体衍射峰强度增大，表明 KCl 的加入有利于形成 t-$LaVO_4$ 晶体；而只添加 EDTA、添加 KCl 和 EDTA 两种助剂制备的水热产物衍射峰均与 t-$LaVO_4$ 相对应，表明产物均为单一相 t-$LaVO_4$。添加 KCl 和 EDTA 两种助剂制备 t-$LaVO_4$ 衍射峰更尖锐，表明其结晶度高。可见，添加 KCl 有助于 t-$LaVO_4$ 的形成，且有利于提高 t-$LaVO_4$ 的结晶程度。

依据 XRD 衍射数据，对 pH 值为 11 制备的 $LaVO_4$:Eu^{3+}晶体结构数据进行精修，计算出的晶胞参数结果如表 2-5 所示。加入 KCl 与未加入 KCl 制备的 $LaVO_4$:Eu^{3+}产物相比，加入 KCl 制备的产物中 t-$LaVO_4$:Eu^{3+} 晶体含量增加，t-$LaVO_4$:Eu^{3+}晶胞参数和晶胞体积均减小。表明加入 KCl 制备的 $LaVO_4$:Eu^{3+}产物晶胞收缩，可能使发光中心与 VO_4^{3-} 之间的距离减小，有利于能量传递。加入 KCl 制备的样品半峰宽度增大，则表明制备的样品晶体尺寸增大。

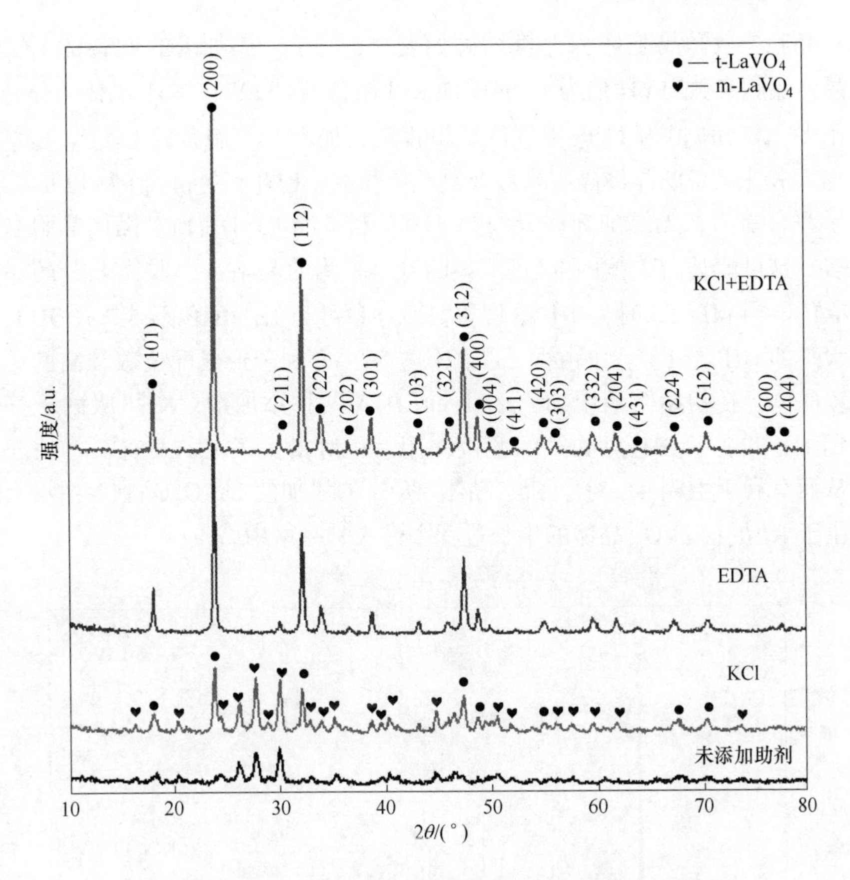

图 2-17 pH 值为 11 时添加不同助剂制备产物的 XRD 谱图

表 2-5 pH 值为 11 时制备 $LaVO_4:Eu^{3+}$ 晶体的晶胞参数

助剂	$a=b$/m	c/m	单位晶胞体积/m^3	衍射峰半峰宽/(°)
未添加助剂	7.467×10^{-10}	6.536×10^{-10}	364.4×10^{-30}	0.388
KCl	7.447×10^{-10}	6.495×10^{-10}	360.2×10^{-30}	0.410
EDTA	7.460×10^{-10}	6.547×10^{-10}	364.4×10^{-30}	0.265
KCl+EDTA	7.446×10^{-10}	6.538×10^{-10}	362.5×10^{-30}	0.270

图 2-18 为初始溶液 pH=12，分别添加不同助剂时合成产物的 XRD 谱图。其中未添加助剂合成的产物均为 m-$LaVO_4$，只添加 KCl 和只添加 EDTA 合成的产物均为 m-$LaVO_4$ 和 t-$LaVO_4$ 的混相，同时添加 KCl 和 EDTA 两种助剂时制备的产物为单一相 t-$LaVO_4$。添加 KCl 有助于 t-$LaVO_4$ 的合成，同时添加 KCl 和 EDTA，可在 pH 值为 12 的初始溶液中制备出单一相 t-$LaVO_4:Eu^{3+}$ 晶体。

依据 pH=12 制备的 $LaVO_4:Eu^{3+}$ 的晶体 XRD 衍射数据，对其晶体结构进行精修，晶胞参数和晶胞体积计算结果如表 2-6 所示。添加 KCl 制备的 t-$LaVO_4$:Eu^{3+}晶体晶胞参数与 pH 值为 11 时添加 KCl 制备的 t-$LaVO_4$:Eu^{3+}晶体的晶胞参数相差不多。与 pH 值为 11 时得到的结果相反，加入 KCl 制备的 $LaVO_4$:Eu^{3+}晶体比未加入 KCl 制备的晶体晶胞参数及晶胞体积大。EDTA 在 pH 值为 12 时对 La^{3+}失去了螯合能力，无添加剂和只添加 EDTA 制备的 $LaVO_4$:Eu^{3+}晶体晶胞参数相差不多。这可能是由少量的 K^+进入 t-$LaVO_4$ 晶体的晶格中，取代 La^{3+}的晶格位置引起的。当 pH=12 时，OH^-浓度很高，OH^-可与 La^{3+}配位形成 $La(OH)_3$。因此，大量的 OH^-与 L^{4-}竞争占据 La^{3+}配位空间，有利于形成配位数较高的单斜相 $LaVO_4$ 晶体。在初始溶液中加入 KCl 和 EDTA 两种添加剂，K^+可吸附于螯合物 LaL^-周围，减弱了 OH^-对 La^{3+}的配位作用，相对增大了 EDTA 对 La^{3+}的配合作用，从而有利于生成 t-$LaVO_4$:Eu^{3+}晶体。KCl 的添加使 $LaVO_4$ 晶胞参数增大，可能是由于 K^+在 t-$LaVO_4$ 晶体的生长过程中进入其晶格中。

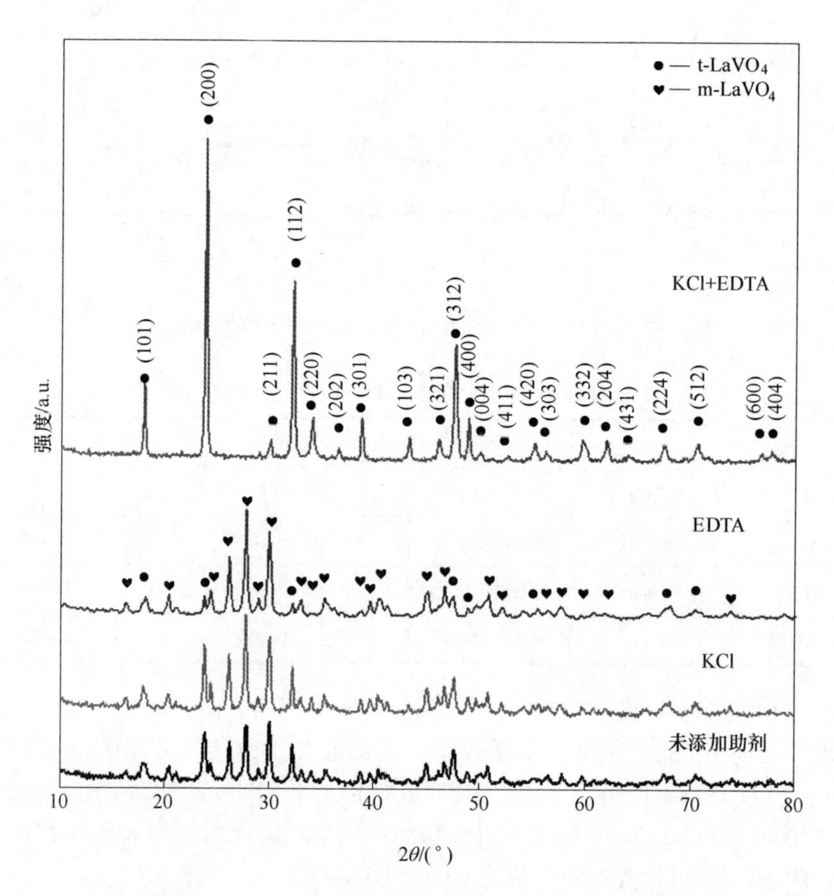

图 2-18　pH 值为 12 时添加不同助剂制备 $LaVO_4$:Eu^{3+}粉体的 XRD 谱图

表 2-6 pH 值为 12 时 $LaVO_4:Eu^{3+}$ 粉体的晶胞参数

助剂	$a=b$/m	c/m	单位晶胞体积/m^3	衍射峰半峰宽/(°)
未添加助剂	7.453×10^{-10}	6.529×10^{-10}	362.7×10^{-30}	0.348
KCl	7.476×10^{-10}	6.549×10^{-10}	364.6×10^{-30}	0.283
EDTA	7.462×10^{-10}	6.510×10^{-10}	362.5×10^{-30}	0.389
KCl+EDTA	7.461×10^{-10}	6.541×10^{-10}	364.1×10^{-30}	0.267

图 2-19 为 pH 值为 11 时添加不同助剂合成 $LaVO_4:Eu^{3+}$ 晶体的 SEM 图。未添加助剂（图 2-19a）和只添加 KCl（图 2-19b）制备的 $LaVO_4:Eu^{3+}$ 晶体微观形貌均为纳米颗粒，未添加助剂制备的颗粒直径为 20nm 左右，尺寸均一。添加 KCl 制备的纳米颗粒尺寸不均一，直径在 20~60nm 之间，此外，还有少量的纳米棒，直径约 35nm，长约 150nm。添加 EDTA 制备的 $LaVO_4:Eu^{3+}$ 晶体微观形貌如图 2-19c 所示，其形貌为两端劈裂的束状棒，直径为 200nm，长约 1μm。添加 EDTA 和 KCl 制备的 $LaVO_4:Eu^{3+}$ 晶体形貌如图 2-19d 所示，其形貌也为束状棒，束状棒

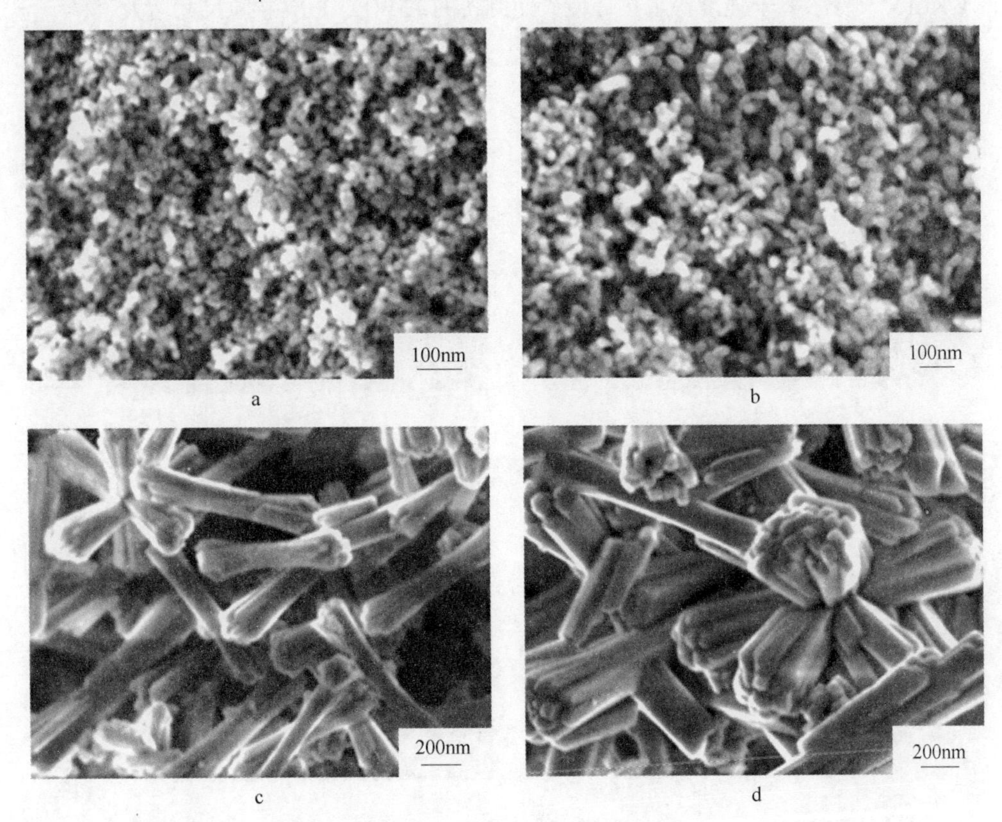

图 2-19 pH 值为 11 时添加不同助剂制备的 $LaVO_4:Eu^{3+}$ 粉体的 SEM 图

a—未添加助剂；b—KCl；c—EDTA；d—KCl 和 EDTA

中间部分直径约300nm，长约1.5μm。在水热体系中加入KCl，改变了体系中的离子强度等水热环境，使制备的$LaVO_4$：Eu^{3+}颗粒及束状棒尺寸增大。

图2-20为pH值为12时添加不同助剂合成$LaVO_4:Eu^{3+}$晶体的SEM图。未添加助剂（图2-20a）和只添加KCl（图2-20b）制备的$LaVO_4:Eu^{3+}$晶体的微观形貌均为纳米颗粒及少量的纳米棒。未添加助剂制备的$LaVO_4:Eu^{3+}$纳米颗粒尺寸较均匀，直径40nm左右，纳米棒直径约30nm，长度约200nm；只添加KCl制备的纳米颗粒形状不规则，颗粒尺寸不均一，直径在20~90nm之间，较未添加助剂时制备的纳米颗粒尺寸大，还存在少量的纳米棒，纳米棒直径约40nm，长度约100nm。图2-20c为添加EDTA制备的$LaVO_4:Eu^{3+}$产物，其微观形貌为约50nm的纳米颗粒。图2-20d为添加EDTA和KCl制备的$LaVO_4:Eu^{3+}$产物，形貌为束状棒，棒长0.9~1.2μm，束状棒直径约200nm，束状棒两端劈裂成多个纳米棒，有部分束状棒断裂。因此，同样在初始溶液pH值为12时，添加KCl比未添加KCl合成的$LaVO_4:Eu^{3+}$颗粒及束状棒的尺寸大，进一步证明了通过在水热体系中加入KCl，改变了离子强度等水热环境，使制备的$LaVO_4$：Eu^{3+}颗粒尺寸增大。

图2-20　pH值为12时添加不同助剂制备的$LaVO_4:Eu^{3+}$粉体的SEM图

a—未添加助剂；b—KCl；c—EDTA；d—KCl和EDTA

当初始溶液 pH 值为 11 和 12 时，通过添加 KCl，合成了尺寸较大的 $LaVO_4$:Eu^{3+}颗粒及束状棒，在初始溶液 pH 值为 12，同时添加 EDTA 和 KCl 制备的单一 t-$LaVO_4$:Eu^{3+}束状棒，拓宽了 t-$LaVO_4$:Eu^{3+}的水热合成范围。对 pH 值为 12 时制备的 t-$LaVO_4$:Eu^{3+}束状棒进一步进行能谱分析，以确定 KCl 在辅助 EDTA 促进 t-$LaVO_4$:Eu^{3+}纳米棒的生长过程中，K^+是否进入 $LaVO_4$:Eu^{3+}晶格。

当 pH 值为 12 时，同时添加 EDTA 和 KCl 制备的 t-$LaVO_4$:Eu^{3+}束状棒的 EDS 谱图如图 2-21 所示，产物中含有 La、V、O、K、Eu 五种元素，La、V 和 O 三种元素的摩尔分数分别为 15.2%、16.2%和 68.1%，化学计量比接近 1∶1∶4，表明制备的水热产物为 $LaVO_4$ 晶体。能谱图中有钾元素的散射峰，K 元素的摩尔分数为 0.5%，Eu 元素的摩尔分数为 0.6%。没有氯元素的散射峰，说明产物中 K 元素不是氯化钾的残留引起的。K 元素含量不高，表明进入 $LaVO_4$ 束状棒晶格中的 K 元素很少。

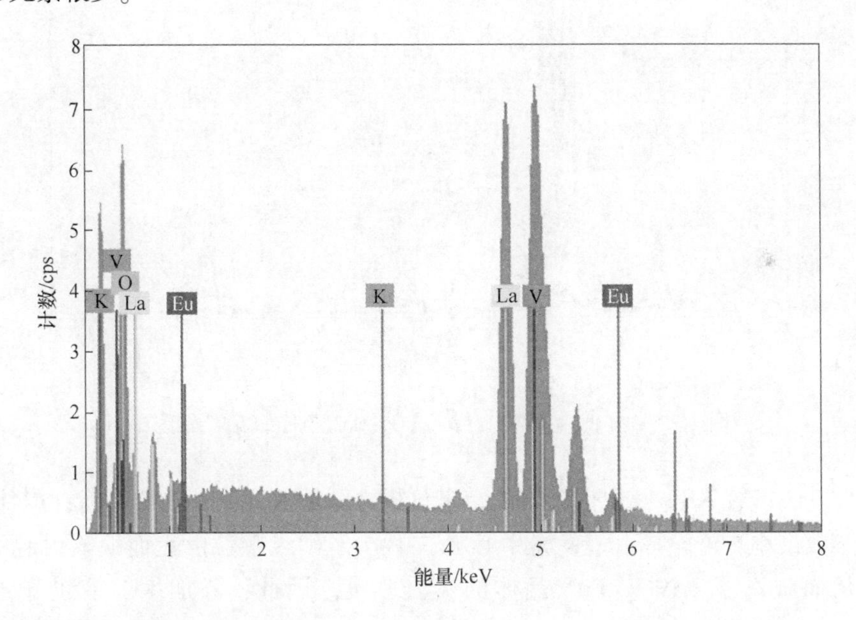

图 2-21 pH 值为 12 时添加 KCl 和 EDTA 制备的 t-$LaVO_4$:Eu^{3+}样品 EDS 谱图

2.3.3.2 $LaVO_4$:Eu^{3+}产物的荧光性能分析

初始溶液 pH 值为 11 时，添加不同添加剂合成的 $LaVO_4$:Eu^{3+}粉体的发射光谱图如图 2-22 所示。谱图中 580nm、590nm、612nm、646nm 和 694nm 附近的发射峰均为 Eu^{3+}的特征发射峰[85]。发光强度最大的发射峰位于 616nm 附近，此发射峰劈裂为 608nm 和 616nm 两个肩峰，这种劈裂现象为 Stark 劈裂[33]，是由制

备的 $LaVO_4$:Eu^{3+}晶体结晶程度高而引起的。除无添加剂制备的 $LaVO_4$:Eu^{3+}晶体外，其余样品均具有较高的荧光强度，这是由 t-$LaVO_4$:Eu^{3+}晶体含量增加引起的。添加 KCl 制备的 $LaVO_4$:Eu^{3+}样品具有最高的红光发光强度，可能由于产物晶胞参数小，颗粒尺寸大，纳米颗粒表面缺陷较少。无添加剂、添加 KCl、添加 EDTA、同时添加 KCl 和 EDTA 制备的 $LaVO_4$:Eu^{3+}晶体的 R/O 比值分别为 4.9、6.2、5.4 和 5.2，略高于文献中的 R/O 比值[78]。

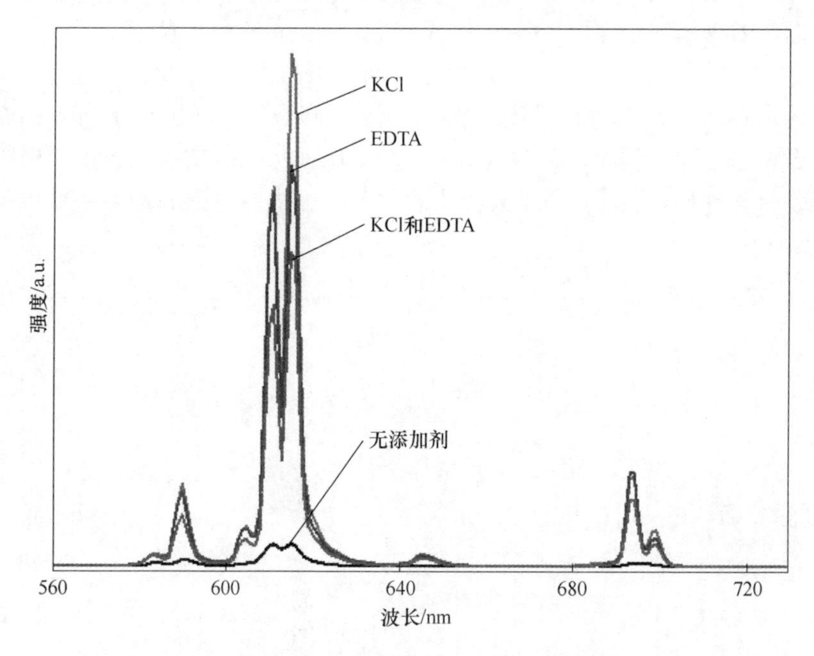

图 2-22 pH 值为 11 时合成 $LaVO_4$:Eu^{3+}粉体的发射光谱图

此外，结合 XRD 及数据精修的结果分析，添加 KCl 制备的 $LaVO_4$:Eu^{3+}样品晶胞参数最小，可能是由于发光中心 Eu^{3+}减少了纳米颗粒由表面缺陷引起的猝灭，从而提高了 $LaVO_4$:Eu^{3+} 晶体的荧光强度。因此，添加 KCl 有助于改善 $LaVO_4$:Eu^{3+}晶体的发光性能。

pH 值为 12 时合成 $LaVO_4$:Eu^{3+}粉体的荧光光谱图如图 2-23 所示。所有发射峰均为 Eu^{3+}的特征发射，612nm 附近的发射峰最强，劈裂为 608nm 和 616nm 两个肩峰。只添加 KCl、同时添加 KCl 和 EDTA 制备的 $LaVO_4$:Eu^{3+}样品荧光性强度远高于未添加 KCl 制备的样品。添加 KCl 作为矿化剂，制备的 $LaVO_4$:Eu^{3+}晶体发光强度增高。无添加剂、添加 KCl、添加 EDTA、同时添加 KCl 和 EDTA 制备的 $LaVO_4$:Eu^{3+}晶体的 R/O 比值分别为 4.2、4.9、6.0 和 6.8。同时添加 KCl 和 EDTA 制备的 t-$LaVO_4$:Eu^{3+}束状棒发光强度最高，其 R/O 比值为 6.8。

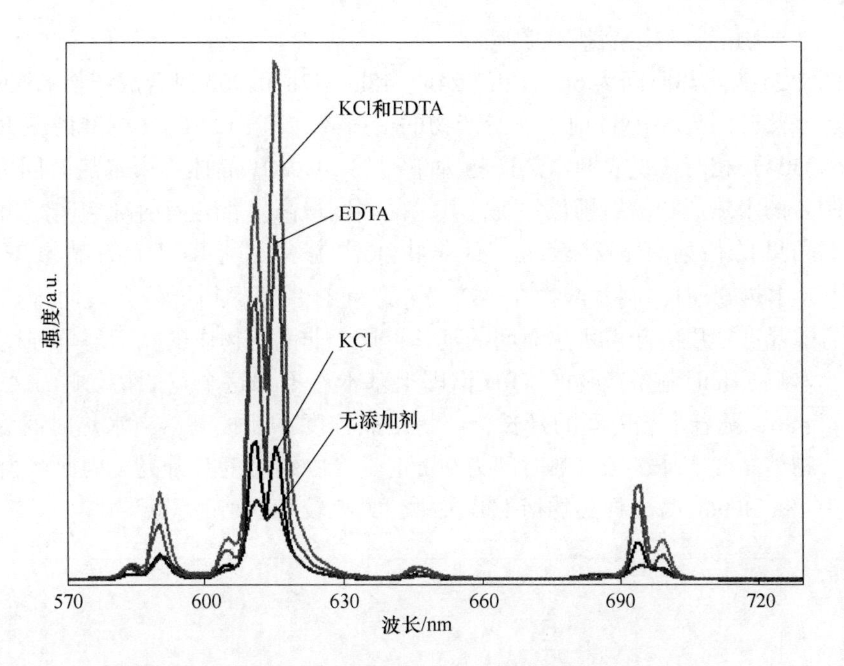

图 2-23 pH 值为 12 时合成 $LaVO_4:Eu^{3+}$ 粉体的荧光光谱图

通过以上分析可知，在 pH 值为 11 或 12 的初始溶液中添加 KCl，制备的 $LaVO_4:Eu^{3+}$ 产物结晶度均增高，产物颗粒尺寸增大，表面缺陷减少，减少了因表面缺陷引起的荧光猝灭，使 $LaVO_4:Eu^{3+}$ 产物荧光强度增高。当 pH = 12 时，利用 KCl 辅助 EDTA 的螯合作用，制备了发光强度较高的 t-$LaVO_4$ 束状棒，拓宽了 t-$LaVO_4$ 的水热合成 pH 值范围，改善了 t-$LaVO_4$ 发光强度和色纯度。

2.3.4 $LaVO_4:Eu^{3+}$ 束状棒的水热生长过程研究

通过研究 t-$LaVO_4:Eu^{3+}$ 束状棒的水热生长过程，进一步研究 t-$LaVO_4$ 束状棒的生长机理和发光机制。在 pH 值为 11，初始溶液中的氯化镧、氯化铕、偏钒酸铵浓度及加入量不变，分别将水热时间调节为 0.5h、2h、6h、12h、24h、48h、72h 和 96h，对合成的 $LaVO_4:Eu^{3+}$ 产物进行表征和分析，研究水热时间对制备 t-$LaVO_4:Eu^{3+}$ 束状棒结构和发光性能的影响。

2.3.4.1 水热时间对 $LaVO_4:Eu^{3+}$ 束状棒的结构影响机制

水热时间为 0.5~96h 时制备的水热产物产量区别很大。水热时间为 0.5h 时制备产物较少，可能由于水热时间较短，$LaVO_4:Eu^{3+}$ 晶体没有完全结晶出来。当水热时间超过 6h 后，沉淀物明显增加。这是由于随着水热时间延长，从溶液中析出的晶体逐渐增多。当水热时间超过 24h 后，制备的水热产物沉淀量变化不大，水热产物溶解与结晶基本平衡。

图 2-24 为水热时间为 6h、12h、24h、48h、72h 和 96h 时合成产物的 XRD 谱图。当水热时间为 6~96h 时，所有产物的衍射峰均与 t-$LaVO_4$（标准谱图 JCPDS No. 32-0504）相对应，表明水热产物为单一的 t-$LaVO_4$ 晶体。当水热时间为 24h 时，制备的水热产物衍射峰最尖锐，其结晶程度最高。所有衍射峰均向高角度偏移，高角度的衍射峰偏移较大，这是由 Eu^{3+} 掺杂到 t-$LaVO_4$ 的晶格中引起的[150]。水热 6h 时，制备产物在 16°~37°之间有一宽的衍射峰，表明水热产物中含有非晶态物质。随着水热时间的延长，这个非晶态物质的宽衍射峰强度逐渐变小，水热 24h 时制备产物的 XRD 谱图上基本看不到这个宽的衍射峰。水热时间小于 48h，随着水热时间的延长，产物结晶程度不断提高，当水热时间为 72h 时，产物结晶度下降。当水热时间为 96h 时，产物结晶度又升高。因此，当水热时间为 48h 和 96h 时，样品的衍射峰尖锐，具有较高的结晶程度。

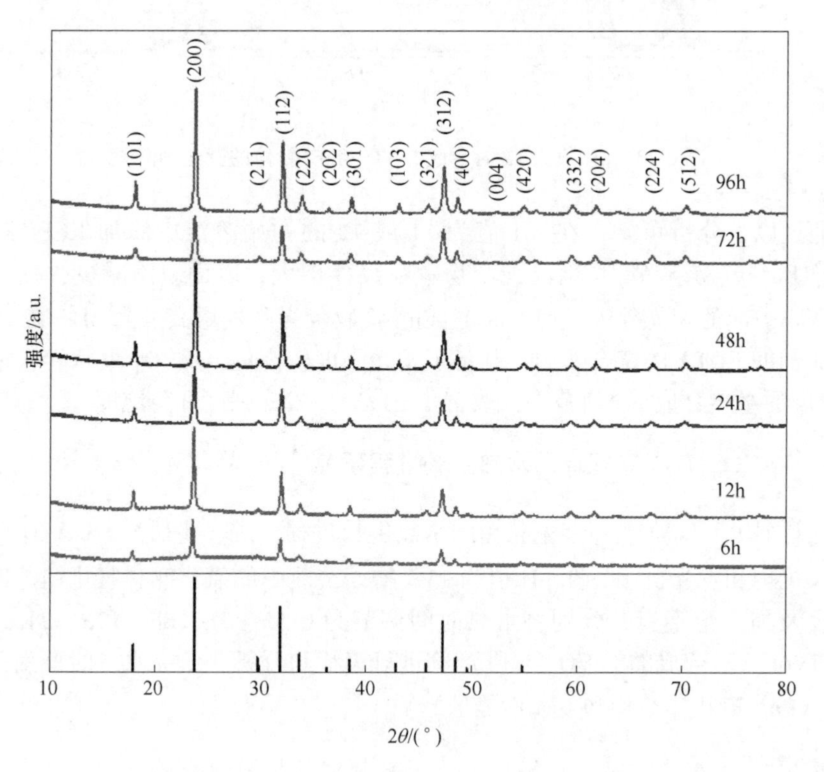

图 2-24 不同水热时间下制备产物的 XRD 谱图

由于水热时间 6h 时合成的产物中有非晶态物质存在，我们对水热时间 6h 时合成的产物进行了进一步研究，产物的 XRD 谱图和 EDS 谱图如图 2-25 所示。水热产物的 XRD 谱图（图 2-25a）中尖锐的衍射峰均为 t-$LaVO_4$ 晶体的特征峰。此

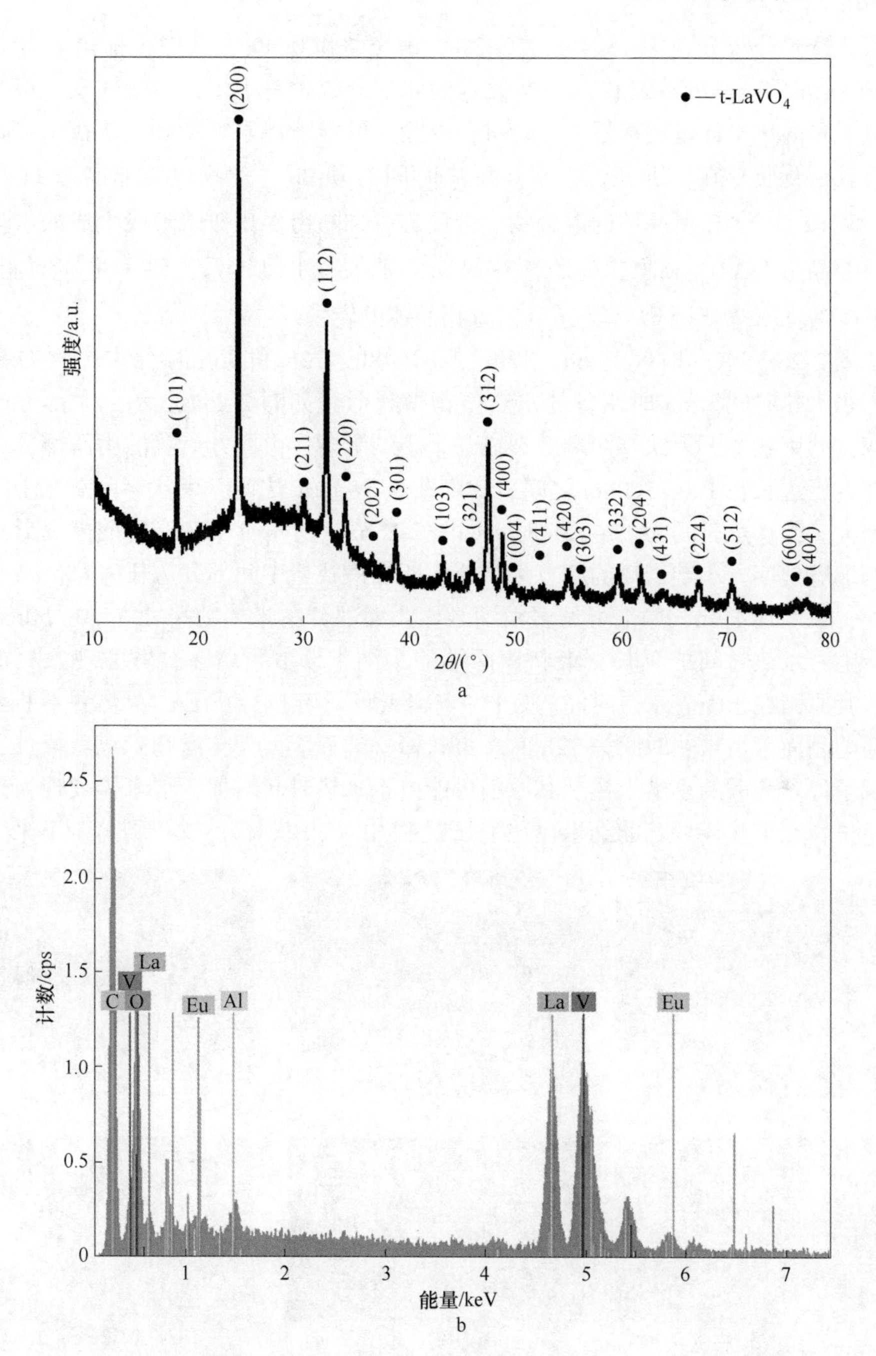

图 2-25 水热时间为 6h 时样品的 XRD 谱图（a）和 EDS 谱图（b）

外，在 16°~37°范围内有一较强的宽衍射峰，证明产物中有非晶态物质。图 2-25b 为合成水热产物的 EDS 谱图，从谱图可见产物中含有 La、V、O 和 Eu 四种元素，摩尔分数分别为 15.4%、17.2%，66.5%和 0.9%，其中，稀土元素（La 和 Eu 元素的摩尔分数之和）与 V 元素的摩尔分数相差不多，稀土元素、钒元素与氧元素的化学计量比接近 1∶1∶4，由此，可推断出水热产物为 $LaVO_4$:Eu^{3+}，没有其他物质存在。因此，在水热反应时间为 6h 时，产物应为非晶态 $LaVO_4$:Eu^{3+}和 t-$LaVO_4$:Eu^{3+}晶体的混合物。因此，可推断出水热初始阶段生成的水热产物为非晶态 $LaVO_4$:Eu^{3+}，随着水热时间的延长，水热体系提供了足够的能量，使 $LaVO_4$:Eu^{3+}实现了从非晶态到四方相晶体的转变。

图 2-26 为水热时间为 6h、12h、24h、48h、72h 和 96h 时合成产物的 SEM 图。当水热时间为 6h 时制备的水热产物微观形貌如图 2-26a 所示，大部分产物为四方的束状棒，束状棒两端劈裂成几个小纳米棒。由四方束状的中间部分可测的四方棒边长在 100~200nm 之间，长度在 0.8~1μm 之间，束状棒两端比中间部分略大。当水热时间为 12~72h 时，如图 2-26b~e 所示，水热产物的微观形貌仍为两端劈裂四方小纳米棒的四方束状棒，四方束状棒中间部分边长为 100~200nm 之间，长度约 1μm，两端可见多根纳米棒，大部分纳米棒的尺寸在 20~50nm 之间。随着水热时间的延长，束状棒两端的小纳米棒数目增多，劈裂现象更加明显，其原因在于随着水热时间的延长，EDTA 吸附于 $LaVO_4$:Eu^{3+}晶体并不断创造出新的晶面。当水热时间为 72h 时，束状棒劈裂程度太大，产物除束状棒外，还出现了许多分散的小纳米棒。其原因可能由于水热时间增加，纳米棒表现为热力学生长，在束状棒外部的纳米棒在生长过程中从束状棒上被“剥离”下来。当

图 2-26 不同水热时间下合成 $LaVO_4$:Eu^{3+}产物的 SEM 图

a—6h；b—12h；c—24h；d—48h；e—72h；f—96h

水热时间为96h时，如图2-26a所示，束状棒劈裂下来的小纳米棒进行晶化过程而长大，纳米棒直径约100nm。结合XRD分析结果可判断，所有四方纳米棒均为t-$LaVO_4$:Eu^{3+}晶体，纳米棒从束状棒上被“剥离”下来后导致晶体晶化程度降低。

因此，随着水热时间的延长，束状棒两端的小纳米棒逐渐增多，劈裂现象更加明显，水热时间48h时制备的纳米棒劈裂程度小，晶化程度较高。

2.3.4.2 不同水热时间制备的$LaVO_4$:Eu^{3+}的荧光性能分析

图2-27a和b分别为水热时间为6h、12h、24h、48h、72h和96h时合成$LaVO_4$:Eu^{3+}纳米晶的激发光谱图和发射光谱图。所有样品的激发光谱在250~350nm有一很强的宽峰，为钒酸盐基质的吸收峰；另一个相对很弱的峰位于394nm处，对应于Eu^{3+}的吸收峰。激发谱图表明产物所发出的红光所需的能量主要来源于VO_4^{3-}对紫外光的吸收。

图2-27b所示的发射光谱中所有发射峰均对应于Eu^{3+}的特征发射。最强峰的峰值在616nm附近，对应于$^5D_0 \rightarrow {^7F_2}$红光发射区域。依据XRD和SEM分析结果，当水热时间为6h时，制备的$LaVO_4$:Eu^{3+}纳米晶为非晶态和四方相钒酸镧的混合物，其荧光强度低可能是由非晶态存在引起的。水热时间为48h时制备的$LaVO_4$:Eu^{3+}纳米晶$^5D_0 \rightarrow {^7F_2}$红光发射强度要高些，水热时间超过48h后制备的束状纳米棒$^5D_0 \rightarrow {^7F_2}$发射峰的强度低于水热时间为6h时制备的t-$LaVO_4$:$Eu^{3+}$纳米棒。可能由于水热时间超过48h后，制备的t-$LaVO_4$:$Eu^{3+}$纳米棒两端劈裂程度增大，束状棒两端的小纳米棒脱落下来，导致水热时间72h制备的产物结晶程度降低，荧光强度降低。随着水热时间延长至96h，脱落的小纳米棒在水热体系中继续长大，产物结晶程度增高，荧光强度增大。其中，水热时间为48h制备的t-$LaVO_4$:Eu^{3+}束状棒晶化程度好，两端劈裂程度小，R/O比值为9.6，对称性低，具有最高的红光发射强度。对不同水热时间下制备的t-$LaVO_4$:Eu^{3+}产物研究发现，随着水热时间的增加，t-$LaVO_4$:Eu^{3+}束状棒经历了非晶态到四方相的转变过程。随着水热时间的延长，束状棒两端的小纳米棒逐渐增多，劈裂现象更加明显，当水热时间超过48h后，t-$LaVO_4$:Eu^{3+}束状棒劈裂程度大，荧光强度降低。当初始溶液pH值为11，水热温度为200℃，水热时间为48h制备的$LaVO_4$:Eu^{3+}的四方束状棒两端劈裂程度小，结晶程度好，R/O比值为9.6，具有最高的发光强度。

基于上述分析结果，在初始溶液pH值为11，水热温度为200℃，水热时间为48h时制备的t-$LaVO_4$:Eu^{3+}四方束状棒具有最高的红光发射强度。对此条件下制备的t-$LaVO_4$:Eu^{3+}四方束状棒进行FTIR和HRTEM表征，进一步对t-$LaVO_4$:

Eu^{3+}四方束状棒的结构进行分析，研究 t-$LaVO_4:Eu^{3+}$四方束状棒的晶体结构与发光性能的本质联系。

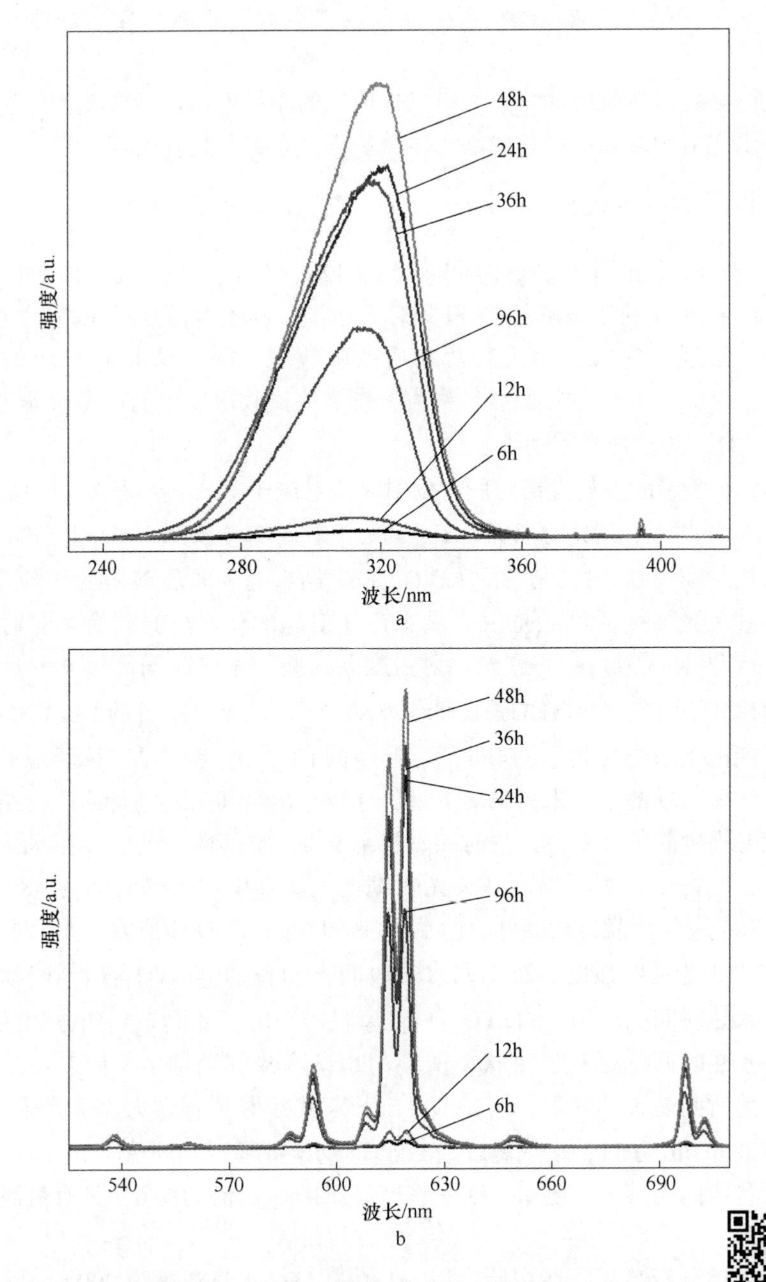

图 2-27　不同水热时间下合成产物的荧光谱图

图 2-27 彩图

图 2-28 为制备的 t-$LaVO_4:Eu^{3+}$束状棒的红外光谱图。谱图

中位于 443cm^{-1}附近的吸收峰是由 La—O 的振动引起的[158]。829cm^{-1}处的强吸收峰归属于 t-$LaVO_4$:Eu^{3+}晶体中的 VO_4^{3-} 的振动吸收带。在 667cm^{-1}的峰归属于钒酸盐中的 V—O—V 简并吸收带，$LaVO_4$:Eu^{3+}中的 VO_4^{3-} 由于 Eu^{3+}掺杂变成畸形构型。1034cm^{-1}处出现的弱峰为 Eu—O 键的弯曲振动，是由于 Eu^{3+}进入了 $LaVO_4$ 的晶格中占据 La^{3+}的位置。1406cm^{-1}附近的吸收峰为 C—H 键的弯曲振动，以及位于 1622cm^{-1}附近的吸收峰来自 C ═O 的伸缩振动峰，均可能来源于样品中 EDTA 的残留。2364cm^{-1}处出现的 O ═C ═O 振动峰可能是环境中 CO_2 引起的。3430cm^{-1}的宽吸收峰是由于 O—H 伸缩振动引起的吸收峰。位于 2900cm^{-1}附近的吸收峰为饱和 C—H 键的伸缩振动吸收峰，3750cm^{-1}附近的吸收峰可能是由样品中残留的有机物引起的，这两个吸收峰均可能是由样品中的 EDTA 引起的。红外光谱进一步表明，所制备的样品为 t-$LaVO_4$:Eu^{3+}晶体，EDTA 参与了 $LaVO_4$:Eu^{3+}晶体的生长过程而在 $LaVO_4$:Eu^{3+}晶体里有残留。

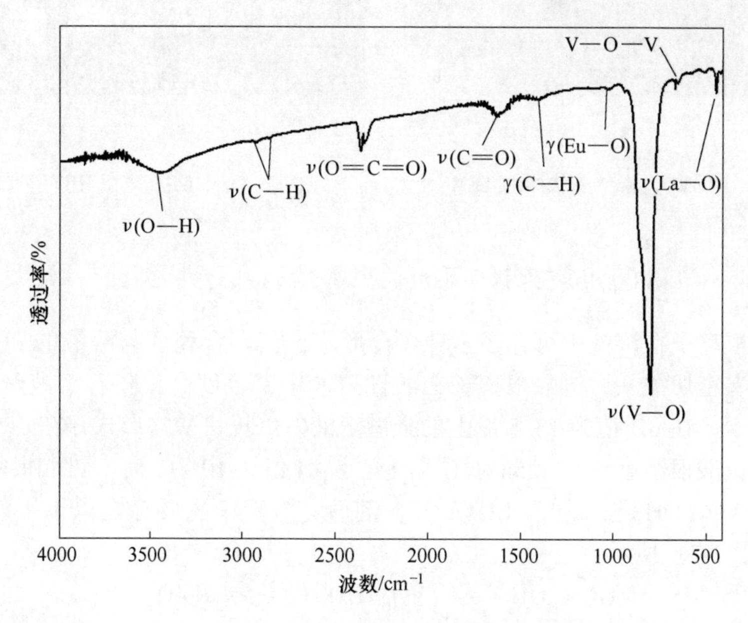

图 2-28 t-$LaVO_4$:Eu^{3+}束状棒的 IR 光谱图

图 2-29 为制备的 t-$LaVO_4$:Eu^{3+}束状棒的 TEM 图、电子衍射（SAED）图和 HRTEM 图。图 2-29a 为 t-$LaVO_4$:Eu^{3+}束状棒的 TEM 图，t-$LaVO_4$:Eu^{3+}束状棒长度约 1μm，束状棒中间部分直径约 180nm。t-$LaVO_4$:Eu^{3+}束状棒两端可见劈裂现象，劈裂出许多小纳米棒，这与扫描电镜观察的形貌结果一致。图 2-29a 左下角插图为束状棒一端的单个纳米棒的选区电子衍射图，纳米棒的衍射花样为排布规整的衍射亮点，表明所制备的纳米棒为单晶结构。束状棒一端的单个纳米棒的

HRTEM测试结果如图2-29b所示，规整的衍射条纹进一步表明制备的纳米棒为单晶结构。经测量其晶面间距为0.372nm，接近于t-$LaVO_4$（JCPDS No. 32-0504）的（200）晶面间距0.374nm。（200）晶面间距的减小可能是由Eu^{3+}占据$LaVO_4$晶体中La^{3+}的晶格位置引起的[112]。因此，t-$LaVO_4:Eu^{3+}$纳米棒是沿着（200）晶面方向生长的。

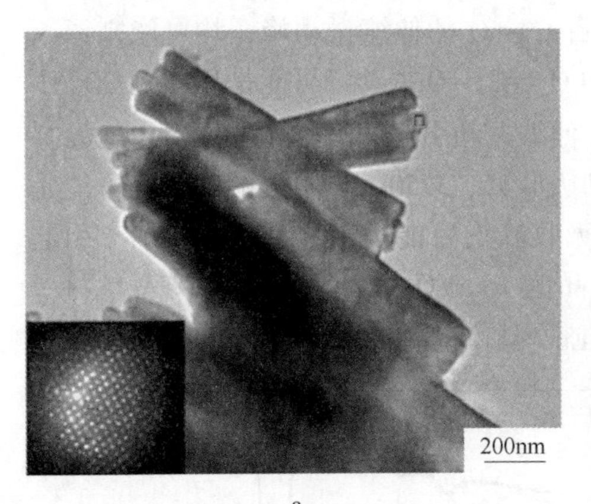

a

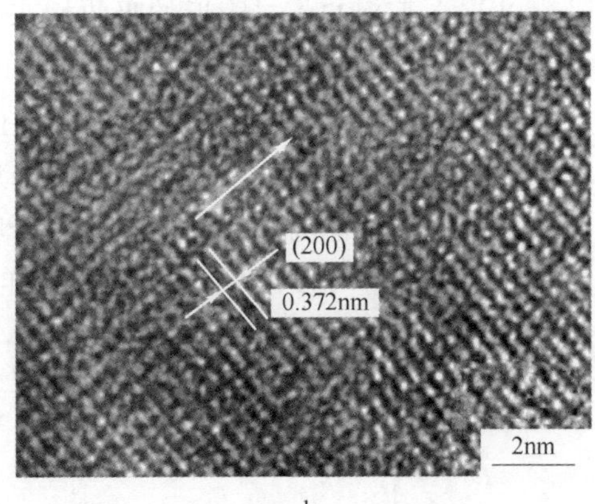

b

图2-29　t-$LaVO_4:Eu^{3+}$束状棒的TEM图（a）、SAED图（a中插图）和HRTEM图（b）

2.3.4.3　$LaVO_4:Eu^{3+}$束状棒的形成机理

钒酸根离子在溶液中可存在多种聚合形式，其聚合程度与溶液的pH值和钒酸根浓度有密切关系。钒酸根离子在酸性溶液中聚合度高，随着溶液碱性增强，聚合度减少，在pH值为13.5以上的强碱溶液中以正钒酸盐形式存在。本实验初始溶液中钒酸根浓度约0.025mol/L，当溶液pH值为10~12时，钒酸根的主要存在形式为$VO_3(OH)^{2-}$，加入EDTA螯合剂后，溶液中主要存在以下平衡，如式(2-4)~式(2-7)所示：

$$VO_3^- + OH^- \rightleftharpoons VO_3(OH)^{2-} \rightleftharpoons HVO_4^{2-} \tag{2-4}$$

$$HVO_4^{2-} + OH^- \rightleftharpoons VO_4^{3-} + H_2O \tag{2-5}$$

$$HVO_4^{2-} + OH^- \rightleftharpoons V_2O_7^{3-} + H_2O \tag{2-6}$$

$$LaL^- + VO_3(OH)^{2-} + (1-x)OH^- \rightleftharpoons LaVO_4 + H_xL^{(4-x)-} + (1-x)H_2O \tag{2-7}$$

在自然界中，一些矿物质的微观结构就为微米尺寸的捆状形貌。一般来说，这种晶体分裂现象通常发生一维生长的结构各向异性的晶体中，且横向黏附能相对较小。在四方相$LaVO_4$的合成过程中，EDTA通过选择性吸附在$LaVO_4$晶体某个表面上，实现$LaVO_4$晶体结构各向异性，形成一维纳米棒结构。$LaVO_4$束状棒的形成机理示意图如图 2-30 所示，其可能的生长过程如下。

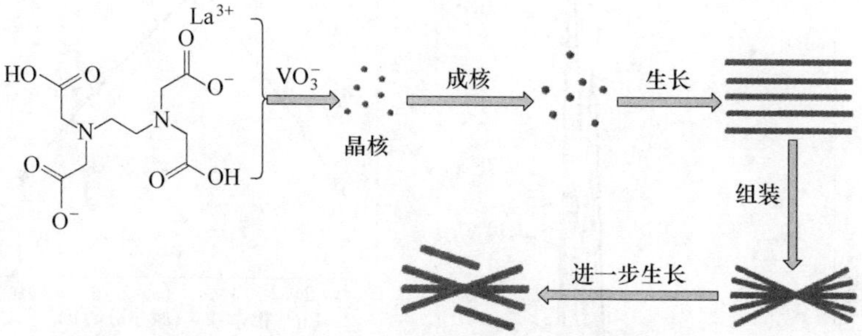

图 2-30 t-$LaVO_4$:Eu^{3+}束状棒的生长机理示意图

首先，EDTA 与溶液中的 La^{3+}螯合成稳定的螯合物，没有被螯合的 La^{3+}在溶液中与 $VO_3(OH)^{2-}$形成了非晶态 $LaVO_4$ 晶粒。随着反应的进行，La^{3+}浓度降低，更多的 La^{3+}从 LaL^-螯合物中被释放出来，使 $LaVO_4$ 晶粒在水热条件下不断长大。在 $LaVO_4$ 晶体生长过程中，EDTA 吸附在晶体表面，改变了 $LaVO_4$ 晶体各晶面的表面能，出现优势生长晶面，形成一维纳米棒结构。同时，EDTA 包覆在 $LaVO_4$ 晶体表面，为 $LaVO_4$ 晶体不断地创造出新的表面，从而促进晶体两端的劈裂[157]。形成纳米棒的过程中，非晶态 $LaVO_4$ 晶粒不断晶化，转变成晶态的 t-$LaVO_4$ 四方束状棒。在［OH^-］浓度增高和水热温度升高时，式（2-6）平衡向右移动。因此，在 LaL^-螯合物稳定的前提下，溶液 pH 值升高和水热温度升高都有利于 t-$LaVO_4$ 的形成。

2.3.5 Eu^{3+}掺杂对 t-$LaVO_4$ 束状棒浓度猝灭的研究

Eu^{3+}掺杂浓度对 $LaVO_4$:Eu^{3+} 晶体发光强度有着很大的影响，对 t-$LaVO_4$:Eu^{3+}四方束状棒的浓度猝灭进行了研究。当 Eu^{3+}掺杂的摩尔分数为 1%、2%、5%、8%和 10%时，分析不同掺杂浓度下制备的 $LaVO_4$:Eu^{3+}样品的红光发射性能，其发射光谱图如图 2-31 所示。图 2-31 中插图以 616nm 附近的红光发射峰的峰面积为纵坐标，对不同掺杂浓度下 $LaVO_4$:Eu^{3+}样品的红光发射峰最高强度进行比较。随着 Eu^{3+}掺杂浓度增高，发射光谱的强度表现出先变大后变小的特征，说明 Eu^{3+}在 t-$LaVO_4$ 基质中存在浓度猝灭。猝灭的产生是由于随着 Eu^{3+}浓度增高，Eu^{3+}发光中心增多，从而提高了 Eu^{3+}发光强度，当 Eu^{3+}浓度增高并超过 5%时，Eu^{3+}的离子间距变小，Eu^{3+}离了间的能量传输加强，引起了能量损失而导致发光强度降低。

因此，Eu^{3+}掺杂的摩尔分数在 1%~5%时，发光强度随着掺杂浓度升高而增

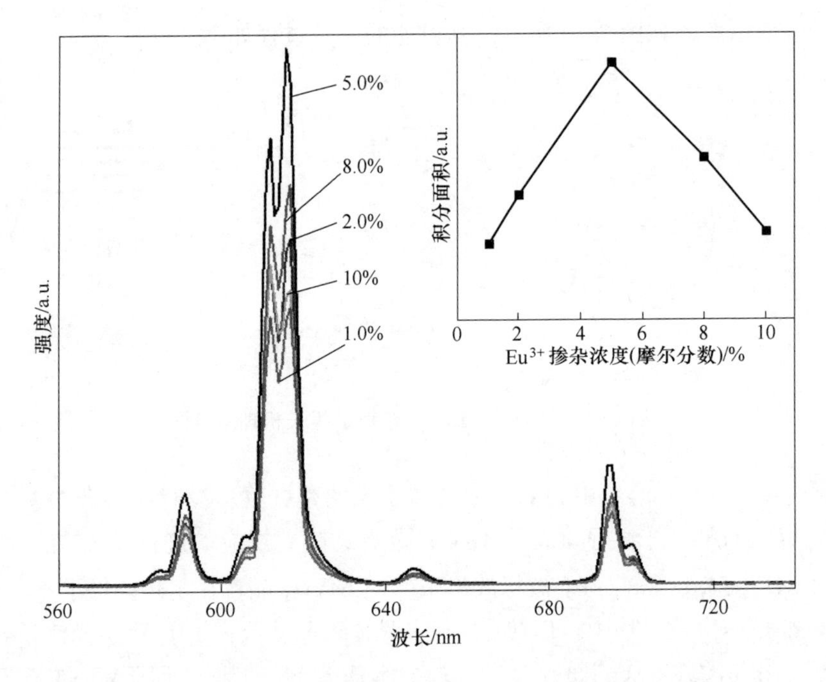

图 2-31　不同 Eu^{3+}掺杂浓度下合成 $LaVO_4:Eu^{3+}$的发射光谱图

大。由于 Eu^{3+}掺入 $LaVO_4$ 晶格中的数目较多，使得到 Eu^{3+}的能量概率加大。此外，发光中心数目增加，t-$LaVO_4$ 晶格收缩，从而改善了 VO_4^{3-} 到 Eu^{3+}之间的能量传输，也会导致样品的荧光强度增高。Eu^{3+}掺杂浓度超过 5%时，存在浓度猝灭现象。这是由于发光中心达到一定数目后，Eu^{3+}间距离变小，发光中心之间存在能量传输，从而阻碍了 VO_4^{3-} 与 Eu^{3+}间的能量传输，材料的发光强度降低。因此，Eu^{3+}最佳掺杂浓度 5%时，$LaVO_4:Eu^{3+}$有最高的发光强度，Eu^{3+}掺杂浓度超过 5%时，产生浓度猝灭现象。

2.4　本 章 小 结

（1）利用 EDTA 与 La^{3+}的螯合作用调控着 $LaVO_4:Eu^{3+}$产物的相组成和微观结构。当初始溶液 pH 值为 4~11 时，可制备出 t-$LaVO_4:Eu^{3+}$一维纳米棒和束状棒。随着初始溶液 pH 值和水热温度的升高，t-$LaVO_4:Eu^{3+}$一维纳米棒和束状棒结晶度增高，产物晶胞参数减小，有利于 VO_4^{3-} 与 Eu^{3+}之间的能量传递，产物荧光强度增高。

（2）采用 KCl 辅助 EDTA 对 La^{3+}的螯合作用，当 pH 值为 12 时，制备了 t-$LaVO_4:Eu^{3+}$束状棒，拓宽了 t-$LaVO_4:Eu^{3+}$束状棒合成范围；K^+可吸附于 LaL^-

周围，减弱了OH^-对La^{3+}的配位作用，促进了EDTA与La^{3+}的螯合作用，K^+进入$LaVO_4:Eu^{3+}$晶体的晶格中，晶胞参数减小，制备的t-$LaVO_4:Eu^{3+}$束状棒结晶程度良好，产物尺寸增大，发光强度高。

（3）水热时间为0.5~96h，$LaVO_4:Eu^{3+}$经历了非晶态到四方相束状棒晶体的转化过程。由于EDTA吸附于$LaVO_4:Eu^{3+}$晶体并不断创造出新的晶面，促进了晶体分裂，使束状棒两端劈裂出小纳米棒，晶体劈裂使产物结晶程度和发光强度降低。

（4）初始溶液pH值为11，水热温度为200℃，水热时间为48h时制备的t-$LaVO_4:Eu^{3+}$的四方束状棒长约1.0μm，直径约为200nm，两端劈裂出许多长径比较大的纳米棒，纳米棒沿着（200）晶面生长；具有较高的红光发射强度，R/O比值为9.6；该四方束状棒Eu^{3+}的最佳掺杂摩尔分数为5%。

3 $LaVO_4$:Eu^{3+} 微米花球的制备及发光性能

3.1 引　　言

水热法合成 $LaVO_4$ 晶体的主要影响因素有原料（镧源和钒源）、pH 值、水热时间、水热温度和配合剂等[107-109]。其中，关于水热法中的溶剂体系对制备 $LaVO_4$ 晶体结构和性能的影响研究较少。将水热法中的水体系部分换成有机溶剂或非水溶剂，其反应原理相似。有机溶剂的性质如密度、黏度、分散作用等都可能对水热产物的结构形貌、性能产生一定的影响，而且使用不同的溶剂也可能合成在单一水溶剂体系中无法生长的晶体材料[86]。此外，有机溶剂的沸点较低，在同样的条件下可以达到比水热更高的气压，更有利于产物的结晶，从而提高产物的发光性能。

目前关于水热法制备 $LaVO_4$ 晶体的研究较多，报道的制备研究中采用了多种溶剂体系。其中，乙醇无毒、无腐蚀性，与水以任意比互溶，能够溶解许多无机物和大多数有机物，乙醇-水混合溶剂是良好的水热反应体系。乙醇与水相比，具有较低的沸点、较低的黏度和较低的表面张力，且离子强度低，使乙醇-水混合溶剂在水热反应中具有独特的性质。刘国聪等人[159]在未加任何助剂的条件下，采用乙醇-水溶剂合成了四方晶相较纯的鱼骨状钒酸镧纳米粉体。韦庆敏等人[160]在乙醇-水溶剂中未添加任何助剂的条件下，通过调节体系 pH 值，实现了水热产物从单斜相 $LaVO_4$:Dy^{3+}纳米颗粒向四方相 $LaVO_4$:Dy^{3+}纳米棒的调控，表明了溶剂体系可调控 $LaVO_4$ 晶体的生长。

原料对水热合成 $LaVO_4$ 晶体也有一定的影响。水热反应中镧源和钒源通常制备成前驱液，有利于得到尺寸均一的 $LaVO_4$ 晶体。闫冰等人[161]采用固态水热法，未制备前驱液，而将稀土氧化物固体为反应原料放入反应釜中，在水体系下进行高温水热反应，并通过调节溶液 pH 值选择性地合成四方相 $LaVO_4$ 纳米晶。可见在水热体系中，直接加入固体的镧源和钒源，由于固体在体系中的溶解过程缓慢释放反应的 La^{3+}和 VO_3^-，可以对晶体的生长进行控制。

本部分采用固体水热法，以乙醇-水混合溶剂作为溶剂体系，以 EDTA 为配合剂，分别研究了水热体系的 pH 值、水和乙醇溶剂的体积比、水热时间、水热温度、VO_4^{3-}/La^{3+}配比、La^{3+}/EDTA 配比对 $LaVO_4$:Eu 产物晶相、形貌尺寸和荧光性能的影响，确定最佳合成条件，研究产物结构与荧光性能的构效关系。

3.2 实验内容

3.2.1 实验试剂和仪器

实验所用的仪器设备与表 2-1 中的仪器设备相同。

实验所需的试剂见表 3-1。

表 3-1 实验药品的规格和产地

药品名称	规格	生产厂家
偏钒酸铵	分析纯	天津市风船化学试剂科技有限公司
氧化铕	分析纯	国药集团化学试剂有限公司
氯化镧	分析纯	国药集团化学试剂有限公司
乙二胺四乙酸二钠	分析纯	沈阳新化试剂厂
乙二醇	分析纯	天津市化学试剂批发公司
无水乙醇	分析纯	天津市大茂化学试剂厂
浓氨水	分析纯	天津市天利化学试剂有限公司
氢氧化钠	分析纯	天津市标准科技有限公司
浓盐酸	分析纯	天津市天利化学试剂有限公司

3.2.2 实验方法

3.2.2.1 溶液的配制

0.2mol/L Na_2EDTA 溶液、氨水（浓氨水与蒸馏水体积比为 1：1）、盐酸溶液（浓盐酸与蒸馏水体积比为 1：1）和 5mol/L 的氢氧化钠溶液的配制方法与 2.2.2 节相同。

3.2.2.2 $LaVO_4$ 纳米粉体的制备

准确称量 0.0491g 的 $LaCl_3$ 固体于 25mL 反应釜中，在玻璃棒搅拌下分别向其中逐滴加入 0.1mL 0.02mol/L 的 $EuCl_3$ 溶液，1.1mL 0.2mol/L 的 EDTA 溶液，0.0468g 的 NH_4VO_3 固体，加入适量的无水乙醇与水形成不同配比的溶剂体系，用玻璃棒搅匀，用上述氨水、盐酸溶液将溶液体系调至不同的 pH 值，制备初始溶液。将初始溶液转移至反应釜，密封，于一定温度下水热反应一定时间。水热反应结束后，待自然冷却至室温。按 2.2.2.2（2）中的方法用水和乙醇反复洗涤水热产物，得到 $LaVO_4$:Eu^{3+}样品粉末。

根据 La 与 Eu 的摩尔分数计量比，加入不同体积的 $EuCl_3$ 溶液，来制备不同铕掺杂量的钒酸镧纳米晶。

3.2.3　表征方法

本章所用到的 X 射线衍射仪（XRD）分析、扫描电子显微镜（SEM）分析、紫外光谱（UV）分析、红外光谱（FT-IR）分析和荧光光谱（PL）分析方法与 2.3 节的表征方法相同。

3.3　结果与讨论

3.3.1　初始溶液 pH 值对 $LaVO_4$:Eu^{3+}发光材料的影响

在水/乙醇溶剂的体积比为 1∶4 的体系中，添加在溶液体系中的镧与钒元素的摩尔比（即 VO_4^{3-}/La^{3+} 摩尔比）为 2∶1，镧元素与 EDTA 的摩尔比（La^{3+}/EDTA 摩尔比）为 1∶1，$EuCl_3$ 溶液加入量为 0.1mL 时，调节初始溶液的 pH 值分别为 6、8、10、11、12，在 200℃下反应 2d，对制备的 $LaVO_4$ 纳米晶进行表征，讨论 pH 值对产物晶相、微观形貌、光学性能的影响。

图 3-1 为不同 pH 值（6、8、10、11、12）下制备的水热产物的 XRD 谱图，同时也给出了 t-$LaVO_4$（JCPDS No. 32-0504）和 m-$LaVO_4$（JCPDS No. 50-0367）的标准谱图。当初始溶液 pH 值分别为 6、8、12 时，水热产物的衍射峰与 t-$LaVO_4$（JCPDS No. 32-0504）一致，产物为较纯净的 t-$LaVO_4$ 晶体；当初始溶液 pH 值为 10、11 时，产物的衍射峰以 t-$LaVO_4$ 晶体的衍射峰（JCPDS No. 50-0367）为主，还有少量的 m-$LaVO_4$ 晶体衍射峰，说明产物中除了有 t-$LaVO_4$ 纳米晶外，还有少量的 m-$LaVO_4$ 纳米晶。这与第 2 章纯水溶液体系中制备的产物结构不同，可见溶剂体系的组成改变，晶体的生长条件如密闭体系中的溶液黏度、气体压强等发生了改变，对水热产物的生长过程产生了影响，从而对水热产物的结构产生一定的影响。当初始溶液 pH 值较低时，产物 t-$LaVO_4$ 衍射峰强度较低，衍射峰宽，表明 t-$LaVO_4$ 结晶度不高。由此可见，当初始溶液 pH 值为 6~10 时，随着初始溶液 pH 值增大，t-$LaVO_4$ 产物的衍射峰强度逐渐增大，衍射峰变尖锐，表明 t-$LaVO_4$ 结晶度逐渐增高。在初始溶液 pH 值为 11 和 12 时，合成的 t-$LaVO_4$ 产物的衍射峰强度较大，峰宽较小，结晶度较高。因此，初始溶液 pH 值为 12 时，可制备出结晶度较高且较纯净的 t-$LaVO_4$ 晶体。

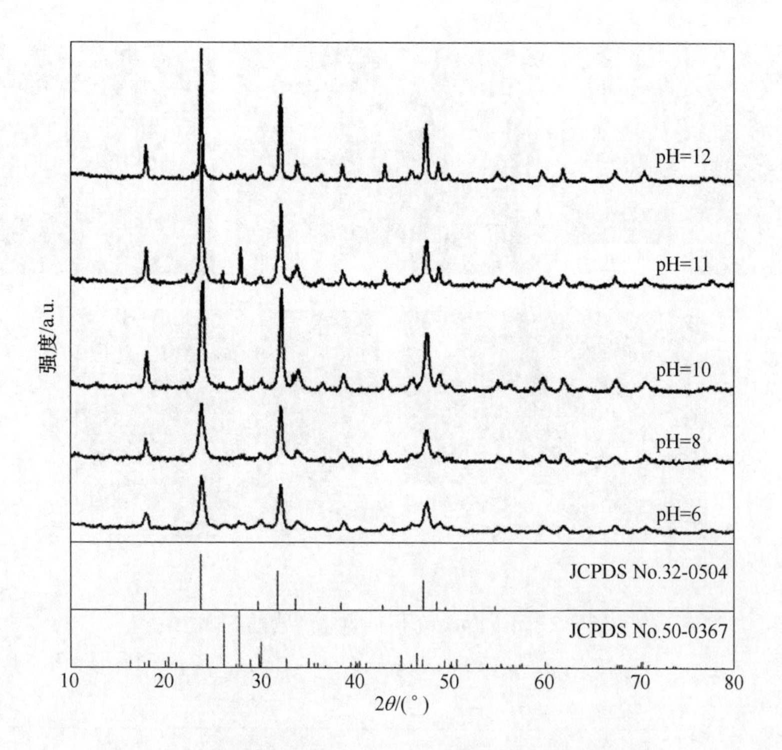

图 3-1 不同初始溶液 pH 值下水热产物的 XRD 谱图

图 3-2 为不同初始溶液 pH 值下 $LaVO_4:Eu^{3+}$ 产物的 SEM 图。当 pH 值为 6 时，产物由均匀的直径为 20~40nm、长度为 40~150nm 的纳米棒组成，纳米棒团聚在一起，分散性较差；当 pH 值为 8 时，产物为由直径 20nm 左右的纳米棒组装成的、尺寸 500~900nm 的不规则球状团簇；pH 值为 10 时，产物为由长约 250nm、直径约 25nm、均匀的纳米棒组装成的微米花球，微米花球直径约为 1μm，微米花球表面的纳米棒较规整；当 pH 值为 11 时，产物为 3~5μm 长的哑铃形结构，两端为伞状，分散性较好且尺寸均一。该哑铃形结构的伞端是由细小棒状组装而成，每个哑铃形结构的两个伞端表面纳米棒组装得较平滑，且可见纳米棒有较好的生长取向，而两个伞端的中间部分为小颗粒组装的球形颗粒。依据 3.1 节的 XRD 分析结果可推断，中间颗粒部分可能为 m-$LaVO_4:Eu^{3+}$ 纳米晶，两端应为 t-$LaVO_4:Eu^{3+}$ 纳米晶。当 pH 值为 12 时，产物为长约 350nm 的纳米棒，纳米棒的截面为正方形，边长约 80nm，尺寸较均一且分散良好。综上，所有产物均以纳米棒为主，由于受初始溶液 pH 值的影响，这些纳米棒的组装方式不同，依据 XRD 分析结果推断，所制备的纳米棒应为 t-$LaVO_4:Eu^{3+}$ 纳米晶。

图 3-3 为乙醇-水体系中不同 pH 值下合成 $LaVO_4:Eu^{3+}$ 产物的紫外吸收光谱图。所有产物均在 200~350nm 范围内呈现一个较宽的强吸收峰，除 pH 值为 12

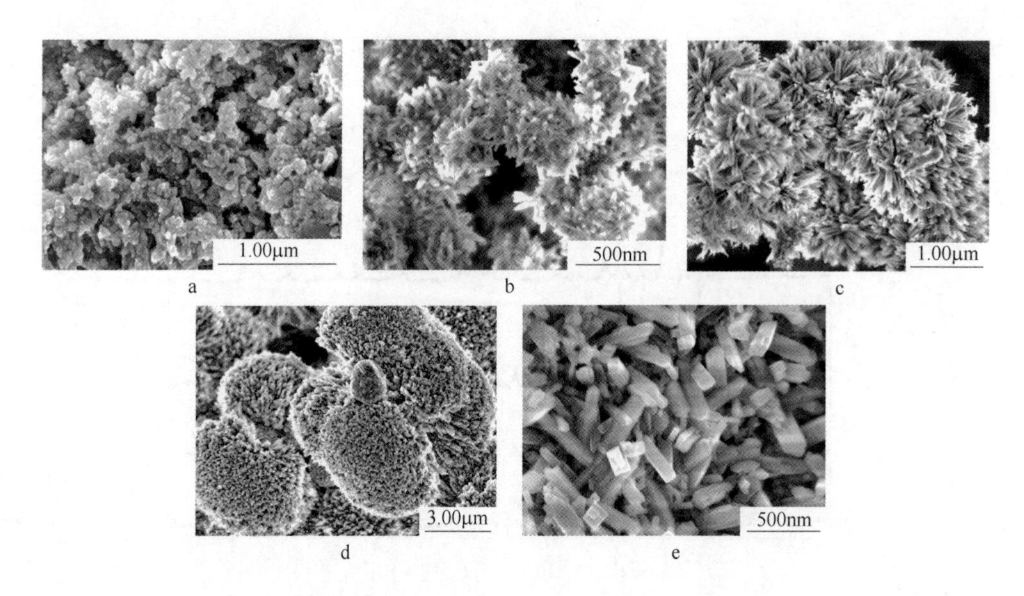

图 3-2　不同 pH 值下 $LaVO_4$ 产物的 SEM 图

a—pH＝6；b—pH＝8；c—pH＝10；d—pH＝11；e—pH＝12

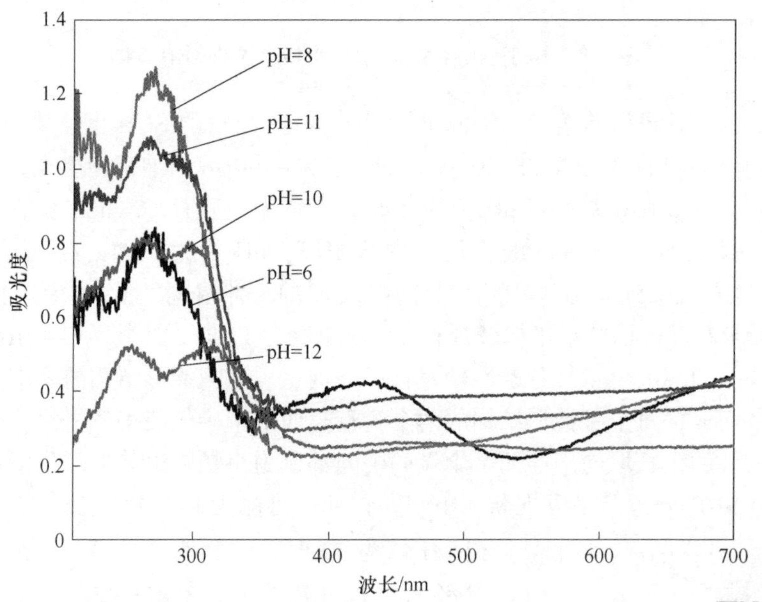

图 3-3　不同 pH 值体系下合成 $LaVO_4$ 产物的 UV-Vis 光谱图

图 3-3 彩图

的产物外，其他产物的最强紫外吸收均在 270nm 附近。250～300nm 的吸收峰归因于 VO_4^{3-} 基团中配位氧原子的电子向中心钒原子的迁移[151]，这是由 $LaVO_4$ 晶体的能带结构决定的，价带上的电子吸收这一波段的紫外光从而被激发，从价带上跃迁到导带，导致这个宽吸收带的产生。当体系 pH 值为 6 时，$LaVO_4:Eu^{3+}$ 产物在 430nm 附近的可见区有一较强的宽带吸收峰，而 pH 值为 8、10、11 和 12 时，产物在紫外区有良好的吸收，在可见区吸收值很低。因此，较高 pH 值下制备的产物主要为 t-$LaVO_4$ 晶相，结晶度高，紫外吸收性能好，更适于作 $LaVO_4:Eu^{3+}$ 的基质材料。

对于不同 pH 值下合成的 $LaVO_4:Eu^{3+}$ 纳米粉体，在激发光为 273nm 测得的荧光谱图以及监测 615nm 荧光得到的激发光谱图如图 3-4 所示。由于产物的激发光谱图相似，因此只给出了 pH 值为 11 时产物的激发光谱图，如图 3-4 中右上角的插图。$LaVO_4:Eu^{3+}$ 产物在 200~330nm 范围内有一个较强的吸收峰，该吸收峰主要归因于 $LaVO_4:Eu^{3+}$ 基质中的 V—O 基团对紫外光的吸收。图 3-4 中发射峰均为 Eu^{3+} 典型的特征发射。所有产物均在 610nm、615nm 附近有最强的红光发射峰。由于受 $LaVO_4:Eu^{3+}$ 产物的形貌、结晶度等影响，不同 pH 值下制备的产物荧光强度差异较大。当体系 pH 值为 11 时，$LaVO_4:Eu^{3+}$ 产物荧光强度最大；当 pH 值为 12 时，$LaVO_4:Eu^{3+}$ 产物的荧光强度次之；当 pH 值分别为 10 时，$LaVO_4:Eu^{3+}$ 产物的荧光强度大大降低；当 pH 值分别为 6 和 8 时，产物的荧光强度更弱。

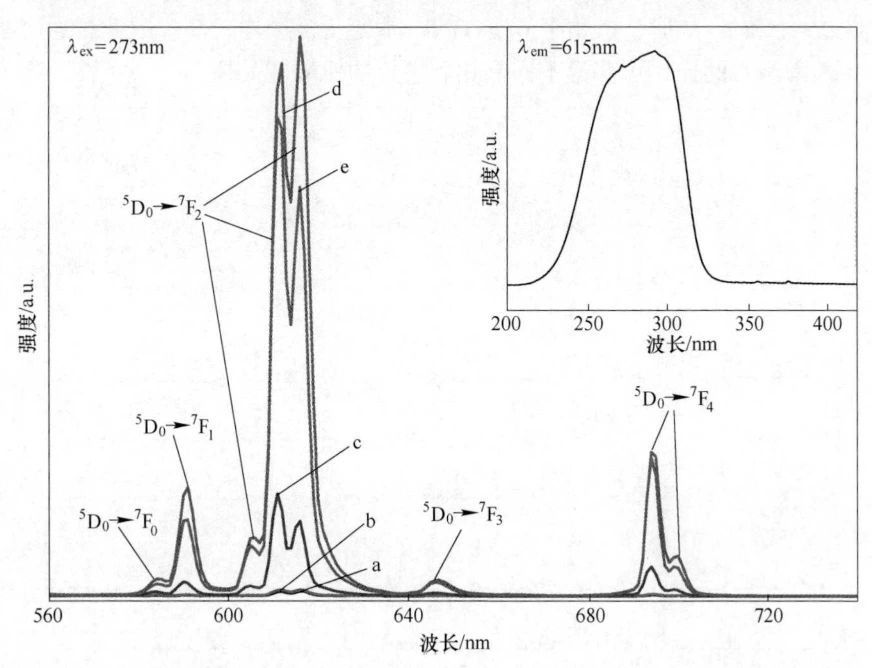

图 3-4 不同初始溶液 pH 值下合成 $LaVO_4:Eu^{3+}$ 产物的荧光谱图

a—pH=6；b—pH=8；c—pH=10；d—pH=11；e—pH=12

依据前面的 XRD 和微观形貌分析结果，pH 值为 6、8 时，产物结晶度较低，纳米棒尺寸小且排列不规整，$LaVO_4$:Eu^{3+}产物荧光强度低；当 pH 值为 11 时，产物结晶度高，形貌为规整的纳米棒组装成的哑铃形结构，荧光强度高。

3.3.2 水/乙醇体积比对 $LaVO_4$:Eu^{3+}发光材料的影响

依据上述初始溶液 pH 值对 $LaVO_4$:Eu^{3+}产物荧光强度影响的分析结果，选择 pH 值为 11，且 VO_4^{3-}/La^{3+}摩尔比为 2∶1，La^{3+}/EDTA 摩尔比为 1∶1，$EuCl_3$ 溶液加入量为 0.1mL，水热温度 200℃下反应 2d，考查溶剂体系中水/乙醇体积比对产物的影响。

图 3-5 为在不同水/乙醇体积比下制备产物的 XRD 谱图以及 t-$LaVO_4$（JCPDS No. 32-0504）和 m-$LaVO_4$（JCPDS No. 32-0367）的标准谱图。从图中可以看出，产物中所有衍射峰均与 t-$LaVO_4$ 和 m-$LaVO_4$ 相对应。当水/乙醇体积比（$V_{水}$∶$V_{乙醇}$）分别为 1∶1、1∶4、1∶6 时，产物结晶度较高，以 t-$LaVO_4$ 为主。当 $V_{水}$∶$V_{乙醇}$为 1∶2、1∶3、0∶1 时，产物中 t-$LaVO_4$ 含量降低，结晶度降低。当体系为纯乙醇，即 $V_{水}$∶$V_{乙醇}$为 1∶0 时，产物中以 m-$LaVO_4$ 为主。可见，随着溶剂体系中乙醇的比例增大，产物中的 t-$LaVO_4$ 纳米晶衍射峰增强。可见，$V_{水}$∶$V_{乙醇}$为 1∶1 和 1∶4 时，产物中 t-$LaVO_4$ 结晶度及含量均较高。因此，通过控制溶剂中乙醇与水的比例可获得不同晶相和组成的钒酸镧晶体。

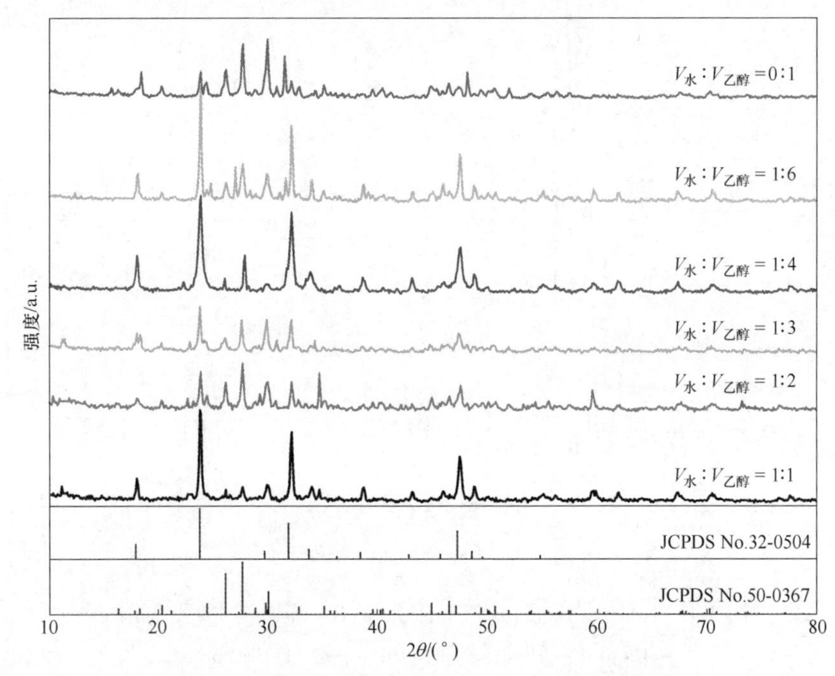

图 3-5 不同水/乙醇体积比下合成产物的 XRD 谱图

图 3-6 为不同水/乙醇体积比合成 $LaVO_4:Eu^{3+}$ 产物的 SEM 图。当 $V_{水}:V_{乙醇}$ 为 1∶1 时，产物的形貌为直径约 3μm 的微米花，微米花的花心为直径约 900nm 的球，球形花心由 50~100nm 的不规则纳米颗粒组装而成，沿着球形花心的表面排列有若干个纳米棒组成的“棒簇”，“棒簇”呈扇形，长约 900nm，组成“棒簇”的纳米棒排列得紧密且有序，截面为四边形。当 $V_{水}:V_{乙醇}$ 为 1∶2 时，产物形貌大多为直径约 1.8μm 的微米球，也存在少量的纳米棒，微米球由 50~100nm 的不规则纳米颗粒组装而成，与图 3-6a 中微米花的花心形貌相似。当 $V_{水}:V_{乙醇}$ 为 1∶3 时，产物形貌为 5μm 的哑铃形结构，两端扇形“棒簇”由数根长 300~600nm 的粗细不均匀的纳米棒有序排列而成，纳米棒截面接近正方形，粗细不一，哑铃状中间部分为纳米颗粒团聚而成的、直径约 1.6μm 的不规则微米球。当 $V_{水}:V_{乙醇}$ 为 1∶4 时，产物形貌为哑铃形结构，伞端是由直径约 50nm 纳米棒有序组装而成，两个伞端由小颗粒组装的球形颗粒连接。当 $V_{水}:V_{乙醇}$ 为 1∶6 时，产物为长约 600nm 的纳米棒和少量的不规则颗粒。当溶剂体系只有乙醇时，产物以直径约 300nm 的纳米片为主，还有少量的纳米棒。依据 XRD 分析，纳米颗粒组装成的微米球及纳米片可能为 m-$LaVO_4$ 纳米晶，所制备产物中的纳米棒应为 t-$LaVO_4$ 纳米晶。

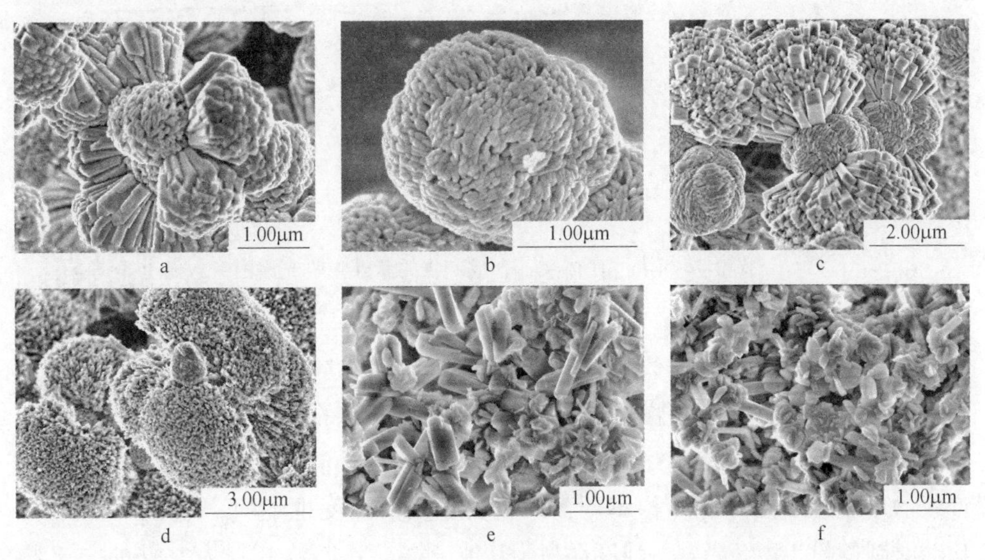

图 3-6 水/乙醇不同配比下合成 $LaVO_4:Eu^{3+}$ 产物的 SEM 图

a—1∶1；b—1∶2；c—1∶3；d—1∶4；e—1∶6；f—0∶1

图 3-7 为在不同乙醇/水体积比下合成 $LaVO_4:Eu^{3+}$ 产物的紫外吸收光谱图。所有产物在 200~350nm 范围内均呈现很强的吸收，包含两个宽吸收峰，吸收峰峰值分别在 255nm 和 290nm 附近，对应于基质中 VO_4^{3-} 对紫外光的吸收[151]。所

有产物在紫外区均有良好的吸收性能，在可见区的吸收强度均较低。产物的形貌和晶相不同，其紫外吸收强度也不同。$V_{水}$: $V_{乙醇}$为 1 : 4 的哑铃状结构产物在紫外光区具有最高强度的吸收。$V_{水}$: $V_{乙醇}$为 0 : 1 制备的纳米片为主要形貌的产物紫外吸收强度次之。综上，以 t-$LaVO_4$ 为主的哑铃形结构在紫外区有良好的吸收，以 m-$LaVO_4$ 为主的纳米片紫外吸收强度次之，而 m-$LaVO_4$ 纳米颗粒组装的微米球紫外吸收强度相对较弱。因此，$V_{水}$: $V_{乙醇}$为 1 : 4 条件下制备的哑铃状结构 $LaVO_4$ 产物对紫外光的能量吸收更强，是潜在的优质荧光基质材料。

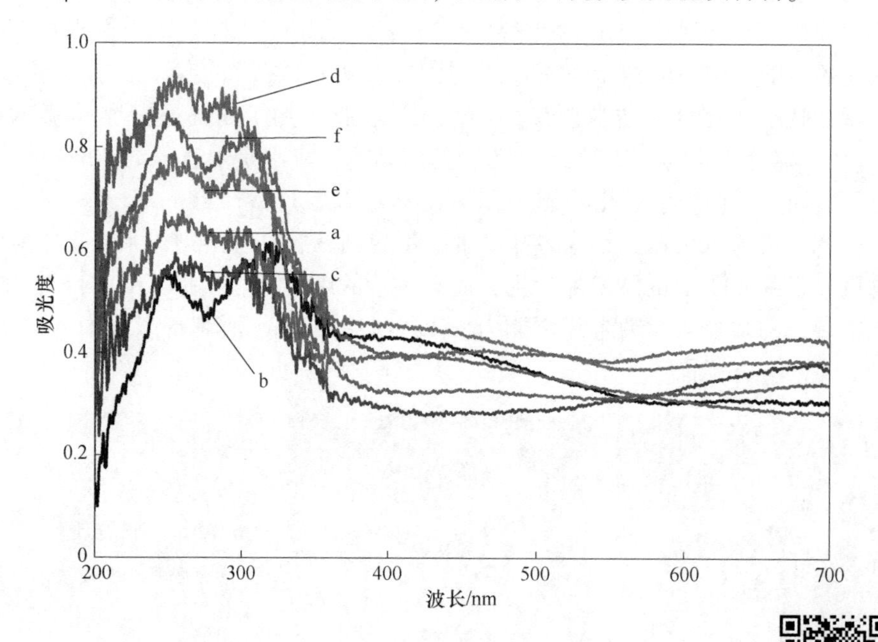

图 3-7　不同 pH 体系下合成产物的紫外吸收光谱图

a—1 : 1；b—1 : 2；c—1 : 3；d—1 : 4；e—1 : 6；f—0 : 1

图 3-7 彩图

图 3-8 为不同水/乙醇体积比合成的 $LaVO_4$:Eu^{3+}产物在 273nm 激发下测得的荧光谱图。图中所有发射峰均为 Eu^{3+} 的特征发射。最强发射峰在红光发射区域 600～640nm 范围内，峰值在 610nm、615nm 附近。产物的形貌、结晶度等结构不同，产物荧光发射强度也不同。当 $V_{水}$: $V_{乙醇}$为 1 : 4时制备的产物红光发射强度远高于其他产物。当 $V_{水}$: $V_{乙醇}$为 1 : 6 时，产物荧光强度次之。当 $V_{水}$: $V_{乙醇}$为 0 : 1、1 : 1、1 : 2 和 1 : 3 时，产物的荧光强度相对较弱。依据上述分析结果，$V_{水}$: $V_{乙醇}$为 1 : 4 时制备的产物以 t-$LaVO_4$ 为主，结晶度较高，形貌以有序排列的纳米棒组装的哑铃形花为主，且对紫外光吸收良好，因而产物的荧光发射强度高。综上可知，对于 t-$LaVO_4$:Eu^{3+}的水热制备，$V_{水}$: $V_{乙醇}$为 1 : 4 是一种较合适的溶剂体系，该体系下合成的有序排列的组装的

纳米棒哑铃形花 $LaVO_4:Eu^{3+}$产物红光发射强度较高。

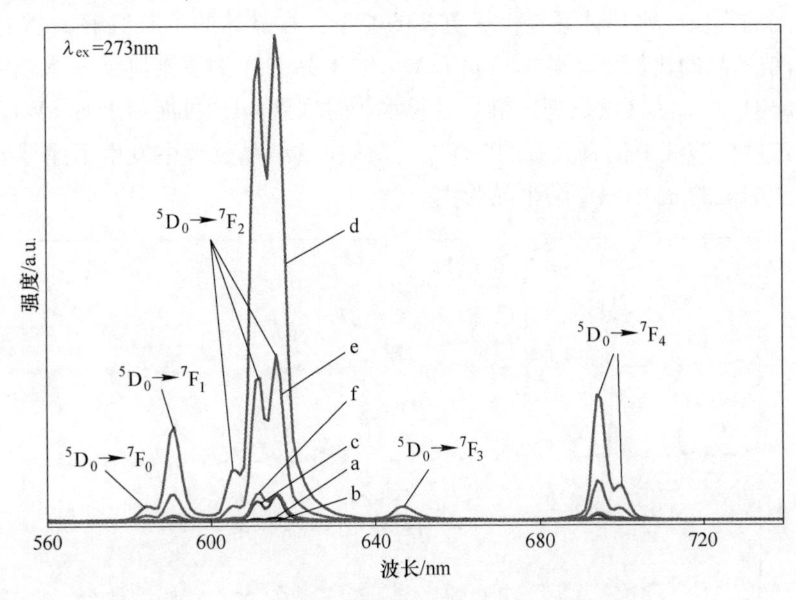

图 3-8 水/乙醇不同配比下合成产物的荧光谱图

a—1∶1; b—1∶2; c—1∶3; d—1∶4; e—1∶6; f—0∶1

3.3.3 反应时间对 $LaVO_4:Eu^{3+}$晶体的影响

根据以上分析结果，选择 $V_{水}:V_{乙醇}$为 1∶4 为溶剂体系，初始溶液体系 pH 值为 11，VO_4^{3-}/La^{3+}摩尔比为 2∶1，La^{3+}/EDTA 摩尔比为 1∶1，$EuCl_3$ 溶液加入量为 0.1mL，水热温度 200℃的条件下，考查水热时间对产物的物相、形貌和荧光性能的影响。

图 3-9 为不同水热时间合成产物的 XRD 谱图及 t-$LaVO_4$（JCPDS No. 32-0504）和 m-$LaVO_4$（JCPDS No. 50-0367）的标准谱图。由图 3-9 可见，水热时间对产物的物相有着一定的影响。水热时间为 6h、12h、1d、2d 和 4d 制备的产物中均存在 t-$LaVO_4$ 和 m-$LaVO_4$ 两相，但 t-$LaVO_4$ 和 m-$LaVO_4$ 的组成不同。水热时间为 6h 时，产物中 m-$LaVO_4$ 晶体的衍射峰较强，表明产物中 m-$LaVO_4$ 含量较高，而 t-$LaVO_4$ 含量较低。当水热时间为 12h 和 1d 时，产物中 t-$LaVO_4$ 衍射峰强度增高，表明与水热时间 6h 制备的产物相比，t-$LaVO_4$ 含量增加。当水热时间延长至 2d 时，t-$LaVO_4$ 衍射峰强度明显增高，说明 t-$LaVO_4$ 产物结晶度较高。当水热时间为 4d 时，产物中 t-$LaVO_4$ 衍射峰强度明显下降，说明 t-$LaVO_4$ 产物含量较低，以 m-$LaVO_4$ 为主。依据晶体生长理论，在高温高压下，反应初始时处于晶体成核阶段，在水热体系的能量驱动下晶核生长，此时水热体系中晶体的析出速

率低于溶解速率，生成的水热产物以热力学稳定的 m-$LaVO_4$ 纳米晶为主，随着水热时间的延长，水热体系提供了更多的能量，在晶体的不断溶解-结晶过程中，t-$LaVO_4$纳米晶的比例逐渐增大，m-$LaVO_4$纳米晶的比例逐渐降低，水热时间 2d 时，t-$LaVO_4$纳米晶含量最高，继续延长水热时间到4d，可能由于t-$LaVO_4$纳米晶的不稳定性，溶液中仍有大量的 VO_4^{3-}，晶体在重结晶过程中发生了晶型的转化，产物以 9 配位的 m-$LaVO_4$ 纳米晶为主。

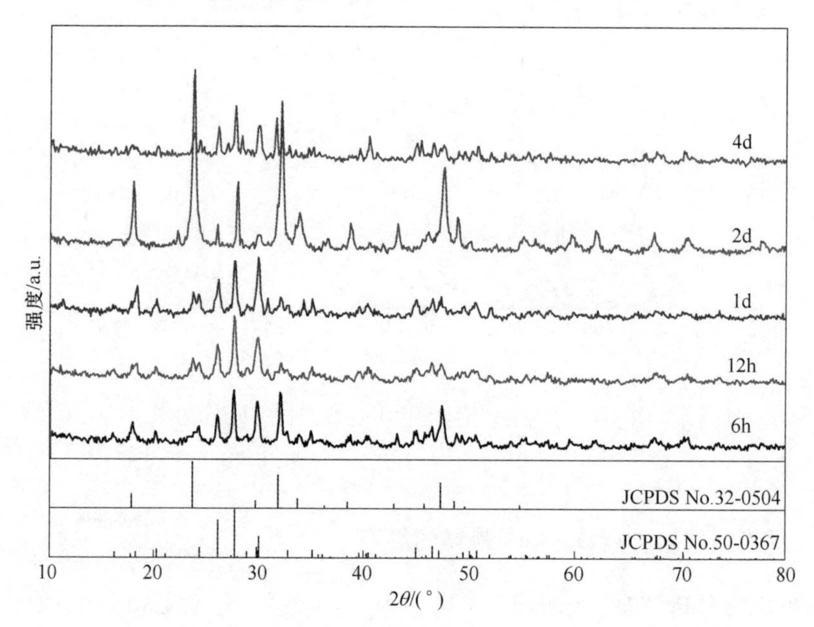

图 3-9　不同水热时间下合成产物的 XRD 谱图

图 3-10 为不同水热时间合成产物的 SEM 图。当水热时间为 6h 时，产物由不规则的纳米颗粒和纳米棒组成，其中纳米棒长 300~600nm，纳米棒的截面接近正方形，边长约 90nm，不规则纳米颗粒的直径约 150nm。水热时间为 12h 时，产物为直径约 350nm 的球和粗细、长短均不一的纳米棒组装而成，也有未组装的分散的纳米棒，可见，随着水热时间的延长，纳米颗粒逐渐聚集而使球形纳米颗粒增大，而纳米棒在重结晶过程中组装到纳米颗粒的表面，使晶体的表面能降低。当水热时间为 1d 时，产物形貌以直径约 3. 5μm 的微米花为主，该微米花表面由 1. 5~2μm 的细小的纳米棒组装而成，纳米棒排列不致密，产物中还有不完整的微米花和分散的球形纳米颗粒。当水热时间为 2d 时，产物形貌为 2. 8μm 左右长度的哑铃型微米花球，哑铃型微米花球由球中心的纳米颗粒及表面生长的两个纳米棒伞端组成，与水热时间 1d 时制备的产物中纳米棒的形貌相似，均为有序排列，但纳米棒的排列更加紧密。当水热时间为 4d 时，产物形貌与 2d 时相似，均

为哑铃型的微米花球，但组成微米花伞端的纳米棒有清晰的四边形截面，大部分截面接近正方形，少部分纳米棒可能由于生长空间有限而截面呈长方形，产物中还有少量球形纳米颗粒。通过以上分析可知，当反应时间为6h~4d时，产物中均存在纳米颗粒和纳米棒，随着水热时间的延长，纳米颗粒聚集成较大的球形纳米颗粒，纳米棒逐渐晶化成四方纳米棒，纳米棒尺寸增大且变得有序、致密，可能由于纳米颗粒表面能较大，纳米棒与纳米颗粒组装成球形的微米花或哑铃型的微米花。依据上述XRD分析结果推测，所有产物中的纳米棒可能为t-$LaVO_4$纳米晶，纳米颗粒可能为m-$LaVO_4$。

图3-10 不同水热时间下合成产物的SEM图

a—6h；b—12h；c—1d；d—2d；e—4d

图3-11为不同水热时间下合成的$LaVO_4$:Eu^{3+}晶体在273nm紫外光激发下的荧光谱图。图中的发射峰均为Eu^{3+}典型的特征发射，产物均在峰值为610nm、615nm附近有最高的荧光发射强度。水热时间6h、12h和1d制备的产物荧光强度接近，总体上荧光强度均低。当水热时间为2d制备的产物荧光强度最高。水热时间4d时，产物荧光强度降低，但高于1d时制备产物的荧光强度。由此可见，以t-$LaVO_4$:Eu^{3+}晶体为主的具有四方纳米棒的哑铃型微米花具有最高的发光强度。

3.3.4 水热温度对$LaVO_4$:Eu^{3+}晶体的影响

根据以上讨论，在接下来的研究中选择在$V_水$：$V_{乙醇}$为1：4，初始溶液pH

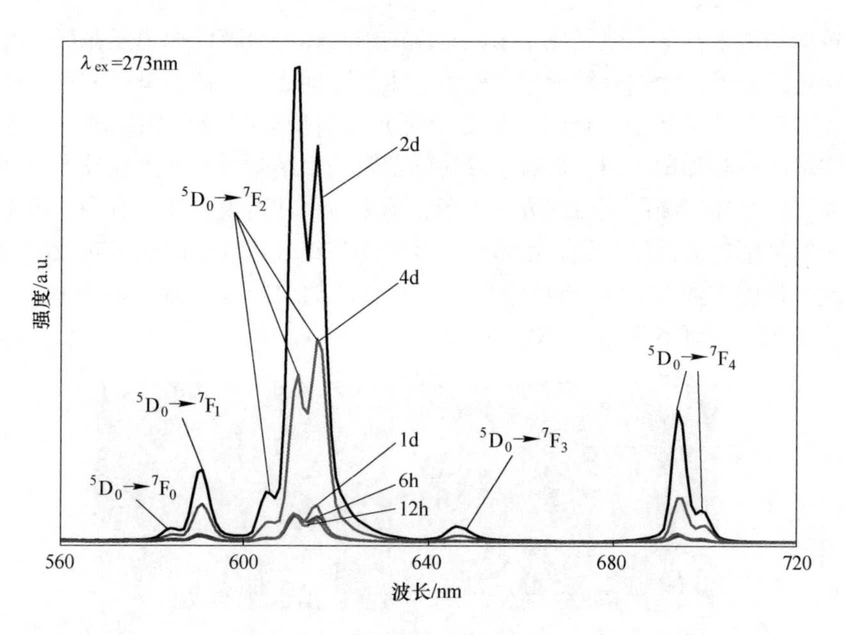

图 3-11　不同水热时间下合成 $LaVO_4$:Eu^{3+}晶体的荧光谱图

值为 11，VO_4^{3-}/La^{3+}摩尔比为 2∶1，La^{3+}/EDTA 摩尔比为 1∶1，$EuCl_3$ 溶液加入量为 0. 1mL，水热时间为 2d 时，考查水热温度分别为 140℃、160℃、180℃、200℃、220℃时对 $LaVO_4$:Eu^{3+}晶体产物的形貌和荧光性能的影响。

图 3-12 为不同水热温度下合成 $LaVO_4$:Eu^{3+}晶体的 SEM 图。当水热温度为 140℃时，$LaVO_4$:Eu^{3+}晶体无特殊形貌，为团聚在一起的、尺寸不一的不规则纳米颗粒和块状颗粒。当水热温度为 160℃时，$LaVO_4$:Eu^{3+}晶体为尺寸不均一的纳米棒和纳米颗粒团聚物，大部分纳米棒组装成球形花簇，纳米片直径约 200nm。当水热温度为 180℃时，$LaVO_4$:Eu^{3+}晶体为形貌均一的纳米片组装成的微米花束。当水热温度升高到 200℃时，$LaVO_4$:Eu^{3+}晶体的形貌为 2. 8μm 左右的哑铃型结构的微米花，微米花的中间部分为纳米颗粒团聚而成的不规则球形颗粒，分散性较好且形貌均一，微米花的两个伞端由细小纳米棒有序排列组装而成。当水热温度为 220℃时，由长短不一的纳米棒组装成直径约 4μm 的微米花，纳米棒截面呈四边形，大部分为正方形。与 200℃制备的纳米棒相比较，纳米棒直径增大，长径比小。通过破碎的微米花，可见其中间部分未看到球形颗粒。依据上述分析结果及晶体生长理论可推测，在水热温度 200℃时，产物为 t-$LaVO_4$ 和 m-$LaVO_4$ 晶体的混合物，水热温度低于 200℃时，未见有结晶好的纳米棒形貌，可见此水热体系中水热温度低不利于形成亚稳态结构的 t-$LaVO_4$ 晶体，反应温度在 220℃合成的产物为较纯的 t-$LaVO_4$ 晶体。

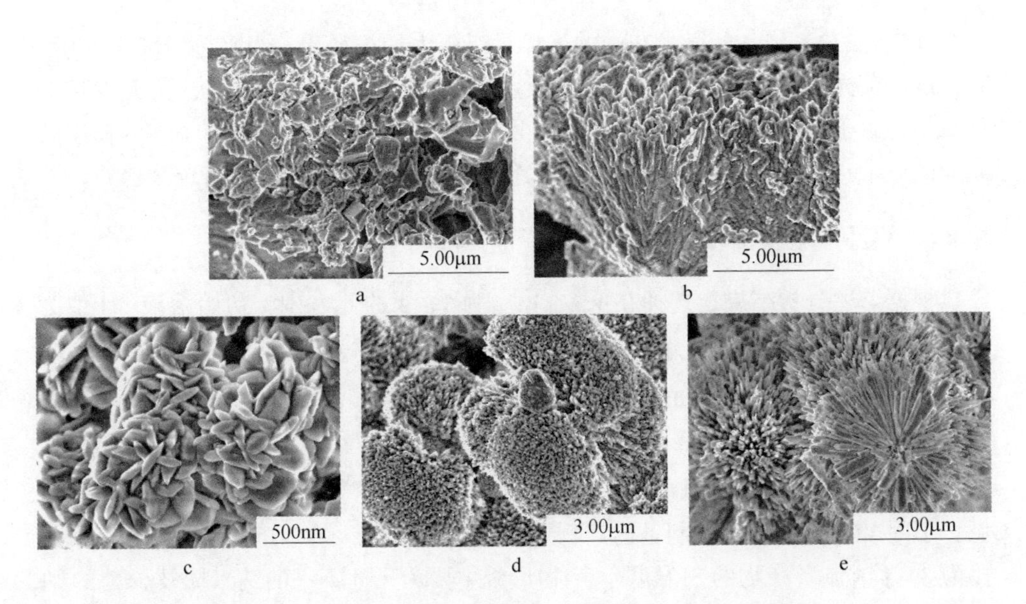

图 3-12 不同反应温度下合成 $LaVO_4$:Eu^{3+} 晶体的 SEM 图

a—140℃；b—160℃；c—180℃；d—200℃；e—220℃

图 3-13 为不同水热温度下合成的 $LaVO_4$:Eu^{3+} 晶体在 273nm 波激发下的荧光谱图。所有发射峰均为 Eu^{3+} 的特征发射，最强发射峰的峰值均在 610nm 和 615nm 附近。当水热温度为 200℃时，产物荧光强度最高。当水热温度为 220℃时，产物荧光强度次之。这可能由于产物形貌虽均为纳米棒组装而成的微米花，

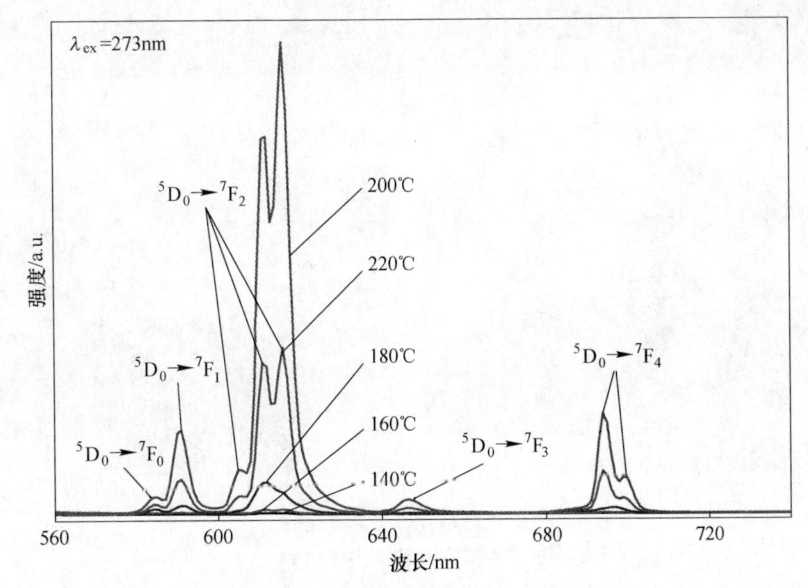

图 3-13 不同水热温度下合成 $LaVO_4$:Eu^{3+} 晶体产物的荧光谱图

但200℃比220℃制备的微米花中纳米棒具有更大的长径比。当水热温度为180℃时，产物荧光强度相对较弱，当反应温度分别为140℃和160℃时，荧光性接近且最弱，由于产物中没有出现纳米棒，且成块状。综上所述，由细小纳米棒组装而成的微米花具有较高的荧光性，而且细小纳米棒的尺寸越小，荧光性越强。

3.3.5 VO_4^{3-}/La摩尔比对$LaVO_4$:Eu^{3+}晶体的影响

根据上述分析结果，选择在$V_{水}$：$V_{乙醇}$为1：4的体系中，初始溶液pH值为11，La^{3+}/EDTA摩尔比为1：1，200℃下水热反应2d，$EuCl_3$溶液加入量为0.1mL，考查不同VO_4^{3-}/La摩尔比（3：1、2：1、1：1、1：2）对$LaVO_4$:Eu^{3+}产物的形貌和荧光性能的影响。

图3-14为不同VO_4^{3-}/La摩尔比下合成$LaVO_4$:Eu^{3+}产物的SEM图。由图可见，不同VO_4^{3-}/La摩尔比制备的产物形貌有明显差异。图3-14a为VO_4^{3-}/La摩尔比为3：1时制备产物的SEM图，产物形貌主要为尺寸不一的纳米棒及少量的纳

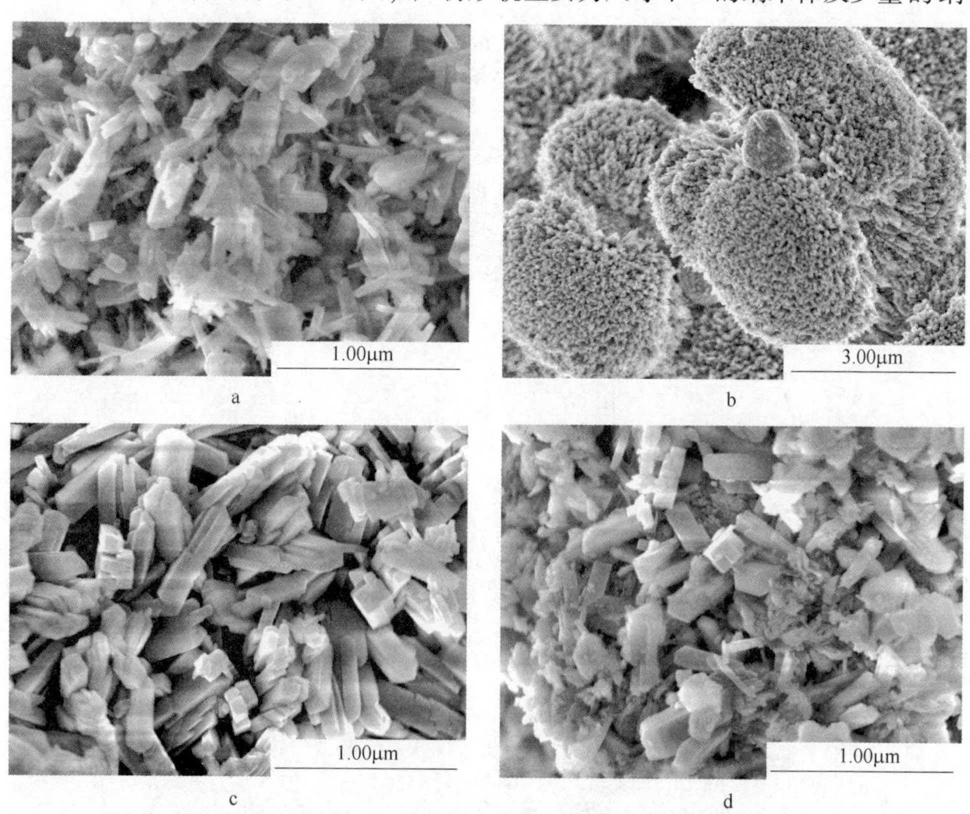

图3-14 不同VO_4^{3-}/La配比下合成$LaVO_4$:Eu^{3+}产物的SEM图

a—VO_4^{3-}：La^{3+} = 3：1；b—VO_4^{3-}：La^{3+} = 2：1；c—VO_4^{3-}：La^{3+} = 1：1；d—VO_4^{3-}：La^{3+} = 1：2

米颗粒，纳米棒直径在10~200nm，纳米棒长约300nm，从较大尺寸的纳米棒可见，其截面为四边形。当VO_4^{3-}/La摩尔比为2：1时，产物形貌为有两个伞端的哑铃状。当VO_4^{3-}/La摩尔比为1：1时，产物为形貌均一的四方束状棒，束状棒两端可见尺寸较小的四方纳米棒，可见四方束状棒是由小纳米棒经重结晶生长而成的，还可见少量的小纳米棒，与束状棒两端的纳米棒相似，与第2章中纯水体系中制备的t-$LaVO_4$晶体束状棒相似。当VO_4^{3-}/La摩尔比为2：1时，产物形貌为边长约150nm四方纳米棒和纳米颗粒的混合物。由图3-14a和d可以看出，当VO_4^{3-}/La摩尔比为3：1和1：2时，制备的产物形貌不均一，为纳米棒与纳米颗粒的混合物，而当VO_4^{3-}/La摩尔比为2：1和1：1时，产物形貌比较均一。

图3-15为不同VO_4^{3-}/La摩尔比下合成的$LaVO_4$:Eu^{3+}粉体在273nm激发下的荧光谱图。图中发射峰均为Eu^{3+}典型的特征发射，产物最强发射峰的峰值均在610nm和615nm附近。当VO_4^{3-}/La摩尔比为2：1时，产物的荧光强度最高，这可能由于产物主要为t-$LaVO_4$晶体，由细小纳米棒组装的哑铃形花状结构，纳米棒由较小的直径、较高的长径比及纳米棒的有序排列等特殊结构所致。当VO_4^{3-}/La摩尔比为1：1时，产物的荧光强度较高，相当于VO_4^{3-}/La摩尔比为2：1时产物荧光强度的一半，尽管它们的形貌都以t-$LaVO_4$纳米棒为主，但由细小纳米棒有序排列组装的哑铃形花状结构具有更好的荧光强度。当VO_4^{3-}/La摩尔比分别为3：1和1：2时，产物荧光强度较低。因此，不同VO_4^{3-}/La摩尔比合成产物的荧光强度次序是：2：1>1：1>3：1>1：2，结合产物的形貌可以得出，产物荧光强度顺序为：哑铃型花>束状棒>纳米棒与纳米颗粒的混合物。

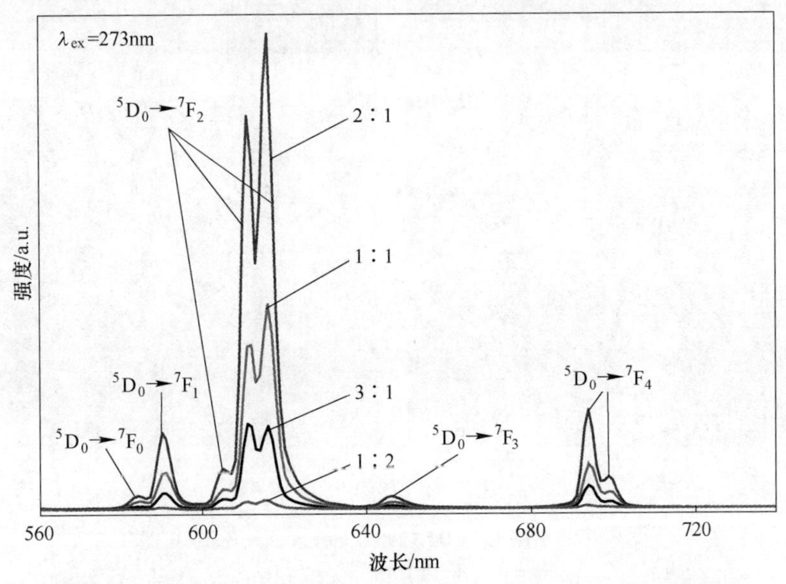

图3-15 不同VO_4^{3-}/La摩尔比下合成$LaVO_4$:Eu^{3+}产物的荧光谱图

3.3.6　La/EDTA 摩尔比对 $LaVO_4$:Eu^{3+}晶体的影响

根据以上分析结果，选择 $V_{水}$: $V_{乙醇}$为 1 : 4 的体系中，初始溶液 pH 值为 11，VO_4^{3-}/La 摩尔比为 2 : 1，$EuCl_3$ 溶液加入量为 0.1mL，水热温度为 200℃，水热时间为 2d，考查 La^{3+}/EDTA 不同摩尔比（3 : 2、1 : 1、2 : 3、1 : 2）对产物形貌和荧光性能的影响。

图 3-16 为不同 La/EDTA 摩尔比制备产物的 SEM 图。当 La/EDTA 摩尔比为 3 : 2 时，如图 3-16a 所示，产物由长短不一的纳米棒组装的棒状花束，部分花束在纳米颗粒团聚成的纳米球表面形成微米花球，纳米球为微米花球的中心，还可见部分散落的棒状微米花束。当 La/EDTA 摩尔比为 1 : 1 时，如图 3-16b 所示，产物形貌为哑铃型纳米花球，球表面的纳米棒比较致密。当 La/EDTA 摩尔比为 2 : 3 时，如图 3-16c 所示，产物为由约 300nm 的叶子形纳米片组装成的不规则微米球。当 La/EDTA 摩尔比为 1 : 2 时，产物形貌与图 3-16c 相似，但纳米片堆积

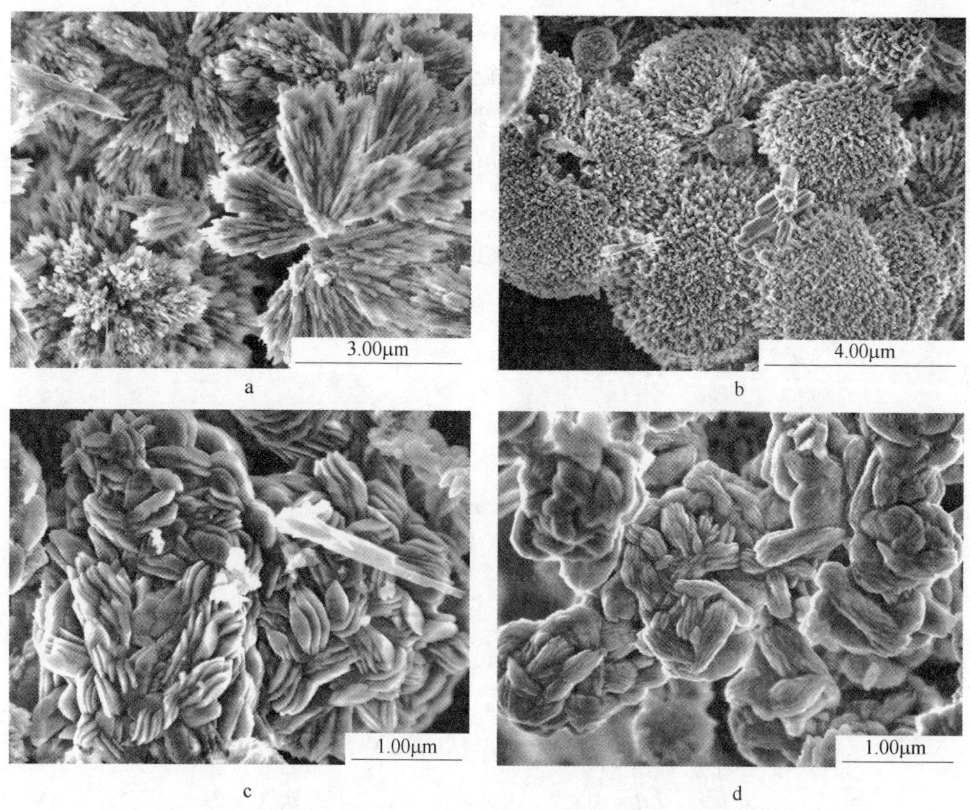

图 3-16　不同 La/EDTA 配比下合成产物的 SEM 图

a—La^{3+} : EDTA = 3 : 2；b—La^{3+} : EDTA = 1 : 1　c—La^{3+} : EDTA = 2 : 3；d—La^{3+} : EDTA = 1 : 2

得更为致密而成簇，成簇的微米片组合而成微米花球。综上所述，La/EDTA 摩尔比值大于 1 时，水热体系中 EDTA 量较少，La^{3+}不能充分被配合，溶液中 La^{3+}浓度高，产物有两相，可推测产物中棒状物为 t-$LaVO_4$，球形物为 m-$LaVO_4$；当 La/EDTA 摩尔比值为 1 时，产物以 t-$LaVO_4$ 纳米棒为主；当 La/EDTA 摩尔比值低于 1 时，水热体系中 EDTA 过量，镧离子被充分配合，溶液中 La^{3+}浓度受螯合离子的释放速率影响，使纳米片生长受限而生长成一簇。

图 3-17 为不同 La/EDTA 摩尔比合成 $LaVO_4$:Eu^{3+}粉体在 273nm 激发下的荧光谱图。图中所有光谱峰均为 Eu^{3+} 的特征跃迁引起的，最强发射峰的峰值均在 610nm 和 615nm 附近。当 La/EDTA 摩尔比为 1∶1 时，产物荧光强度最大；当 La/EDTA 摩尔比为 3∶2 时，产物荧光强度次之。当 La/EDTA 摩尔比分别为 2∶3 和 1∶2 时，产物荧光强度较低。综上，哑铃形微米花的荧光强度最高，且纳米棒直径越小，产物荧光强度越高。

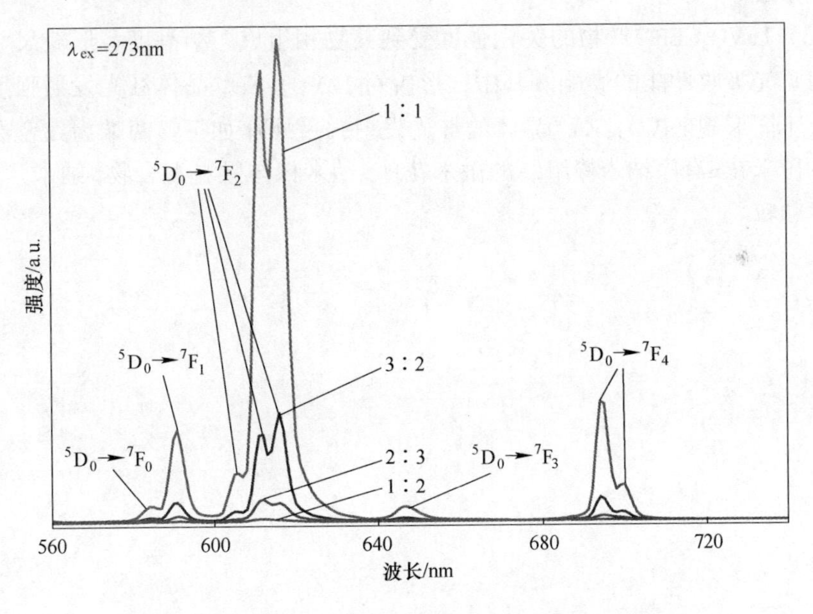

图 3-17 不同 La/EDTA 配比下合成产物的荧光谱图

3.4 本章小结

以乙醇-水为溶剂体系，EDTA 为螯合剂，$LaCl_3$、$EuCl_3$、NH_4VO_3 等为原料的条件下，初始溶液 pH 值、水/乙醇体积比、水热时间、水热温度、VO_4^{3-}/La^{3+}摩尔比、La^{3+}/EDTA 摩尔比对 $LaVO_4$:Eu^{3+}产物的晶相、形貌尺寸、荧光性能均有着一定的影响，结果如下：

（1）在水-乙醇溶剂体系中，合成荧光强度最高的$LaVO_4$:Eu^{3+}粉体最佳水热条件：$V_{水}$: $V_{乙醇}$体积比为1 : 4，La/EDTA 摩尔比为1 : 1，VO_4^{3-}/La 摩尔比为2 : 1,初始溶液 pH 值为11，水热时间为2d，水热温度为200℃。合成的$LaVO_4$:Eu^{3+}产物形貌为四方相纳米棒有序排列组装在两端的微米花球，球心为小颗粒团聚而成的单斜相纳米球。

（2）在考查的水热反应条件中，初始溶液 pH 值、水/乙醇体积比、水热时间、水热温度、VO_4^{3-}/La^{3+}摩尔比、La^{3+}/EDTA 摩尔比对产物的形貌影响可总结为：初始溶液 pH 值在6~11 时，随着 pH 值的增大，$LaVO_4$:Eu^{3+}产物结晶度增高，t-$LaVO_4$:Eu^{3+}纳米棒直径增大且倾向于组装成微米花球。在较高的水热温度和较长的水热时间下，有助于 t-$LaVO_4$:Eu^{3+}纳米棒的形成。当VO_4^{3-}/La^{3+}摩尔比为2 : 1、La^{3+}/EDTA 摩尔比为1 : 1 时，影响着$LaVO_4$:Eu^{3+}纳米棒的组装和微米花球的形成。

（3）$LaVO_4$:Eu^{3+}产物的荧光强度受到其物相组成、结晶度、形貌尺寸以及紫光可见光吸收性能的影响。其中，形貌对$LaVO_4$:Eu^{3+}晶体红光发射强度影响较大，不同形貌$LaVO_4$:Eu^{3+}晶体的红光发射强度顺序如下：两端为致密有序纳米棒的微米花>有序纳米棒组装的微米花球>纳米棒与颗粒混合物>纳米片>不规则纳米颗粒。

4 单孔 $LaVO_4$:Eu^{3+} 空心微球的制备及发光性能

4.1 引　　言

壳壁上具有单一开孔的空心微球简称单孔空心微球，单孔空心微球表面的单孔一般具有较大的孔径，为物质分子进出微球提供了便利的传输通道，克服了微孔及介孔微球在传输物质分子过程中速率慢、易堵塞的问题，尤其有利于生物大分子的传输，暴露的表面结构为材料带来了新的性能[162]。单孔空心微球材料如单孔聚己内酯微球、$CaWO_4$和 ZnO 空心微球的制备已被报道，并展示出了优异的物理化学性质[163-165]。

迄今为止，研究者们已经合成了包括聚合物[166]、无机材料[167]、有机/无机复合微球[168]等多种单孔空心微球材料。其球壁上单孔的形成可以归属为三种类型[169]。第一种是微球内部物质的释放形成单孔，许多单孔空心微球的制备基于该方法。微球内部物质的释放和扩散往往发生在阻力最小的地方，通常在壳体最薄处破裂并形成开口，制备的球壳厚度大都不均匀。Fu 等人[170]利用沉淀-液相分离法制备出尺寸可控的单孔二氧化硅空心微球。Xue 等人[171]采用自组装扩散过程制备了单孔聚氨酯（PU）空心微球，球壳上的单孔是被包封的氯仿向外扩散形成的。第二种是由于具有核-壳结构的微球球壳生长不完全。Li 等人[172]在水-THF 的混合溶液中，利用手性 AIE 羧酸和胺的对应选择性自组装方法制备出了单孔空心纳米球。单孔的形成是由于外部的分子弯曲向内形成凹陷、刻蚀和溶解作用。第三种可归因于奥氏熟化过程。在奥氏熟化过程中，通常通过小颗粒的组装形成微球体。溶质中较小、结晶度差或致密的晶粒将逐渐溶解到周围的介质中，然后经过重新结晶并沉积到更大、结晶更好或更致密的晶粒上生长。由于质量被输运，球壳表面通过奥氏熟化过程形成单孔。在单孔空心微球的制备过程中，单孔微球的比例很难确定，单孔结构可控性差，在单孔的形成过程中空心微球很容易破裂。关于单孔 t-$LaVO_4$空心微球的制备研究较少，其制备及发光性能研究对于新材料合成具有重要的借鉴意义。

本章采用水和乙二醇（EG）的混合溶剂体系，在 EDTA 辅助下制备单孔 t-$LaVO_4$:Eu^{3+}空心微球。通过对水热初始溶液 pH 值、水热时间、乙二醇溶液加入量等水热条件的控制探索空心微球的生长机理，研究 $LaVO_4$微/纳米材料的微观结构和发光性能之间的相互作用机制。

4.2 实验内容

4.2.1 实验原料及设备

实验所用的仪器和设备如表 4-1 所示。

表 4-1 实验仪器和设备

仪器和设备	型　号	生产厂家
电子天平	AB-104-N	Mettler Toledo-Gronp 公司
超声波清洗器	KQ-100KDEX	昆山市超声仪器有限公司
电热套	500mL	天津市莱悦纳格实验室仪器销售有限公司
恒温加热磁力搅拌器	DF-101S	巩义市予华仪器有限责任公司
电热恒温鼓风干燥箱	DHG-9140A	上海风棱实验设备有限公司
酸度计	PB-10	德国赛多利斯仪器有限公司
程控箱式电阻炉	SXL-1304	福州精科仪器仪表有限公司

实验中使用的原料如表 4-2 所示。

表 4-2 实验药品及材料

品　名	纯　度	供　应　商
$NaVO_3$	分析纯	成都西亚化工股份有限公司
La_2O_3	高纯	广东翁江化学试剂有限公司
Na_2EDTA	分析纯	天津市大茂化学试剂厂
Eu_2O_3	分析纯	天津兰翼生物科技有限公司
浓氨水	分析纯	盘锦福临化工有限公司
氢氧化钠	分析纯	天津永晟精细化工有限公司
盐酸	分析纯	锦州古城化学试剂厂
乙二醇	分析纯	天津博迪化工股份有限公司
无水乙醇	分析纯	国药集团化学试剂有限公司
去离子水	—	自制

4.2.2 实验方法

4.2.2.1 溶液配制

实验用 $LaCl_3$ 溶液、NH_4VO_3 溶液和 Na_2EDTA 溶液的浓度均为 0.2mol/L，

$EuCl_3$ 溶液的浓度为 0.02mol/L，稀盐酸溶液为浓盐酸与蒸馏水体积比为 1∶1 的混合溶液，氢氧化钠溶液浓度为 5mol/L，所有溶液的配制均与 2.2.3.1 节溶液配制中步骤相同。

4.2.2.2 乙醇-水体系中 $LaVO_4$:Eu^{3+}发光材料的合成

准确称量 0.0491g 的 $LaCl_3$ 固体于 25mL 反应釜中，在玻璃棒搅拌下分别向其中逐滴加入 0.1mL 3.2.2.1 节中配制好的 $EuCl_3$ 溶液，1.1mL 3.2.2.1 节中配制好的 EDTA 溶液，0.0468g 的 NH_4VO_3 固体，加入适量的无水乙醇与水形成不同配比的溶剂体系，用玻璃棒搅匀，用上述氨水、盐酸溶液将体系调至不同的 pH 值，密封，于一定水热温度下加热一定时间。

待水热反应结束后，将反应釜中溶液及沉淀物转移至烧杯中，静置，待烧杯中粉体基本沉淀后，去除上部清液，分别用蒸馏水和无水乙醇依次洗涤粉体数次。将洗好的粉体 80℃干燥 6h，制备 $LaVO_4$:Eu^{3+}样品粉末。

4.2.2.3 乙二醇-水体系中 $LaVO_4$:Eu^{3+}发光材料的合成

依次取 3.2.2.1 节中配制好的 $LaCl_3$ 溶液 1.9mL 和 $EuCl_3$ 溶液 1mL 于 50mL 的烧杯中，其中，Eu 与 La 的摩尔比为 1∶19，即 Eu^{3+} 掺杂的摩尔分数为 5%。磁力搅拌下再加入 2mL EDTA 溶液，磁力搅拌 20min，逐滴加入 2mL NH_4VO_3 溶液，再加一定体积的乙二醇和蒸馏水至溶液总体积约 15mL。继续搅拌 30min 后，用上述稀盐酸溶液、氨水溶液和氢氧化钠溶液将混合溶液调至不同的 pH 值（3~6）。将初始溶液转移至 25mL 反应釜中，密封，加热，于一定温度下水热一定时间。

水热产物的分离、洗涤和干燥步骤与 3.2.2.2 节相同。

4.2.2.4 不同 Eu^{3+}掺杂浓度 $LaVO_4$:Eu^{3+}发光材料的合成

制备不同 Eu^{3+}掺杂浓度的 $LaVO_4$:Eu^{3+}晶体时，分别取 2.2.2.1 节中配制的 $LaCl_3$ 溶液和 $EuCl_3$ 溶液体积为：1.98mL 和 0.2mL；1.96mL 和 0.4mL；1.9mL 和 1mL；1.84mL 和 1.6mL；1.8mL 和 2mL，Eu^{3+} 占稀土元素总量的摩尔分数分别为 1%、2%、5%、8% 和 10%。加入 2mL EDTA 搅拌 20min，然后逐滴滴入 2mL NH_4VO_3 溶液，加 3.2mL 乙二醇和一定体积的蒸馏水混合溶液至溶液总体积约 15mL，用氢氧化钠溶液调节溶液 pH 值为 4，搅拌 20min 后，将初始溶液转移至 25mL 聚四氟乙烯反应釜中，密封，200℃下，水热反应 2d。

水热产物的分离、洗涤和干燥步骤与 3.2.2.2 节相同。

4.2.3　表征与测试

4.2.3.1　XRD 分析

采用日本理学公司的 Rigaku Ultimal Ⅴ型的 X 射线衍射仪对样品相组成进行分析，测试条件为 Cu Kα 辐射，40kV，40mA，连续扫描方式，扫描速度 7(°)/min，步宽 0.02°，扫描范围为 10°~80°。

4.2.3.2　SEM 及 EDS 表征

采用日本日立公司生产的 S-4800 型扫描电镜对样品微观形貌进行表征，并采用 Bruker Quantax 200 能谱仪对样品元素组成进行分析。

4.2.3.3　FT-IR 光谱

样品和 KBr 经远红外烘干，采用 KBr 压片的方法，用美国 Varian 公司的 FT-IR 2000 型傅里叶变换红外光谱仪对合成的水热产物进行 FT-IR 光谱测试。

4.2.3.4　UV-Vis 光谱

采用日本岛津公司生产的 UV-2550 型紫外可见分光光度计（积分球附件）检测样品在紫外可见区的漫反射性能及吸收性能，测量范围为 205~800nm，采集数据间隔为 1nm。

4.2.3.5　HRTEM 微观形貌表征

采用 JEOL-2100 透射电子显微镜和 FEI Tecnai G2 F20 U-TWIN TEM 场发射高分辨透射电镜分析样品的晶体结构和微观形貌。

4.2.3.6　Raman 光谱

采用 Horiba Jobin Yvon Lab Ram HR Evolution 拉曼光谱仪，使用波长为 532nm 激光器进行 Raman 光谱测试。

4.2.3.7　PL 光谱

采用 Horiba 公司生产的 FLUOROMAX-4-NIR 型荧光光谱仪测试样品的激发和发射光谱。激发光谱和发射光谱的监测波长为 616nm 和 273nm。测试激发光谱和发射光谱时所使用的狭缝均为 0.5nm，数据采集间隔为 0.2nm。

4.3　结果与讨论

在水-乙二醇混合溶液体系中，乙二醇加入量为 3.2mL，水热温度为 200℃

下，水热时间为48h，调节初始溶液 pH 值在 3~6 范围内，考查初始溶液 pH 值对 $LaVO_4:Eu^{3+}$ 晶体的微观结构与发光性能的影响。

4.3.1 初始溶液 pH 值对 $LaVO_4:Eu^{3+}$ 发光材料的影响

图 4-1 为初始溶液 pH 值为 3~6 时制备的水热产物 XRD 图。初始溶液 pH 值为 3 时，产物中几个较强的衍射峰与 JCPDS No. 32-0504 相对应，表明产物以 t-$LaVO_4$ 晶体为主，有几个弱的衍射峰与标准卡片 JCPDS No. 70-0216 相对应，表明产物中还有少量单斜相 $LaVO_4$ 晶体。pH 值为 4~6 时制备的产物衍射峰均与标准卡片 JCPDS No. 32-0504 相对应，产物均为 t-$LaVO_4$ 晶体。pH 值为 4 时制备的产物衍射峰强度最大，结晶度最高。所有 t-$LaVO_4$ 晶体的衍射峰均向高角度有一定程度的偏移，这是由原子半径较小的 Eu^{3+} 掺杂到 $LaVO_4$ 晶体中，占据了 La^{3+} 的晶格位置引起的[151]。

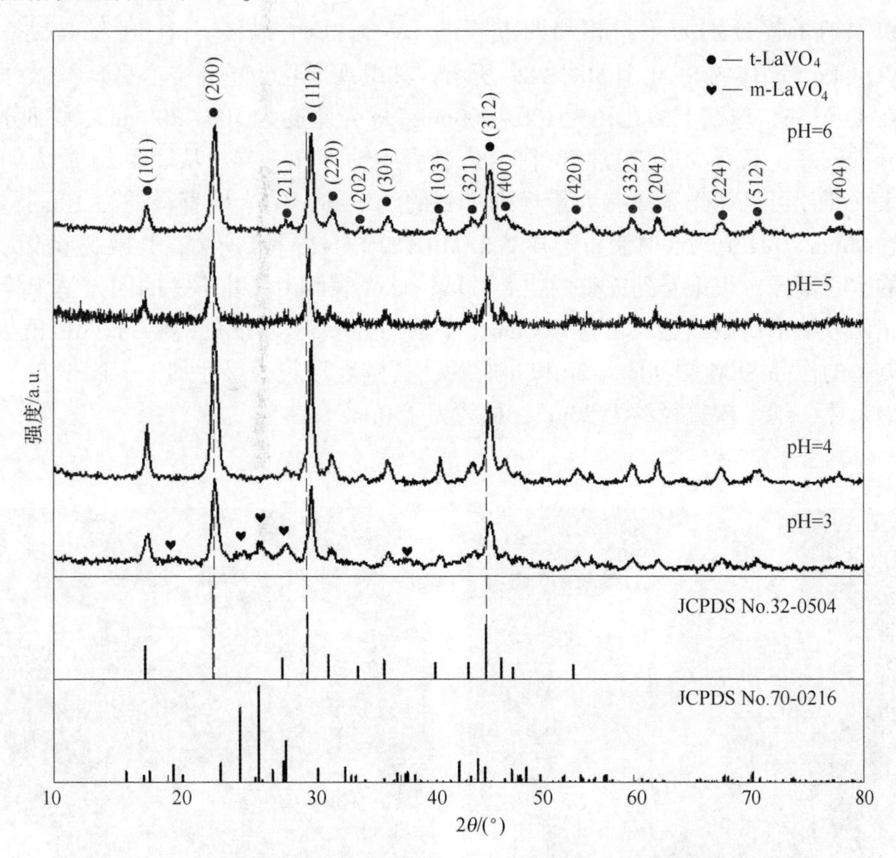

图 4-1 初始溶液 pH 值为 3~6 时制备样品的 XRD 图

对 pH 值为 4 时制备的 t-$LaVO_4:Eu^{3+}$ 样品的 XRD 数据进行精修，经计算可得晶胞参数为：$a=b=7.45\times10^{-10}$m，$c=6.52\times10^{-10}$m；晶胞体积为 $361.68\times10^{-30}m^3$ 计算结果与 JCPDS No. 32-0504 标准卡片的晶体参数值（$a=b=7.49\times10^{-10}$m，$c=6.59\times10^{-10}$m；晶胞体积为 $369.70\times10^{-30}m^3$）略小，证明了 Eu^{3+} 掺入 t-$LaVO_4$:Eu^{3+} 晶格中，引起了晶胞参数的减小。因此，初始溶液 pH 值为 3 时，制备的产物以 t-$LaVO_4$:Eu^{3+} 晶体为主，含有少量 m-$LaVO_4$:Eu^{3+}；pH 值为 4~6 时，产物均为 t-$LaVO_4$:Eu^{3+} 晶体；pH 值为 4 时，产物 t-$LaVO_4$:Eu^{3+} 的衍射峰最尖锐，结晶程度最好。

图 4-2 为初始溶液 pH 值 3~6 下制备的 $LaVO_4$:Eu^{3+} 晶体的 SEM 图。图 4-2a 和 b 为 pH 值为 3 时制备产物的 SEM 图。样品形貌为单孔空心微球，微球直径为 2~4μm，球壁上的单孔直径为 200~900nm。图 4-2b 为放大的微球表面照片，可见微球球壳表面有许多纳米颗粒及无序的纳米棒，纳米颗粒直径约为 5nm。纳米棒直径约为 10nm，长约为 60nm，长径比约为 6。结合上述 XRD 分析结果，纳米颗粒和纳米棒分别为单斜相和四方相的 $LaVO_4$:Eu^{3+} 晶体。pH 值为 4 制备的 $LaVO_4$:Eu^{3+} 晶体的 SEM 图如图 4-2c 所示，其微观形貌为单孔空心微球，微球直径在 1~3μm，球壁上的孔径为 100~900nm，球壳厚度为 100~200nm。大部分微球分散较好，只有少量空心微球在生长过程中粘连在一起。从图 4-2d 放大的微球表面照片可见球壳表面有大量规则排列的纳米棒，纳米棒直径约为 10nm，长约为 90nm。pH 值为 5 时制备的样品 SEM 图如图 4-2e 和 f 所示，其微观形貌为破碎的空心微球，很难看到完整的空心微球，球壳表面由尺寸不一的四方纳米棒构成，四方纳米棒截面边长可达 100nm，平均约 60nm，长度约 200nm。pH 值为 6 时制备的样品 SEM 图如图 4-2g 和 h 所示，其微观形貌为尺寸均一、团聚在一起的纳米棒，纳米棒直径约为 20nm，长约为 150nm。

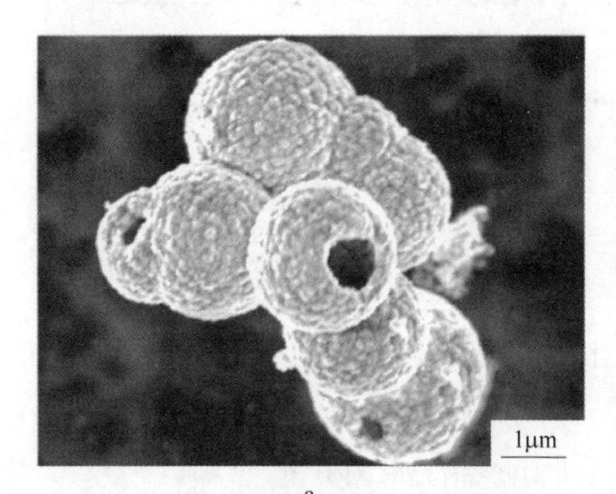

a

b

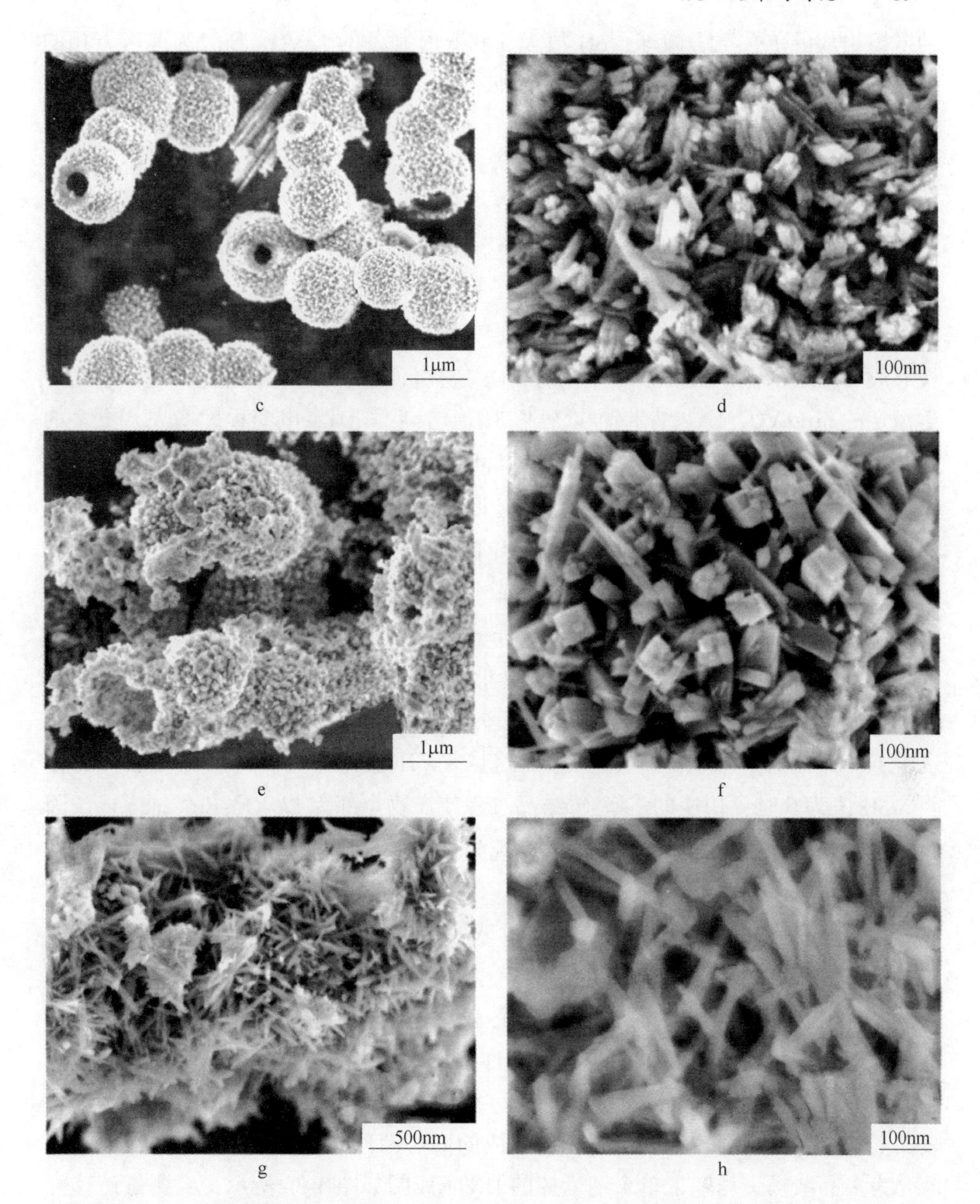

图 4-2 不同 pH 值下制备的 $LaVO_4:Eu^{3+}$ 样品 SEM 图

a，b—3；c，d—4；e，f—5；g，h—6

结合 XRD 分析，当 pH 值为 3 时，制备产物为 m-$LaVO_4:Eu^{3+}$ 纳米颗粒和 t-$LaVO_4:Eu^{3+}$ 纳米棒的混合物；pH 值为 4 时，制备的 $LaVO_4:Eu^{3+}$ 为纯四方相的

纳米棒组成的单孔空心微球；pH 值为 5 和 6 时制备的 $LaVO_4:Eu^{3+}$ 为纯四方相的纳米棒组成的破碎的微球或纳米棒。因此，只有在初始溶液 pH 值为 4 时，可制备出纯 t-$LaVO_4:Eu^{3+}$ 的单孔空心微球，在 pH 值为 3 时可制备出 m-$LaVO_4:Eu^{3+}$ 和 t-$LaVO_4:Eu^{3+}$ 混相的单孔空心微球。随着 pH 值升高，制备的空心微球由于纳米棒尺寸增大而破碎。

初始溶液 pH 值在 3~6 时，EDTA 在溶液中电离程度和螯合能力不同。当 pH 值为 3 时，EDTA 电离度低，H_3L^- 和 H_2L^{2-} 是主要的存在形式，与 La^{3+} 螯合的 L^{4-} 数量较少，只有少量的 La^{3+} 通过与 L^{4-} 螯合形成 LaL^-，实现某个晶面优势生长形成一维纳米棒，大部分 La^{3+} 没有与 L^{4-} 螯合而进行各向异性生长，形成热力学稳定的 m-$LaVO_4:Eu^{3+}$ 纳米颗粒。随 pH 值增高，EDTA 电离程度增大，更多的 L^{4-} 从 EDTA 中电离出来，与 La^{3+} 螯合的 L^{4-} 数量增多，pH 值 4~6 时制备了 t-$LaVO_4:Eu^{3+}$ 纳米棒。pH 值增高，也促进了 $LaVO_4:Eu^{3+}$ 晶体的溶解-再结晶过程，从而在较高的 pH 值下可制备出直径和长度较大的 $LaVO_4:Eu^{3+}$ 纳米棒[110,173]，这与 SEM 的分析结果一致。当初始溶液的 pH 值为 3 和 4 时，$LaVO_4:Eu^{3+}$ 纳米晶由于溶解-再结晶过程缓慢，$LaVO_4:Eu^{3+}$ 纳米晶表面由于存在较大的自由能，可通过奥氏熟化过程降低自身的能量而缩聚在一起成球。随着 pH 值增高，溶解-再结晶过程的加快阻碍了 $LaVO_4:Eu^{3+}$ 纳米晶的熟化过程，加速了 $LaVO_4:Eu^{3+}$ 纳米晶的一维生长，这也是 pH 值为 5 时制备的微球破碎的原因。pH 值为 6 时，快速的溶解-再结晶过程使产物全部为 $LaVO_4:Eu^{3+}$ 纳米棒。因此，仅当 pH 值为 4 时，可制备出形貌规整、分散性好的单孔 t-$LaVO_4:Eu^{3+}$ 空心微球。

为了研究单孔 t-$LaVO_4:Eu^{3+}$ 空心微球的生长机理，对制备的单孔 t-$LaVO_4:Eu^{3+}$ 空心微球的微观结构进行了进一步分析。图 4-3 为单孔 t-$LaVO_4:Eu^{3+}$ 空心微球的 TEM 和 HRTEM 图。图 4-3a 为空心微球的 TEM 图，可见微球具有空心结构，微球直径约为 2μm，球壳表面可见许多纳米棒，图片上球壳缺失的部分为球壳表面的大孔。图 4-3a 右上角插图为球壳的选区电子衍射（SAED）图片，球壳表面上纳米棒的衍射花样为衍射亮点组成的同心圆环，表明 t-$LaVO_4$ 空心微球的球壳为多晶结构。球壁上单个纳米棒的 HRTEM 图如图 4-3b 所示，经测量计算可知，晶面间距为 0.251nm，与标准卡片 JCPDS No. 32-0504 的（220）晶面间距 0.265nm 接近，其晶面间距的减小可能是由 Eu^{3+} 占据 La^{3+} 的晶格位置引起的。因此，单孔 t-$LaVO_4:Eu^{3+}$ 空心微球是由多晶球壳和生长在球壳上的单晶纳米棒构成的，与 t-$LaVO_4:Eu^{3+}$ 束状棒两端纳米棒的（200）生长方向不同，单孔 t-$LaVO_4:Eu^{3+}$ 空心微球球壳上的单晶纳米棒是沿着（220）晶面生长的。

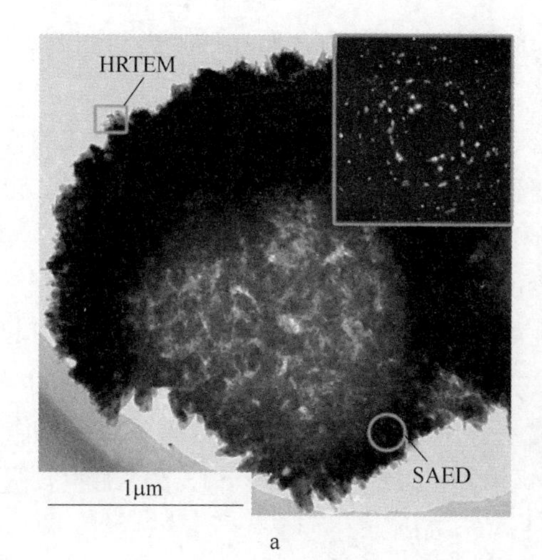

a

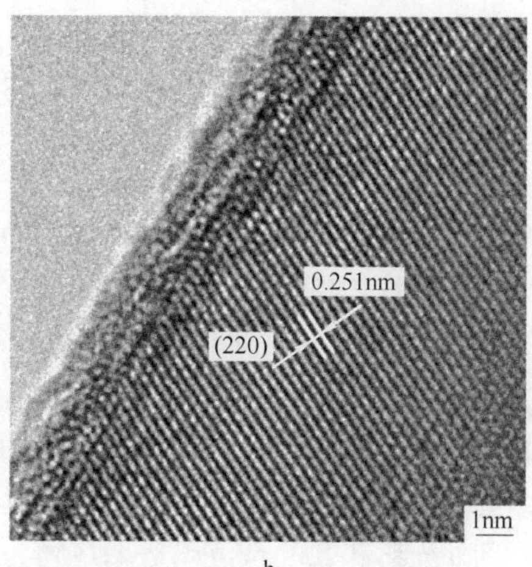

b

图 4-3 单孔空心 t-$LaVO_4$:Eu^{3+}空心微球的 TEM 图（a）及 SAED 图（a 中插图）和 HRTEM 图（b）

图 4-4 为初始溶液 pH 值为 4 时制备的单孔 t-$LaVO_4$ 空心微球的 Raman 光谱图。在谱图中，强度最高的散射峰位于 850cm^{-1}处，其对应于—O—V—O—键的对称伸缩模式。在 263cm^{-1}、378cm^{-1}、463cm^{-1}、480cm^{-1}和 787cm^{-1}的几个弱峰也为—O—V—O—键的对称伸缩模式的散射峰，从而证明了 VO_4^{3-}的存在[139,152]。低于 260cm^{-1}的强散射主要有 220cm^{-1}、117cm^{-1}的散射峰，主要为 La—O 特征振动峰。Raman 光谱表明了产物为较纯净的 t-$LaVO_4$ 晶体。

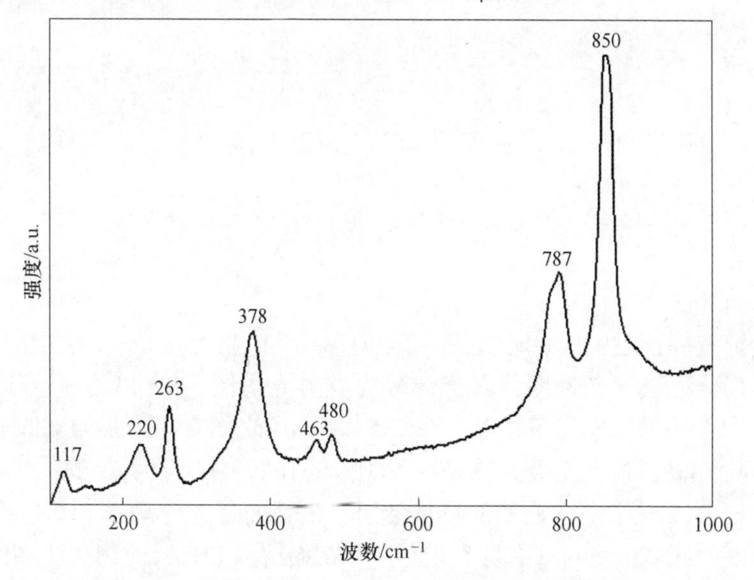

图 4-4 单孔 t-$LaVO_4$:Eu^{3+}空心微球的 Raman 光谱图

初始溶液 pH 值为 4 制备的 t-$LaVO_4:Eu^{3+}$单孔空心微球的红外光谱图如图 4-5 所示。在 443cm^{-1}处有一个弱吸收峰对应于 La—O 键的特征振动。在 799cm^{-1}处有一个强吸收峰为 V—O 键的特征振动峰。与图 2-28 中 t-$LaVO_4:Eu^{3+}$束状棒的红外光谱相比较，所有的特征峰强度均减弱，V—O 键的特征振动峰变得尖锐，可能是由其空心结构引起的。由于峰强度的减弱，在 1034cm^{-1}附近没有出现Eu—O 键特征振动峰。1398cm^{-1}附近的吸收峰可能来源于 EDTA 中 N—H 键的面内振动。峰值为 1633cm^{-1}和 3430cm^{-1}的宽峰为样品表面吸附 H_2O 中羟基的振动引起的。2360cm^{-1}附近的两个弱峰为环境中 CO_2 的 C═O 振动引起的。3600～3900cm^{-1}范围内的弱吸收峰可能是由 EG 分子和 EDTA 中的 O—H 伸缩振动引起的。红外光谱图可推测 EDTA 和 EG 参与了单孔 t-$LaVO_4:Eu^{3+}$空心微球的生长过程。红外光谱和 Raman 光谱表明产物为 $LaVO_4$ 晶体。

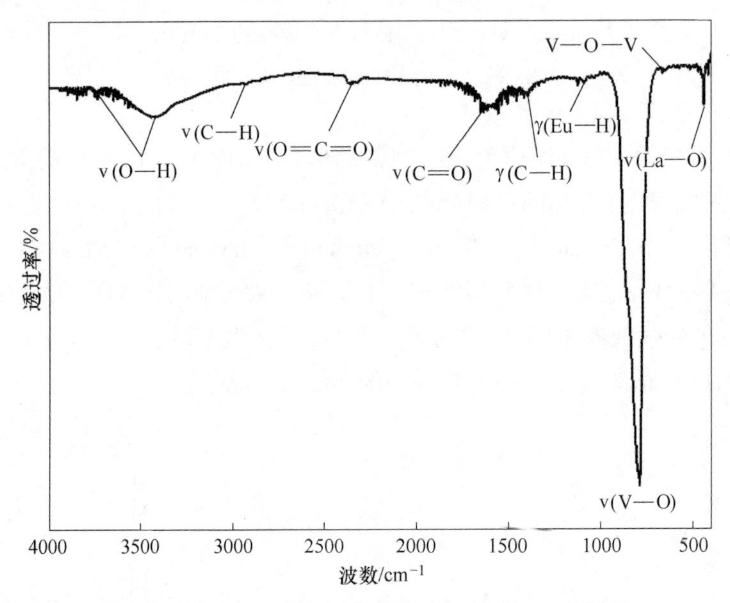

图 4-5　单孔 t-$LaVO_4:Eu^{3+}$空心微球的 FT-IR 光谱图

初始溶液 pH 值为 3～6 时制备的 $LaVO_4:Eu^{3+}$产物荧光光谱图如图 4-6 所示。图中左半部分为激发光谱图，右半部分为发射光谱图。pH 值为 3～6 时制备的 $LaVO_4:Eu^{3+}$产物的激发光谱相似，在 235～350nm 之间有一个强的宽吸收峰，峰值在 312nm 左右，这个宽吸收峰是由 VO_4^{3-} 基团的紫外吸收引起的[139]。发射光谱中所有衍射峰均对应于 Eu^{3+}的特征发射，最强的发射峰均在 617nm 附近，对应于红光发射区域，发射峰有劈裂现象。当初始溶液 pH=4 时制备产物的荧光强度是最强的，pH=3 和 pH=6 制备产物的发射峰强度次之，pH=5 时制备产物的荧光强度最弱。结合 XRD 和 SEM 分析，初始溶液 pH = 4 时，制备的单孔 t-$LaVO_4$:Eu^{3+}空心微球衍射峰最尖锐，结晶度最高。具有特殊微观结构的单孔 t-$LaVO_4$:Eu^{3+}空心微球展现了最高的红光发射强度，这可能是由其特殊的空心结构[174]以及球壳表面具有长径比较大的有序纳米棒所致[145,151]。所制备的空心球壳表面上长径比高、尺寸小的纳米棒以及空心结构可增加发光材料有效的表面积。由于空心结构表面原子不能被束缚，而导致其表面出现无数的晶格缺陷，这些缺陷可能破坏 Eu^{3+} 周围晶体场对称性，降低 Eu^{3+} 的局域对称。依据 J-O 理论[175]，晶体场对称性降低，可能会增强 Eu^{3+} 的$^5D_0 \rightarrow {}^7F_2$ 电偶极跃迁，在发射光谱中材料发光以红光为主。pH 值为 3~6 时，所制备的样品的$^5D_0 \rightarrow {}^7F_2$ 跃迁强度与$^5D_0 \rightarrow {}^7F_1$ 的强度比值（R/O）分别为 7.6、7.9、6.8 和 6.3，所有样品的 R/O比值在 6.2~7.9 之间。单孔 t-$LaVO_4$:Eu^{3+}空心微球 R/O 比值大一些，其中，pH=4 合成的单孔 t-$LaVO_4$:Eu^{3+}空心微球荧光发射强度最强，晶体对称性低，红光单色性略好。

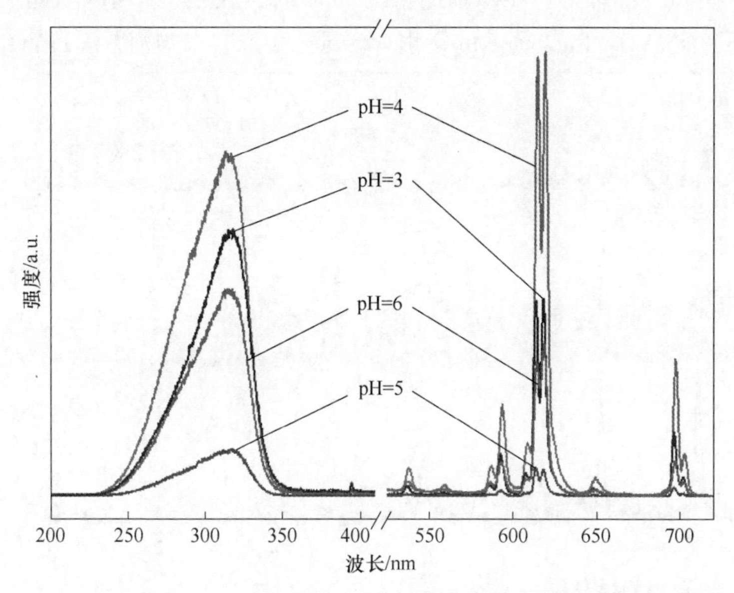

图 4-6 pH 值为 3~6 时制备的 $LaVO_4$:Eu^{3+}样品的激发和发射光谱图

图 4-6 彩图

因此，当初始溶液 pH 值为 3 和 4 时，均可制备出单孔空心 $LaVO_4$:Eu^{3+}微球。微球直径在 1~3μm 之间，球壁上的孔径为 100~900nm，球壳厚度为 100~200nm。pH 值为 3 制备的空心微球为四方相和单斜相两相，球壳表面为纳米颗粒和纳米棒。pH 值为 4 时可制备出纯 t-$LaVO_4$:Eu^{3+}空心微球，空心微球是由多晶球壳和生长在球壳上的单晶纳米棒构成的，球壳表面为排列有序的纳米棒，纳米棒平均直径约为 8nm，长径比约为 10。当初始溶液 pH 值为 5 时，t-$LaVO_4$ 纳米棒的长大而使微球破碎。pH 值为 6 制备了 t-$LaVO_4$ 纳米棒组成的球状团簇。红外和 Raman 光谱可推测 EDTA 和 EG 参与了单孔空心 t-$LaVO_4$:Eu^{3+}微球的生长过程。单孔 t-$LaVO_4$:Eu^{3+}空心微球晶体对称性低，R/O 比值为 7.86，发出的红光具有较高的荧光强度，红光单色性好。

4.3.2　乙二醇添加量对单孔空心 $LaVO_4$:Eu^{3+}微球的影响

为了进一步研究 EG 对单孔 t-$LaVO_4$:Eu^{3+}空心微球的形成作用机理，在初始溶液 pH 值为 4，乙二醇 3.2mL，水热温度为 200℃，水热时间为 48h 的水热条件下，研究了乙二醇（EG）添加量分别为 0mL、1mL、5mL 和 8mL 对制备的单孔 t-$LaVO_4$:Eu^{3+}空心微球结构与发光性能的影响。

图 4-7 为不同 EG 添加量下制备水热产物的 XRD 图。当 EG 添加量分别为 0mL、1mL、3.2mL 和 5mL 时，所有衍射峰均对应于 JCPDS No. 32-0504，表明制备产物为纯 t-$LaVO_4$:Eu^{3+}晶体。当 EG 添加量为 8mL 时，较强的衍射峰对应于 JCPDS No. 70-0216，t-$LaVO_4$:Eu^{3+}晶体的衍射峰较弱，因此，产物以 m-$LaVO_4$:

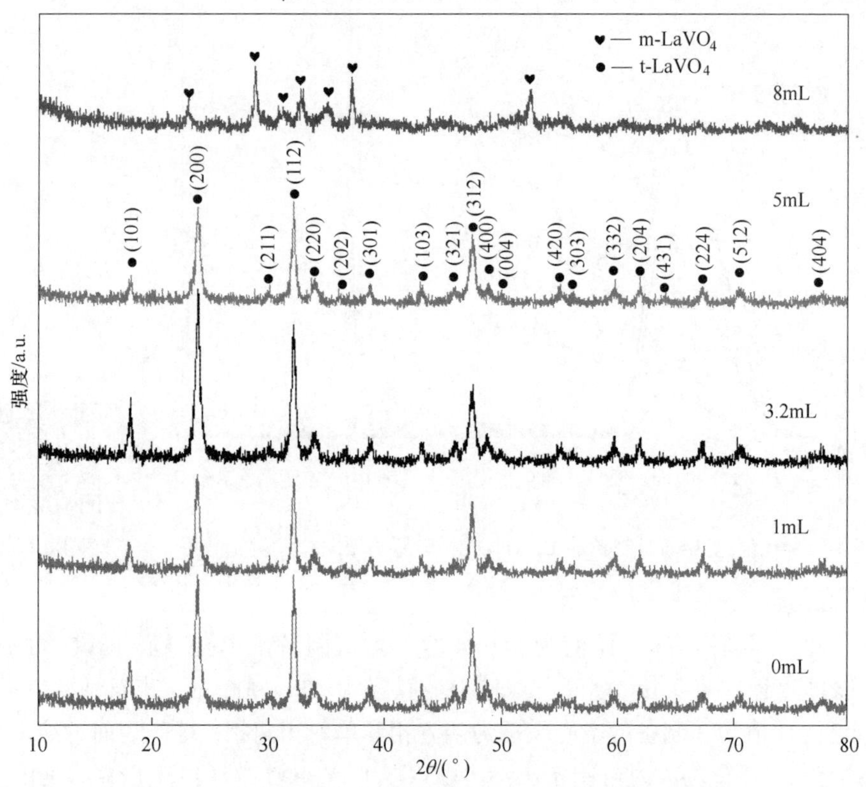

图 4-7　不同 EG 添加量时制备的 $LaVO_4$:Eu^{3+}样品 XRD 图

Eu^{3+}晶体为主，含有少量的t-$LaVO_4$:Eu^{3+}晶体。随着EG添加量增大，产物易形成m-$LaVO_4$:Eu^{3+}晶体，不利于t-$LaVO_4$:Eu^{3+}晶体的合成。这是由于EG在溶剂中含量过高时，大量的EG分子包覆在$LaVO_4$:Eu^{3+}晶粒上，与EDTA竞争吸附$LaVO_4$:Eu^{3+}晶粒，从而阻碍了t-$LaVO_4$:Eu^{3+}晶体的生成。

图4-8为EG添加量分别为0mL、1mL、5mL和8mL时制备的水热产物的SEM图。当EG添加量不同时，得到了不同形貌的$LaVO_4$:Eu^{3+}晶体。图4-8a为EG=0mL时制备产物的SEM图，样品微观形貌为分散的纳米棒，直径在10~70nm之间，纳米棒长度在300~500nm之间，与文献所报道的$LaVO_4$:Eu^{3+}纳米棒相似[145,147]。当添加量为1mL时，产物的微观形貌如图4-8b所示，为由纳米棒组成的不规则球状团簇。不规则球状团簇直径1~2μm，构成团簇的纳米棒较小，尺寸均一。当EG添加量为3.2mL时，制备的产物微观形貌为单孔空心$LaVO_4$:Eu^{3+}微球，如图4-2c和d所示。当EG添加量为5mL时，产物微观形貌如图4-8c所示，所制备的空心微球粘连在一起，很多微球破碎，球壳表面仍可见纳米棒。当EG添加量为8mL时，如图4-8d所示，产物的微观形貌为团聚的纳米颗粒，纳米颗粒的直径小于20nm。可见，EG对$LaVO_4$晶核的包覆作用对产物形貌影响很大。

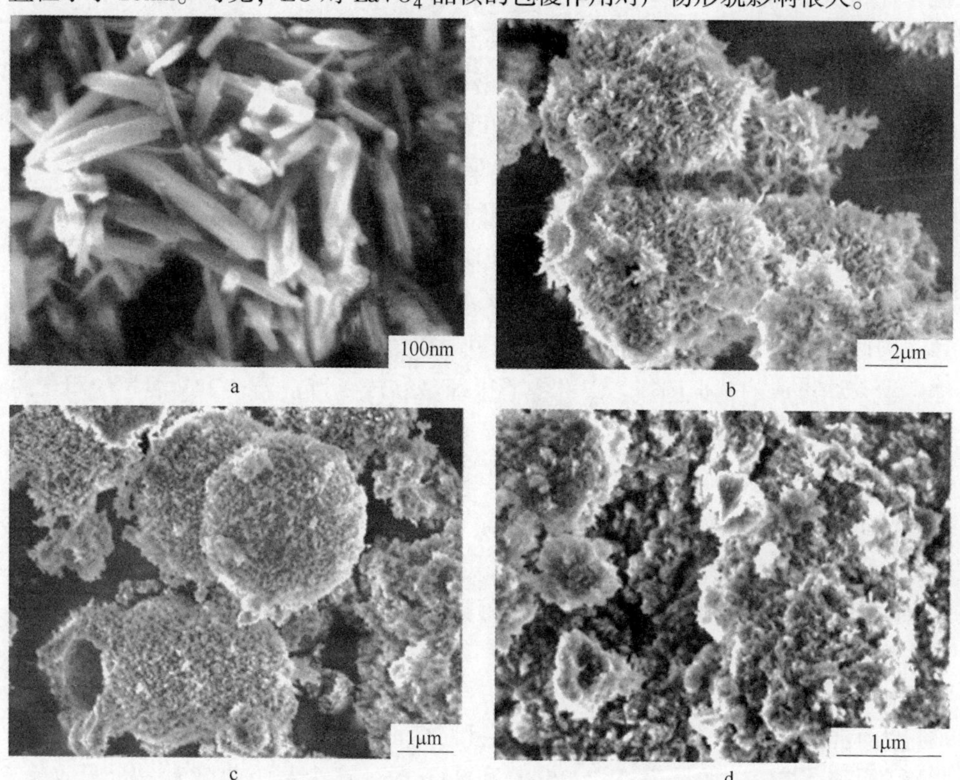

图4-8 不同EG添加量下制备的$LaVO_4$:Eu^{3+}样品SEM图

a—0mL；b—1mL；c—5mL；d—8mL

结合上述 XRD 分析，随着 EG 添加量的增加，水热产物由 t-$LaVO_4$:Eu^{3+}纳米棒、纳米棒组成的球形团簇、单孔空心微球，转变为m-$LaVO_4$:Eu^{3+}和 t-$LaVO_4$:Eu^{3+}混相的纳米颗粒。EG 加入量是控制单孔 $LaVO_4$:Eu^{3+}空心微球形成的重要的条件。在本实验体系中，EG 添加量为 3.2mL 时，可制备出形貌规整的单孔 t-$LaVO_4$空心微球。

EG 在水热体系中既是一种溶剂，也是一种控制形貌的助剂[176-177]。乙二醇的分子结构中含有两个羟基，在乙二醇-水溶液体系中，一个分子羟基上的氧和另外一个分子羟基上的氢形成氢键，导致结构不对称，因此，乙二醇介电常数较大，是一种极性很高的有机溶剂。

在水热体系中，EDTA 与 La^{3+}螯合能力很强，可选择性吸附于 $LaVO_4$:Eu^{3+}晶体的特定晶面而形成 $LaVO_4$:Eu^{3+}纳米棒。EG 也可以与 La^{3+}螯合，覆盖在 $LaVO_4$:Eu^{3+}晶粒表面实现晶体各向异性生长，由于各个晶面的生长速度差不多，产物的形貌一般为颗粒状。EDTA 对 La^{3+}的螯合能力远远高于 EG。在 EG 添加量较少时（1mL），被 EG 螯合的 La^{3+}数目少，产物为 $LaVO_4$:Eu^{3+}纳米棒，由于 EG 是一种黏度较大的溶剂，使体系溶剂的黏度增大，且 EG 包覆于 $LaVO_4$:Eu^{3+}晶体表面，限制了 $LaVO_4$:Eu^{3+}纳米晶的扩散[178-179]，$LaVO_4$:Eu^{3+}纳米棒聚集成球状。

当 EG 添加量增加至 3.2mL 时，溶液中 EG 量的增加，与 EDTA 螯合的 La^{3+}数目减少，降低了 $LaVO_4$:Eu^{3+}晶粒的生长速率，没有定向生长为纳米棒，而是形成了表面能较高的纳米颗粒，纳米颗粒聚集成球，通过熟化过程形成球壳，只有球壳表面的 $LaVO_4$:Eu^{3+}晶体生长为纳米棒。当 EG 添加量增加 5mL 或者更高时，EG 主要占据了 La^{3+}表面，阻碍了 EDTA 的吸附，$LaVO_4$:Eu^{3+}晶体各向异性生长成纳米颗粒。由于溶液黏度较大，$LaVO_4$:Eu^{3+}颗粒尺寸小，分散性很差。

因此，随着 EG 添加量的增加，水热产物的微观形貌由 t-$LaVO_4$:Eu^{3+}纳米棒、纳米棒组成的球形团簇、单孔空心微球最终转变为 m-混相和 t-混相的团聚的 $LaVO_4$:Eu^{3+}纳米颗粒。

图 4-9 为 EG 添加量分别为 0mL、1mL、3.2mL、5mL 和 8mL 制备的 $LaVO_4$:Eu^{3+}产物的 UV-Vis 光谱图。所有的样品在 200~350nm 的紫外光区有一宽吸收带，该吸收带对应于稀土钒酸盐中 VO_4^{3-}基团的紫外吸收。其中，EG 加入量为 3.2mL 时制备的单孔空心 $LaVO_4$:Eu^{3+}微球在 200~350nm 的吸收带有两个强吸收峰，峰值分别位于 219nm 和 273nm 处，位于 273nm 的吸收峰最高，这两个吸收峰是由 VO_4^{3-}基团内部氧原子与中心钒原子间的电荷转换引起的[139]。对于 EG 添加量为 1mL 时，这个宽吸收带在 225nm 和 267nm 有两个吸收峰，267nm 处的吸收峰高一些，EG 添加量为 0mL、5mL 和 8mL 时，这个宽吸收带有一个吸收峰，峰最高值的位置分别在 265nm、267nm、264nm 和 255nm 处。不同 EG 添加量制

备的 $LaVO_4:Eu^{3+}$ 紫外吸收峰峰值位置的偏移可能是由纳米材料的量子限域效应引起的[145]。单孔空心 $LaVO_4:Eu^{3+}$ 微球的紫外吸收强度最大，可见光透过性好，表明了 EG 添加量为 3.2mL 所制备的单孔 $LaVO_4:Eu^{3+}$ 空心微球是一种良好的下转换发光的基质材料。

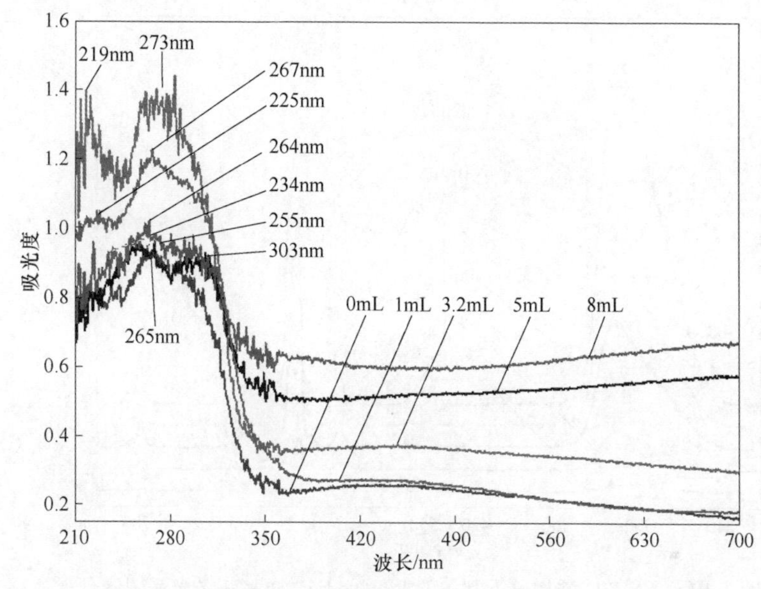

图 4-9 不同 EG 添加量下制备的 $LaVO_4:Eu^{3+}$ 样品 UV-Vis 光谱图

图 4-9 彩图

图 4-10 为 EG 添加量为 0mL、1mL、3.2mL、5mL 和 8mL 时制备的水热产物的荧光光谱图。图 4-10 断开处前面为样品的激发光谱图。所有样品的激发光谱图相似，在 250~350nm 有一个强的吸收峰，峰值在 320nm 附近，是由 VO_4^{3-} 基团的内部氧原子与中心钒原子的电荷转换引起的[139]。在所有激发光谱中，EG 加入量为 3.2mL 时制备的单孔空心微球样品的吸收峰峰值在 313nm，其强度远高于其他样品的吸收峰值。并且相对于其他样品的激发光谱吸收峰向低波长方向偏移。这个偏移可能是由纳米材料的量子限域效应引起的[145]，与紫外吸收光谱的结果相一致。由于 Eu^{3+} 离子在 310nm 附近具有丰富的能级，$LaVO_4:Eu^{3+}$ 样品的强吸收峰有利于实现 VO_4^{3-} 到 Eu^{3+} 的能量传递。

图 4-10 断开处右侧为样品的发射光谱图。所有样品的发射光谱均为 Eu^{3+} 离子的特征发射谱线，分别归属于 $^3D_0 \rightarrow ^7F_0$（583nm），$^5D_0 \rightarrow ^7F_1$（589nm），$^5D_0 \rightarrow ^7F_2$（605nm、611nm 和 616nm），$^5D_0 \rightarrow ^7F_3$（645nm）和 $^5D_0 \rightarrow ^7F_4$（694nm 和 699nm）的特征跃迁。最强的发射谱峰是位于 616nm 的 $^5D_0 \rightarrow ^7F_2$ 跃迁，此跃迁对应为红光发射。当 EG 添加量为 3.2mL 时，制备的单孔 t-$LaVO_4:Eu^{3+}$ 空心微球荧光强度

高于其他 EG 添加量所制备样品的荧光强度。一般地，荧光强度的差别可能与 $LaVO_4$:Eu^{3+}晶体的微观结构和基质晶体 Eu^{3+}的低对称性有关[180-181]。依据相关报道，Eu^{3+}的低对称性是产生高荧光强度的原因。另外，具有高长径比的、有序排列的纳米棒也是单孔 t-$LaVO_4$:Eu^{3+}空心微球发光强度高的原因[182]。

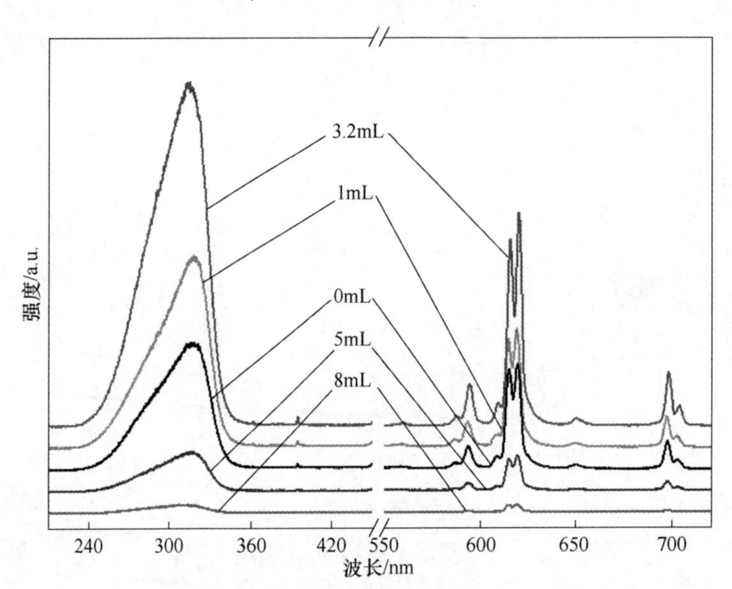

图 4-10　不同 EG 添加量下制备的 $LaVO_4$:Eu^{3+}样品荧光光谱图

单孔空心 t-$LaVO_4$:Eu^{3+}微球相比于所制备的分散纳米棒、纳米棒组成的团簇、纳米颗粒几种形貌，发射光谱的荧光强度高，是一种更为卓越的发光材料。单孔 t-$LaVO_4$:Eu^{3+}空心微球特殊的单孔和空心结构，晶化程度高，较低的对称性，以及微球表面具有高长径比的 t-$LaVO_4$:Eu^{3+}纳米棒，可能是其荧光强度高的原因。

4.3.3　EDTA/La 摩尔比对 $LaVO_4$:Eu^{3+}空心微球的影响

通过以上分析可知，在初始溶液 pH 值为 4，EG 添加量为 3.2mL 时，水热时间为 48h，水热温度为 200℃，可制备单孔 t-$LaVO_4$:Eu^{3+}空心微球。为了进一步研究单孔 t-$LaVO_4$:Eu^{3+}空心微球的形成机制，在此实验基础上，改变 EDTA 加入量分别为 1mL、2mL 和 3mL，即 EDTA/La 摩尔比分别为 1∶1、1∶2、3∶2，研究 EDTA 加入量对制备 $LaVO_4$:Eu^{3+}产物的微观结构及发光性能的影响。

图 4-11 为不同 EDTA/La 摩尔比制备的水热产物的 XRD 谱图。所有的衍射峰均与标准卡片 JCPDS No. 32-0504 相对应，表明产物为四方相锆石结构的 t-$LaVO_4$:Eu^{3+}晶体，没有 m-$LaVO_4$:Eu^{3+}的衍射峰。EDTA/La 摩尔比为 1∶2 和

3∶2时，衍射峰强度较低。EDTA/La 摩尔比为 1∶1 时衍射峰比较尖锐，说明制备的产物结晶程度较高。当 EDTA 的加入量继续增大至 4mL 时，即 EDTA/La 摩尔比为 2∶1 时，没有任何水热产物，即 La^{3+} 均与 EDTA 螯合，无沉淀析出。在乙二醇和水的混合水热溶剂中，EDTA/La 摩尔比太大或太小都不利于 $LaVO_4$：Eu^{3+} 晶体的结晶过程。因此，EDTA/La 摩尔比为 1∶1 可制备晶化程度良好的四方相 $LaVO_4$:Eu^{3+} 晶体。

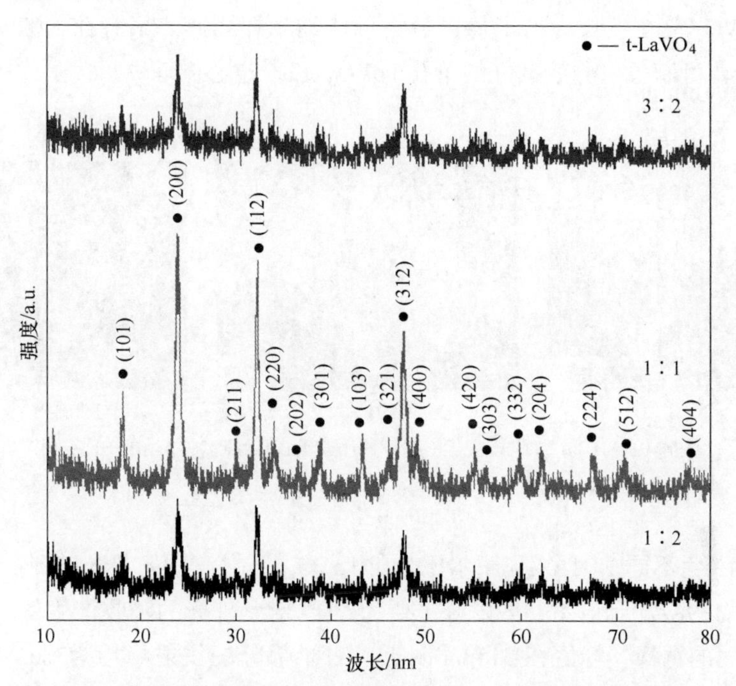

图 4-11 不同 EDTA/La 摩尔比下制备的 $LaVO_4$:Eu^{3+} 样品的 XRD 谱图

图 4-12 为不同 EDTA/La 摩尔比制备的 $LaVO_4$:Eu^{3+} 产物的 SEM 图。当 EDTA/La 摩尔比为 1∶2 时，产物微观形貌如图 4-12a 所示，$LaVO_4$:Eu^{3+} 产物微观形貌为直径 1.5~2μm、团聚在一起的微球，微球的球壳表面可见大量有序的纳米棒。有的微球内部可见没有完全溶解的内核。当 EDTA/La 摩尔比为 1∶1 时，产物的微观形貌（图 4-12b）为球壁上有一大孔的空心微球，与图 4-2c 所示的微球相似，表明实验重复性很好。EDTA/La 摩尔比为 3∶2 时，产物微观形貌（图 4-12c）为大量纳米棒组成的类似球状的团簇，团簇直径低于 1μm，组成团簇的纳米棒状直径约为 20nm，长度在 100~200nm 之间。可见，EDTA/La 摩尔比较小（1∶2）时，EDTA 的用量较小，对 La^{3+} 螯合不完全，大量的 La^{3+} 与 VO_3^- 成核后，被 EG 包覆，使制备的 $LaVO_4$:Eu^{3+} 微球团聚在一起，且部分球核内部的 $LaVO_4$ 晶粒由于 EG 的包覆溶解较慢。EDTA/La 摩尔比较大（2∶1）时，制备的

$LaVO_4$:Eu^{3+}产物为纳米棒组成的球状团簇，只有当EDTA/La摩尔比为1∶1时，产物形貌为规整的单孔$LaVO_4$:Eu^{3+}空心微球。EDTA/La摩尔比较小（1∶2）时，EDTA加入量少，EDTA与La^{3+}配合数目少，$LaVO_4$:Eu^{3+}晶粒的溶解-结晶速度慢，微球表面纳米棒生长较慢，微球之间容易团聚。EDTA加入量过多时，EDTA与La^{3+}配合能力强，$LaVO_4$纳米晶粒定向生长的速度较快，$LaVO_4$:Eu^{3+}纳米晶粒虽然团聚在一起，但快速长大的纳米棒阻止了$LaVO_4$晶粒间的奥氏熟化过程，$LaVO_4$晶粒生长为纳米棒，最终形成纳米棒团簇。只有在EDTA/La摩尔比为1∶1，可制备出分散良好的单孔$LaVO_4$:Eu^{3+}空心微球。

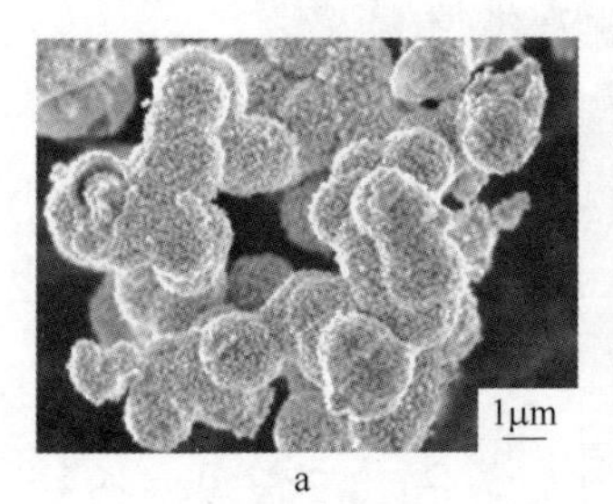

a

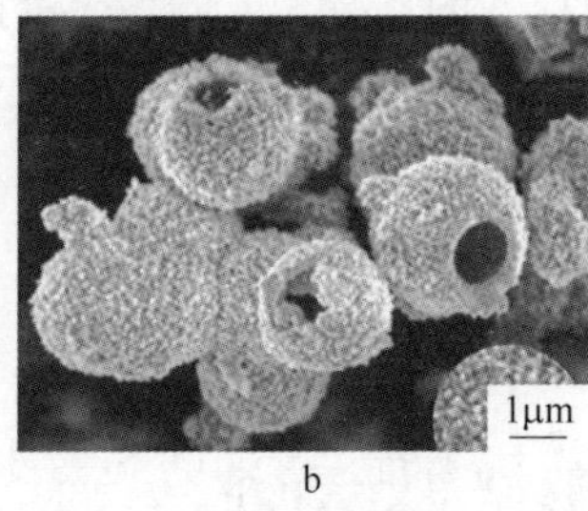

b

c

图4-12　不同EDTA/La摩尔比下合成$LaVO_4$:Eu^{3+}样品的SEM图

a—1∶2；b—1∶1；c—3∶2

图4-13为不同EDTA/La摩尔比合成$LaVO_4$:Eu^{3+}产物的荧光谱图。图中左半部分为产物的激发光谱图，激发峰主要为VO_4^{3-}对紫外光的吸收产生的位于230~350nm之间的宽峰，峰值在315nm附近。右半部分的发射峰均为Eu^{3+}典型的特征发射，所有产物均在618nm左右有最强的红光发射峰。从荧光谱图可见，当EDTA/La摩尔比为1∶1时，制备的$LaVO_4$:Eu^{3+}空心微球的红光发射峰强度最高；当EDTA/La摩尔比为1∶2时，制备的$LaVO_4$:Eu^{3+}空心微球发射峰强度略低；而EDTA/La摩尔比为3∶2时制备的$LaVO_4$:Eu^{3+}球状纳米棒的团簇纳米棒荧光强度最低。因此，$LaVO_4$:Eu^{3+}空心微球的荧光性能远远优于由$LaVO_4$:Eu^{3+}纳米棒组成的团簇。EDTA/La摩尔比为1∶1时制备的空心微球结晶度好、空心球壳结构完整，并且微球表面的纳米棒具有较高的长径比和排列有序性，可能是其发光强度较好的原因。EDTA/La摩尔比为1∶1时，EDTA与La^{3+}螯合能力较好，有利于形成单孔空心t-$LaVO_4$:Eu^{3+}微球。当EDTA/La摩尔比为1∶2，EDTA添加量较少，制备的t-$LaVO_4$:Eu^{3+}的微球内核没有完全溶解且团聚在一起，结晶度较低。当EDTA/La摩尔比为3∶2或2∶1时，纳米棒生长速率大，快速长大的纳米棒阻止了晶粒间的奥氏熟化过程，制备产物为t-$LaVO_4$:Eu^{3+}纳米棒组成的球状团簇。荧光光谱的测试结果表明，EDTA/La摩尔比为1∶1制备的单孔

t-$LaVO_4$:Eu^{3+}的空心微球晶体对称性低，红光发射强度高于团聚的 t-$LaVO_4$:Eu^{3+}的微球和由纳米棒组成的球状团簇。

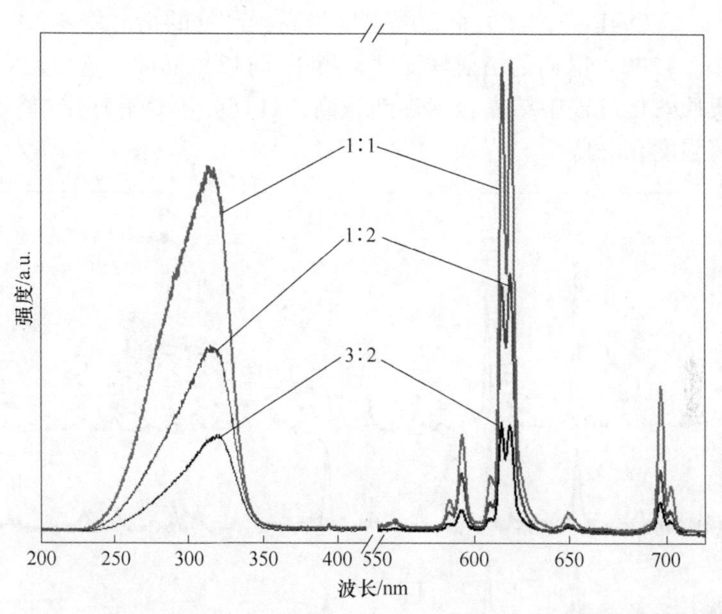

图 4-13 不同 EDTA/La 摩尔比下合成 $LaVO_4$:Eu^{3+}样品的荧光谱图

4.3.4 单孔 t-$LaVO_4$:Eu^{3+}空心微球的水热生长机理研究

4.3.4.1 不同水热时间制备 $LaVO_4$:Eu^{3+}样品的微观结构分析

通过研究单孔 t-$LaVO_4$:Eu^{3+}空心微球的生长过程，进一步分析单孔 t-$LaVO_4$:Eu^{3+}空心微球的水热生长机理。在初始溶液 pH 值为 4，EG 加入量为 3.2mL，水热温度为 200℃的水热条件下，考查了水热时间为 1~48h 范围内制备产物的微观结构与发光性能的相关性。

水热时间为 1h、2h、24h 和 48h 时制备产物的 XRD 图如图 4-14 所示。从制备样品的 XRD 图可见，当水热时间为 1h 时，产物谱图上没有尖锐的衍射峰，仅在 29.3°和 42.9°附近有两个弱的宽衍射峰，表明制备的产物结晶程度低，为非晶态结构。当水热时间延长到 2h，样品 XRD 图中的衍射峰与 JCPDS No. 32-0504 相对应，表明样品为 t-$LaVO_4$:Eu^{3+}晶体，无其他物相的衍射峰。当水热时间为 24~48h，制备产物的所有衍射峰均为 t-$LaVO_4$:Eu^{3+}的特征峰。随着水热时间的延长，衍射峰强度增高，衍射峰变得尖锐。水热时间为 2h 和 24h 时，t-$LaVO_4$:Eu^{3+}产物（112）晶面的衍射峰强于（200）晶面，这可能是由球壳表面

t-$LaVO_4$:Eu^{3+}纳米棒的高度取向引起的，也表明了 t-$LaVO_4$ 在水热时间为 2～24h 时，球壳表面的纳米棒已经生长，并具有良好的有序结构和结晶程度。当水热时间为 48h，t-$LaVO_4$:Eu^{3+}产物的衍射峰强度最高，产物的衍射峰变得尖锐，衍射峰峰宽最小。(200) 晶面的衍射峰强度又高于 (112) 晶面，这可能是由于球壳在缓慢的奥氏熟化过程中结晶程度逐渐增高，且球壳不是有序结构，使 (200) 晶面衍射峰强度有增高。

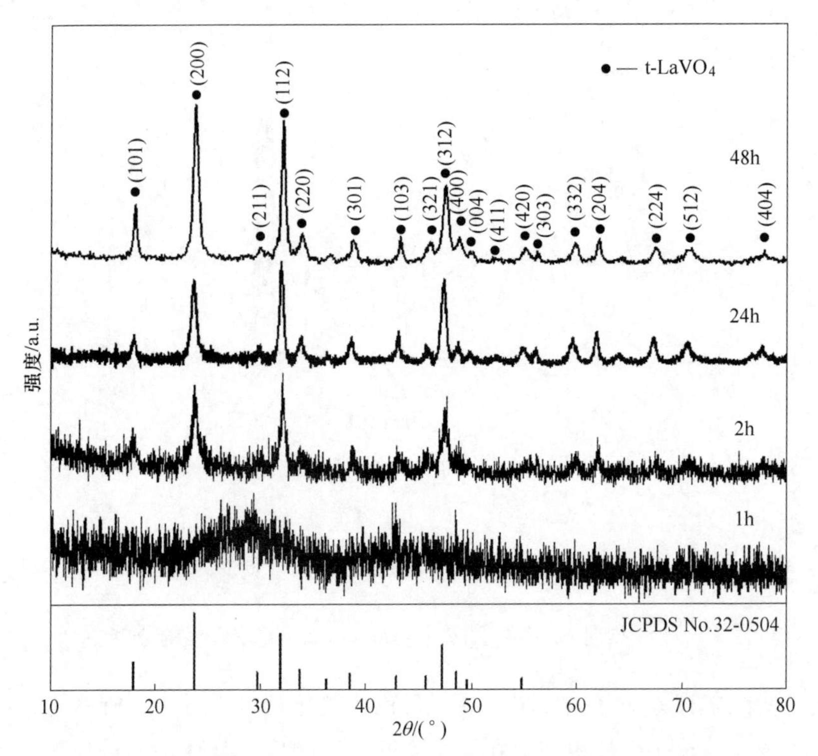

图 4-14　不同水热时间下制备的 $LaVO_4$:Eu^{3+}样品的 XRD 谱图

因此，随着水热时间的延长，水热产物经历了非晶态到 t-$LaVO_4$ 晶态的转变过程，在球壳表面的晶粒由于与溶液具有良好的接触，在 EDTA 的导向作用下较快生长为纳米棒，晶化速度较快。而球内部晶粒与溶液不具有良好的接触，其结晶及溶解过程较慢。当水热时间为 48h 时，形成的 t-$LaVO_4$:Eu^{3+}产物，球壳部分晶化程度好。

从图 4-14 中 XRD 分析结果可知，水热时间 1h 时制备的样品为非晶态物质。对这个非晶态物质进一步进行了能谱分析以确定其组成。图 4-15 给出了该非晶态样品的 EDS 图。谱图中 Al 元素来源于测试用的样品台。而样品只含有 La、V、O 和 Eu 四种元素，四种元素的摩尔分数分别为 12.7%、13.8%、73.5% 和

0.8%。稀土元素总量即La元素与Eu元素摩尔分数之和约为13.5%，稀土元素总量、V元素与O元素三种元素的原子比接近1∶1∶4。因此，可推断水热时间为1h时，制备的产物为结晶度低的非晶态$LaVO_4$。同时，进一步表明了水热体系中单孔t-$LaVO_4$:Eu^{3+}空心微球由非晶态$LaVO_4$到t-$LaVO_4$晶态的生长过程。

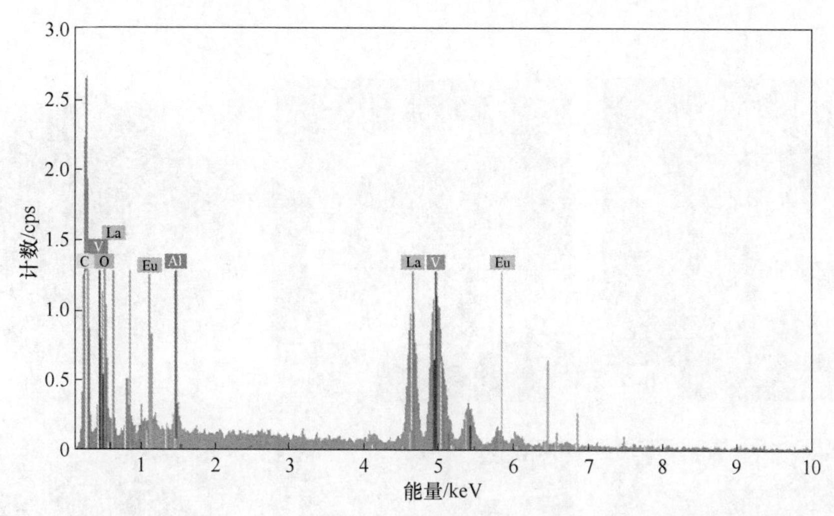

图4-15 水热时间为1h时制备样品的EDS图

水热时间为1h、2h和24h时制备的$LaVO_4$:Eu^{3+}晶体的SEM和TEM图如图4-16所示。图4-16a和b为水热时间为1h时制备样品的SEM图。水热时间为1h时，制备水热产物的微观形貌为纳米颗粒组成的微球，微球直径约为1.2μm，从SEM图上可见微球为核-壳结构，微球表面有一层很薄的壳，壳上有一个大孔，微球大小均一，球壁上孔径约为220nm。微球的球壳表面的纳米颗粒很小，看起来表面比较光滑，核和壳两部分均由纳米颗粒构成。图4-16c为水热时间为1h时制备样品的TEM图。可见制备的核-壳结构的微球是实心的，球核部分没有溶解。水热时间2h制备样品的SEM和TEM测试结果如图4-16d~f所示，产物的微观形貌仍为核-壳结构的微球，直径为1.2~2μm，比水热时间1h制备的微球尺寸略大，从破碎的微球可见，微球具有明显的核-壳结构，球壳由纳米棒组成，比1h制备的球壳上的纳米颗粒尺寸大，球壳的厚度增大，球壳厚约200nm。可以推断出球壳表面的纳米颗粒在EDTA的导向作用下形成了纳米棒。内核部分仍由纳米颗粒组成，此时，纳米颗粒为棒状，比1h制备的微球核的纳米颗粒尺寸略大，微球的核和壳两部分由于纳米棒和纳米颗粒的长大而变得没有那么致密了。从TEM图可见球核中心有明亮的部分，样品的微观形貌为空心球，表明微球的核部分已经开始溶解，但球核没有完全溶解。水热时间2h的SEM分析结果与XRD

分析的结果相一致。当水热时间延长到 24h，制备产物的 SEM 和 TEM 测试结果如图 4-16g~i 所示，微球的尺寸约为 2μm，球壳部分厚度增加，变得致密。TEM 图表明微球的核进一步溶解，球壳厚度约 300nm。可见随着水热时间的延长，制备的 $LaVO_4$:Eu^{3+}晶体经历了由纳米颗粒组成的具有核-壳结构的实心微球到球壳表面生长为纳米棒的空心微球的转变过程。

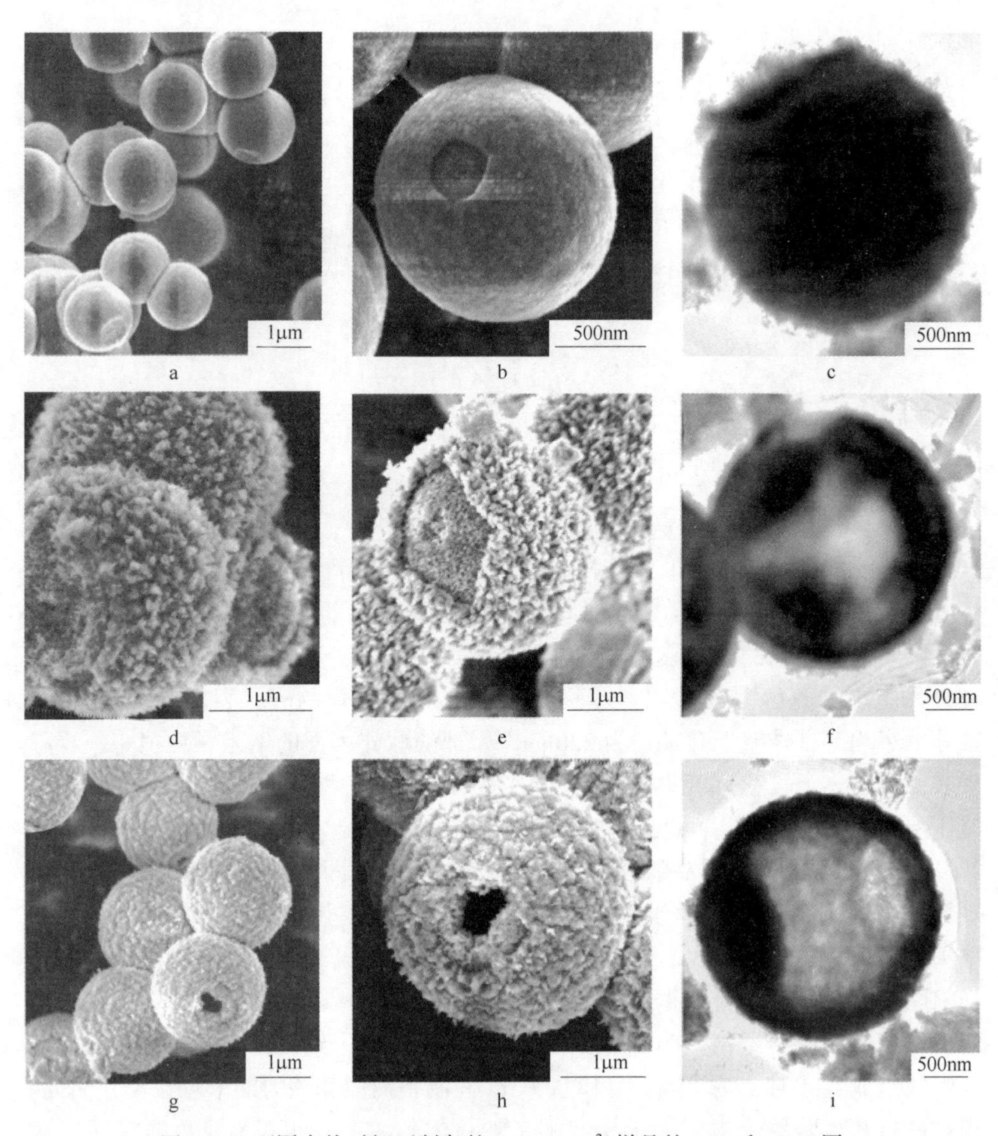

图 4-16　不同水热时间下制备的 $LaVO_4$:Eu^{3+}样品的 SEM 和 TEM 图

a~c—1h；d~f—2h；g~i—24h

因此，随着水热时间的延长，$LaVO_4$ 产物由非晶态转变为晶态，且晶化程度增高，其形貌由实心微球转变核壳结构，最终转化为空心微球，球壳表面的颗粒定向生长为纳米棒，球壳表面形成了一个较大的单孔。

4.3.4.2 单孔 t-$LaVO_4$:Eu^{3+}空心微球形成机理

依据不同水热时间的实验及分析结果，推测了单孔空心 t-$LaVO_4$:Eu^{3+}微球的形成机理，奥氏熟化过程是空心结构形成的原因[183-184]，在微球的熟化过程中结晶程度提高，其形成机理的示意图如图 4-17 所示。

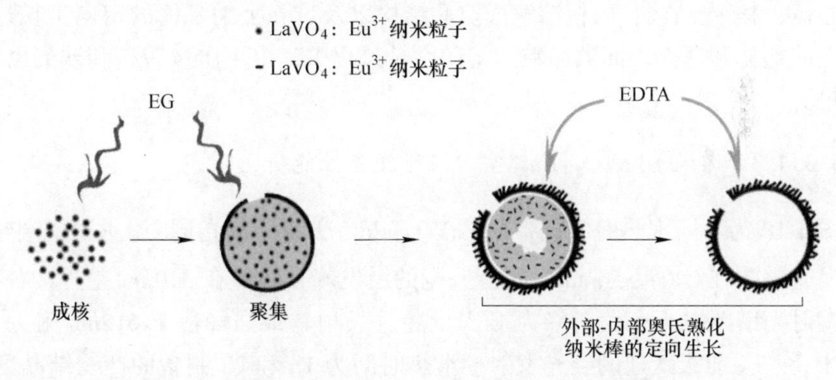

图 4-17 单孔 t-$LaVO_4$:Eu^{3+}空心微球的形成机理示意图

在水热反应的初始阶段，$LaVO_4$:Eu^{3+}在水热体系中成核，生长成微小的晶粒。由于 EG 为晶体各向异性生长的配合剂，EG 通过包覆在 $LaVO_4$:Eu^{3+}晶粒表面，使这些小晶粒在各个方向的生长速度差不多，而形成 $LaVO_4$:Eu^{3+}微小的纳米颗粒。$LaVO_4$:Eu^{3+}纳米颗粒由于尺寸小，表面能高，通过缩聚在一起降低整体的表面能达到稳定状态，从而形成了实心微球。此时，水热时间比较短，$LaVO_4$:Eu^{3+}为实心微球非晶态。由于实心微球表面的 $LaVO_4$:Eu^{3+}纳米颗粒表面能高，晶化速度快，首先进入了奥氏熟化过程。溶液中 EDTA 离解出的 L^{4-}离子浓度高，与 La^{3+}离子形成螯合物 LaL^-吸附在 $LaVO_4$:Eu^{3+}微球表面的纳米颗粒上，由于吸附于 $LaVO_4$:Eu^{3+}晶粒某一特定表面，有助于实现 $LaVO_4$:Eu^{3+}晶粒在某一方向的优势生长，从纳米颗粒生长为棒状纳米颗粒，最终生长为 t-$LaVO_4$:Eu^{3+}纳米棒。由于微球内部 L^{4-}离子浓度较低，微球内部的纳米颗粒没有形成纳米棒，纳米颗粒通过奥氏熟化过程逐渐长大，微球外部的 $LaVO_4$:Eu^{3+}颗粒生长较快，连接而成致密的球壳，在奥氏熟化过程中球壳变得致密，实心微球出现了球壳和内核两部分，随着水热反应的进行，核-壳结构逐渐变得明显。内核部分的 $LaVO_4$:Eu^{3+}纳米颗粒逐渐溶解、质量转移到球壳，使球壳厚度增加，内核部分

的 $LaVO_4$:Eu^{3+}纳米颗粒由于曲率不同而溶解速度不一样，曲率大的区域颗粒溶解较快，颗粒溶解后经质量传输过程转移到曲率小的区域去，随着水热时间继续延长，内核的纳米颗粒最终完全被消耗。球壳表面由于纳米棒及球壳表面颗粒生长过程中的质量转移和缺失出现了一个单孔。最终通过奥氏熟化过程形成了具有致密球壳的单孔空心 t-$LaVO_4$:Eu^{3+}微球，在微球形成的同时球壳表面上生长了有序排列的 t-$LaVO_4$:Eu^{3+}纳米棒。除了球壳表面生长了有序排列的纳米棒外，许多空心微球的形成过程与单孔 t-$LaVO_4$:Eu^{3+}空心微球相似[185-186]。

单孔 t-$LaVO_4$:Eu^{3+}空心微球的形成过程包含了成核、非晶态的纳米颗粒团聚成实心球、核-壳结构、内核溶解成空心结构以及球壳上纳米棒的定向生长过程。在球壳的熟化和球壳表面的晶粒的定向生长过程中，由于质量转移和缺失出现了一个单孔。

4.3.4.3　单孔 t-$LaVO_4$:Eu^{3+}空心微球发光性能研究

图 4-18 为不同水热时间制备的 $LaVO_4$:Eu^{3+}产物的荧光谱图。图中左半部分的激发光谱图在 240~350nm 之间有一宽的激发峰，峰值在 310nm 左右。右半部分的发射光谱图中所有发射峰为 Eu^{3+}的特征发射，最强峰位于 612nm 附近，对应于$^5D_0 \rightarrow ^7F_2$ 能级跃迁的红光发射。水热时间为 1h 和 2h 制备的产物结晶度高，荧光强度较低。产物的激发峰强度和荧光发射峰强度随着水热时间的延长而增高，可能由于随着水热时间延长，产物具有更好的结晶程度。水热时间 48h，制备的单孔 t-$LaVO_4$:Eu^{3+}空心微球具有最高的红光发射强度，R/O 比值为 7.9。

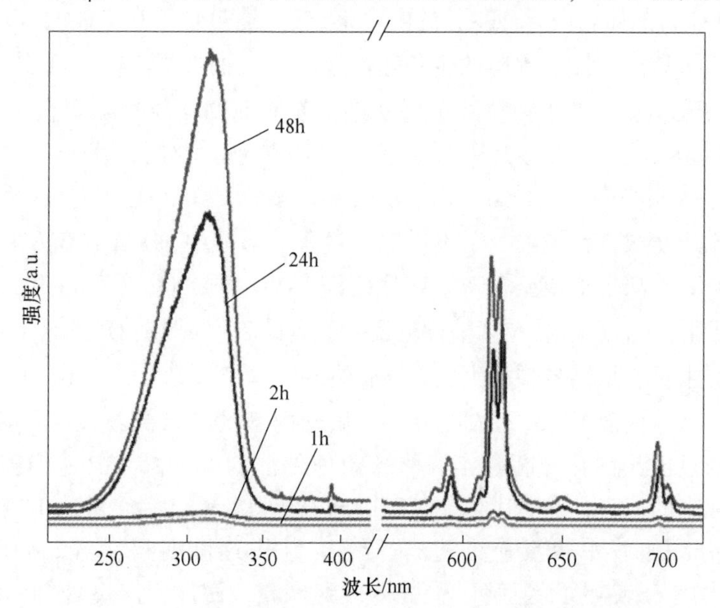

图 4-18　不同水热时间下合成 $LaVO_4$:Eu^{3+}样品的荧光谱图

4.3.5 Eu^{3+}掺杂对单孔 t-$LaVO_4$ 空心微球浓度猝灭的研究

综上所述，初始溶液 pH 值为 4，水热温度为 200℃，水热时间为 48h 制备的单孔 t-$LaVO_4$:Eu^{3+}空心微球荧光强度最高。基于此实验条件，当 Eu^{3+}掺杂的摩尔分数为 1%、2%、5%、8%和 10%时，考查了 Eu^{3+}掺杂浓度对 $LaVO_4$:Eu^{3+}空心微球发光强度的影响。

不同 Eu^{3+}掺杂浓度下制备的 $LaVO_4$:Eu^{3+}样品的荧光光谱图如图 4-19 所示。图 4-19 中插图以 616nm 附近处的峰面积值为纵坐标，更加直观地比较了不同掺杂浓度下 $LaVO_4$:Eu^{3+}样品的红光发射峰最高强度。Eu^{3+}掺杂的摩尔分数为 1%~5%时，发光强度随着掺杂浓度升高而增大，这是由于 Eu^{3+}掺入 $LaVO_4$ 晶格中的数目较多，$LaVO_4$ 晶格中发光中心浓度增加，使得到能量 Eu^{3+}的数量加大，导致样品具有非常高的荧光强度。当 Eu^{3+}掺杂浓度超过 5%后，发光强度又降低，发生浓度猝灭现象。浓度猝灭的产生是由于随着 $LaVO_4$ 晶格中 Eu^{3+}浓度的增加，Eu^{3+}发光中心在 $LaVO_4$ 晶格中浓度增大，相邻的 Eu^{3+}的离子间距变小，Eu^{3+}离子间的能量传输导致能量损失，而使单孔 t-$LaVO_4$:Eu^{3+}空心微球发光强度降低。

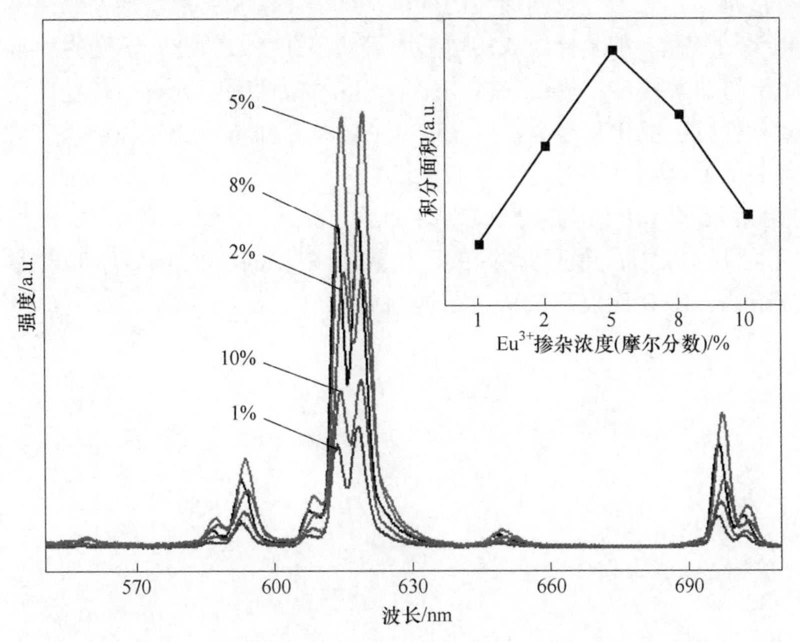

图 4-19 不同 Eu^{3+}掺杂浓度下合成 $LaVO_4$:Eu^{3+}的发射光谱图

图 4-19 彩图

因此，Eu^{3+}最佳掺杂浓度为 5%时，$LaVO_4$:Eu^{3+}有最高的发光强度，Eu^{3+}掺杂浓度超过为 5%时，产生浓度猝灭现象。

4.4　本章小结

（1）本章提出了一种反应温和、简单易行的单孔空心 t-$LaVO_4$:Eu^{3+}微球的水热制备方法。单孔空心 t-$LaVO_4$:Eu^{3+}微球直径在 1~3μm 之间，球壳上的大孔孔径为 100~900nm，球壳厚度为 100~200nm。pH 值为 3 制备的空心微球为四方相和单斜相两相，球壳表面为纳米颗粒和纳米棒。pH 值为 4 时可制备出纯 t-$LaVO_4$:Eu^{3+}空心微球，球壳表面为排列有序的纳米棒，纳米棒直径约为 8nm，长径比约为 10。

（2）依据不同水热时间的实验结果分析，奥氏熟化机理很好地解释了单孔空心 t-$LaVO_4$:Eu^{3+}微球的形成过程，其包含了 $LaVO_4$:Eu^{3+}成核、非晶态的 $LaVO_4$:Eu^{3+}晶粒形成、聚集成实心微球、核-壳结构、内核溶解的熟化过程。球壳在熟化过程中变得致密，球壳表面的晶粒在 EDTA 的导向下生长成为一维纳米棒，球壳表面由于质量转移和缺失形成了一个单孔。

（3）EDTA 和 EG 共同参与了单孔空心 t-$LaVO_4$:Eu^{3+}微球的生长过程。EG 在体系中既是一种溶剂，也是一种控制形貌的助剂。随着 EG 添加量增加，水热产物由 t-$LaVO_4$:Eu^{3+}纳米棒、纳米棒组成的球形团簇、单孔空心微球，转变为m-混相和 t-混相的团聚的纳米颗粒。单孔空心 t-$LaVO_4$:Eu^{3+}微球表面具有高长径比的纳米棒，晶体对称性低，晶化程度高，以及球壁上的单孔和特殊的空心结构，可能是其荧光强度高的原因。

（4）当初始溶液的 pH 值为 4，水热时间为 48h，EG 添加量为 3.2mL，EDTA/La 摩尔比为 1∶1，Eu^{3+}最佳掺杂浓度为 5%，制备的单孔 $LaVO_4$:Eu^{3+}空心微球荧光强度最高，R/O 比值为 7.9，晶体对称性低。

5 $LaVO_4$:Cu,Eu 纳米棒阵列膜的制备及发光性能

5.1 引　言

自 Ta_3N_5 薄膜、纳米管阵列、纳米棒阵列成功应用于太阳能电池，并表现优异的可见光活性以来[187-189]，纳米阵列独特的结构特性引起了越来越多的关注[190-192]。纳米尺度有序构造结构具有突出的量子效应，可极大地改善材料的光、电、磁等性能。稀土钒酸盐微/纳米材料的尺寸和维度对其电学性能和发光性能有着重要的影响[193]，纳米阵列薄膜有望提高材料的发光性能、均匀性以及改善薄膜与衬底的吸附性能等，为发光薄膜提供了一个新的研究方向。

零维和一维钒酸盐纳米材料[194-197]的制备为钒酸盐纳米阵列膜的水热外延生长提供了良好的实验基础。物理沉积法和化学气相沉积法是常用的薄膜制备方法，但这两种方法实验装置比较复杂，难以大面积均匀成膜。溶胶-凝胶法（sol-gel）也常用于纳米阵列膜的制备，但制备的稀土发光薄膜结晶度低，发光强度不高，需要通过高温煅烧提高薄膜的结晶度及发光性能[198-200]。目前，薄膜制备多采用旋涂技术或固相外延生长技术，液相外延生长作为一种新型的薄膜制备技术，得到了许多关注[201]。水热外延法制备的薄膜具有良好的结晶度，虽然螯合剂、有机配位表面活性剂等模板剂本身的惰性和绝缘的性质导致其与晶体（粒）之间的耦合力较弱[202]，水热法制备的薄膜不易成型且容易脱落。但水热法制备得到的纳米棒阵列膜尺寸均一，排列整齐，结晶度高。目前，采用水热法在导电玻璃上制备 ZnO 纳米棒阵列，采用水热与模板结合的方法在金属钛片上直接生长钛酸盐纳米管阵列膜均已有报道。但采用水热法制备钒酸盐纳米阵列发光薄膜的合成和性能研究还很少。

依据前面的实验结果，在初始溶液较高 pH 值下制备的 t-$LaVO_4$:Eu^{3+} 晶体具有更高的发光强度。因此，本章在 pH 值为 8~11 的水热体系中，以 EDTA 为模板导向剂，利用 Cu(110) 晶面与 t-$LaVO_4$(112) 晶面的失配度较小（7.9%），在高纯铜衬底上水热外延生长 $LaVO_4$:Cu,Eu 纳米棒阵列膜。通过研究初始溶液 pH 值、反应物加入量和乙二醇加入量等实验因素对 t-$LaVO_4$:Cu,Eu 纳米棒阵列的制备及发光性能的影响，推断 $LaVO_4$:Cu,Eu 纳米棒阵列的形成机制。

5.2 实验内容

5.2.1 实验原料及设备

实验中所用到的仪器和设备与表 2-1 相同。

实验中使用的原料如表 5-1 所示。

表 5-1 实验药品及材料

品　名	纯　度	供　应　商
NH_4VO_3	分析纯	成都西亚化工股份有限公司
La_2O_3	高纯	广东翁江化学试剂有限公司
Na_2EDTA	分析纯	天津市大茂化学试剂厂
Eu_2O_3	分析纯	天津兰翼生物科技有限公司
氢氧化钠	分析纯	天津永晟精细化工有限公司
盐酸	分析纯	锦州古城化学试剂厂
无水乙醇	分析纯	国药集团化学试剂有限公司
去离子水	—	自制
水磨砂纸	2000 目	—
铜片	99.99%	锦州新宇辰科技有限公司

5.2.2 实验方法

5.2.2.1 铜片打磨

将铜片剪成长方形，尺寸为 3cm×1.2cm，表面经酒精清洗除油后，在水中用 2000 目（6.5μm）的水磨砂纸打磨，将表面打磨光亮，清洗，滤纸擦干。然后将铜片放入稀盐酸溶液（浓盐酸与水体积比为 1∶10）中超声 1~3min，对铜片表面进行抛光、去除氧化层。抛光后的铜片用乙醇清洗后放置到配制好的初始溶液中。

5.2.2.2 溶液配制

本章实验用 $LaCl_3$ 溶液、NH_4VO_3 溶液和 Na_2EDTA 溶液的配制浓度均为 0.2mol/L，$EuCl_3$ 溶液的浓度为 0.02mol/L，配制方法与 2.2.3.1 节中方法相同。用于调节溶液 pH 值的盐酸溶液为浓盐酸与蒸馏水体积比为 1∶1 的混合溶液，氢氧化钠溶液浓度为5mol/L，配制方法与2.2.3.1节相同。

5.2.2.3 $LaVO_4$:Cu,Eu纳米棒阵列膜的水热合成

依次取5.2.3.1节中配制好的$LaCl_3$溶液1.9mL和$EuCl_3$溶液1mL于50mL的烧杯中，其中，Eu与La的摩尔比为1∶19（Eu掺杂摩尔浓度为5%）。缓慢加入2mL EDTA溶液，继续搅拌20min使其充分配合，再逐滴加入2mL NH_4VO_3溶液，加一定体积比的乙二醇与水混合溶液约至16mL，用上述稀盐酸溶液、氢氧化钠溶液将混合溶液调至不同pH值制备初始溶液，整个操作过程在磁力搅拌下进行。30min后，将初始溶液转移至25mL反应釜中，加入预处理好的铜片，将铜片斜靠在水热釜壁上，完全没入溶液中，密封，加热到一定温度（160℃、180℃、200℃和220℃）进行水热反应2天。

水热反应结束后，将反应釜中的铜片取出，因水热产物大部分沉积在铜片上，溶液中粉体很少。依次用水及无水乙醇将铜片表面附着的粉体轻轻清洗掉，再将铜片静置晾干，在铜基底上制备了$LaVO_4$:Cu,Eu纳米棒阵列膜，待测。

同时，待反应釜溶液中的粉体经静置、完全沉淀后，去除上部清液，反复用蒸馏水、无水乙醇洗涤底部粉体。将洗好的粉体于80℃烘干，得到$LaVO_4$:Cu,Eu粉末。

5.2.2.4 不同Eu^{3+}掺杂浓度$LaVO_4$:Cu,Eu发光薄膜的合成

其溶液配制的方法和实验步骤与2.2.2.4节相同。

5.2.3 表征与测试

5.2.3.1 XRD分析

采用日本理学公司生产的Rigaku Ultimal Ⅴ型的X射线衍射仪（Cu Kα辐射，40kV，40mA，步宽0.02°，连续扫描方式，扫描速度7(°)/min，扫描范围为10°~80°）对样品进行相组成分析。

5.2.3.2 SEM及EDS表征

采用日立公司生产的S-4800型扫描电镜对样品微观形貌进行表征。采用Bruker Quantax 200能谱仪分析样品元素组成。

5.2.3.3 UV-Vis光谱

采用日本岛津公司生产的UV-2550型紫外可见分光光度计（积分球附件）对样品在紫外可见区的漫反射性能及吸收性能进行检测，测量范围为200~

800nm，采集数据间隔为 1nm。

5.2.3.4　TEM 微观形貌表征

采用 JEOL-2100 透射电子显微镜和 FEI Tecnai G2 F20 U-TWIN TEM 场发射高分辨透射电镜分析样品的晶体结构和微观形貌。

5.2.3.5　PL 光谱

采用 Horiba 公司生产的 FLUOROMAX-4-NIR 型荧光光谱仪测试样品的激发和发射光谱。所有激发光谱图的监测波长为 616nm，发射光谱为在激发波长 273nm 测得的。测试激发光谱和发射光谱时所使用的狭缝均为 0.5nm，数据采集间隔为 0.2nm。采用英国爱丁堡公司生产的 FLS1000 瞬态光谱仪对产物进行量子产率和荧光寿命的测试。

5.3　结果与讨论

5.3.1　初始溶液 pH 值对薄膜微观结构及发光性能的影响

由于铜片在 pH 值较低的水热溶液中更容易氧化、溶解，因此，选择在碱性初始溶液体系合成 $LaVO_4$:Cu,Eu 发光薄膜。在水热时间 2d、水热温度 200℃、反应物溶液加入量为 2mL 时，调节初始溶液 pH 值分别为 8、9、10 和 11，在铜基底上制备 $LaVO_4$:Cu,Eu 纳米阵列薄膜，研究初始溶液的 pH 值对制备 $LaVO_4$:Cu,Eu 样品的微观结构和发光性能的影响。

5.3.1.1　*初始溶液 pH 值对薄膜微观结构的影响*

图 5-1 为初始溶液 pH 值为 8~11 时合成的薄膜（图 5-1a、c、e、g）和溶液中结晶粉体（图 5-1b、d、f、h）的扫描电镜图。pH 值为 8 时制备的薄膜表面和粉体的微观形貌如图 5-1a 和 b 所示。制备的薄膜由无序堆积在一起的纳米棒组成；图 5-1a 右上图为薄膜的放大图片，组成薄膜的纳米棒直径在 10nm 左右；除了纳米棒外，还有许多 30~100nm 的球形纳米颗粒。图 5-1b 中溶液中粉体的形貌为纳米棒和纳米颗粒的混合物，纳米棒直径约为 20nm，长度在 200~400nm 之间。pH 值为 9 时制备的薄膜由直径在 10~50nm 的纳米棒组成，如图 5-1c 及其右上角插图所示，与 pH 值为 8 制备的薄膜相比较，pH 值为 9 制备的薄膜表面纳米棒有序性略好。图 5-1d 所示的粉体微观形貌为直径约为 30nm 的纳米棒，长度在 300~400nm 之间。pH 值为 8 和 9 未制备出规整的纳米棒阵列薄膜。

初始溶液 pH 值为 10 时制备的薄膜微观形貌如图 5-1e 所示。纳米棒垂直于铜片表面生长，纳米棒阵列较规整，纳米棒阵列由一簇簇的纳米棒排列而成，从右上角的插图可见，纳米棒直径在 20~40nm 之间，纳米棒的截面为正方形，若干纳米棒组成一簇。初始溶液 pH=10 时制备的粉体微观形貌如图 5-1f 所示，散落在溶液中的粉体为两端呈发散状的束状棒，束状棒长度在 1~1.5μm 之间，直径约为 100nm，两端劈裂出许多直径为 20~30nm 的纳米棒，与薄膜的纳米棒簇很相似。初始溶液 pH=11 时，制备的薄膜和溶液中粉体的微观形貌如图 5-1g 和 h 所示，所有纳米棒垂直于铜片表面生长，形成的纳米棒阵列非常规整，从插图可见纳米棒截面为正方形，纳米棒直径在 30~70nm 之间。pH=11 时，制备的粉体为四方纳米棒，纳米棒长约为 1μm，纳米棒两端没有劈裂现象，四方纳米棒边长直径约为 50nm。因此，只有当初始溶液的 pH 值为 10 和 11 时，在铜基底上可制备出较规整的纳米棒阵列膜。

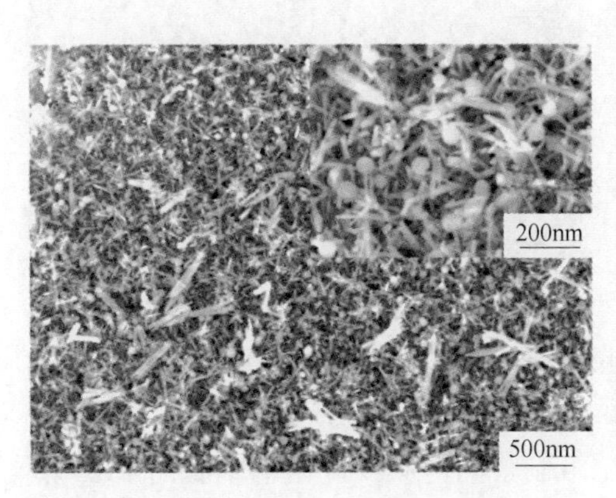

a

b

c

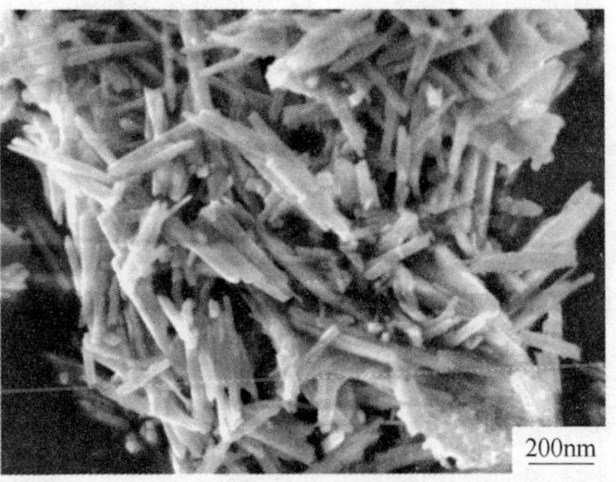

d

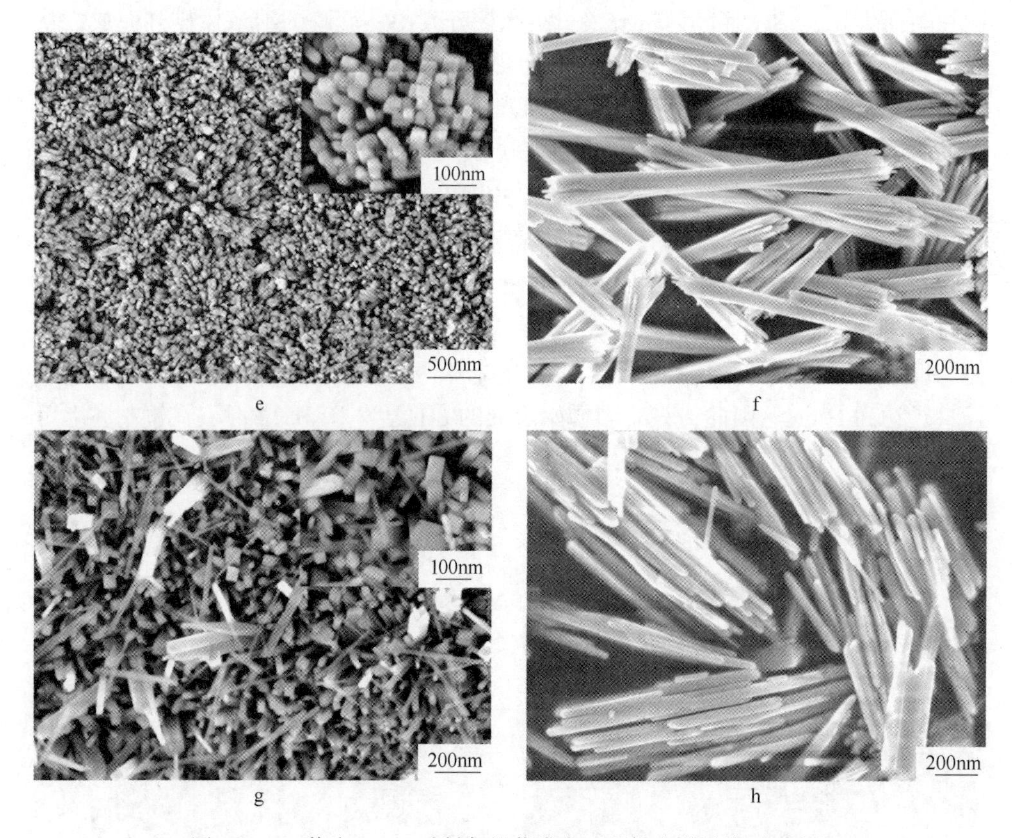

图 5-1　pH 值为 8~11 时制备的薄膜表面和粉末样品的 SEM 图

a，b—pH=8；c，d—pH=9；e，f—pH=10；g，h—pH=11

图 5-2 为初始溶液 pH 值为 8~11 下制备的薄膜及空白铜基底的 XRD 谱图。铜基底在 43. 5°、74. 2°和 50. 5°处有三个强的特征衍射峰，分别对应于 JCPDS No. 03-1005 的（111）、（200）和（220）晶面。由于 pH 值为 8 时所制备的薄膜样品较厚，与基底铜片剥离，测试的薄膜样品没有铜基底，因此谱图上没有铜的特征峰。其他薄膜样品除铜的特征衍射峰外，在 23. 8°、32. 1°、17. 9°、38. 5°和 47. 4°处的衍射峰分别与 t-$LaVO_4$（JCPDS No. 32-0504）的（200）、（112）、（101）、（301）和（312）晶面相对应，表明所制备的薄膜样品含有 t-$LaVO_4$ 晶体。pH 值为 8 和 9 时，位于 23. 8°对应于（200）晶面的衍射峰强度最高，这与 t-$LaVO_4$ 束状棒和空心微球的 XRD 测试结果相似。但初始溶液 pH 值为 10 和 11 时，纳米阵列膜位于 32. 1°对应于（112）晶面的衍射峰强度超过了位于 23. 8°的（200）晶面衍射峰，成为了最强衍射峰，这可能是薄膜中 t-$LaVO_4$:Cu, Eu 纳米棒的高度取向引起的[202]。此外，薄膜样品谱图上铜的特征峰与空白铜片的特征峰相比较，Cu(110）晶面相对于 Cu(111）与 Cu(100）晶面衍射强度相对增高，

这可能是由于 t-$LaVO_4$ 与 Cu(110) 的晶格失配度小，t-$LaVO_4$ 吸附于Cu(110)晶面生长，从而减小了 Cu(110) 晶面的溶解。由于水热体系中溶解了大量的氧气，铜片可与溶解在溶液中的氧气发生氧化反应生成 CuO。由于 CuO 为两性氧化物，在碱溶液中可溶解生成 Cu^{2+}。化学反应方程式如式（5-1）和式（5-2）所示：

$$2Cu + O_2 \xlongequal{} 2CuO \tag{5-1}$$

$$CuO + H_2O \xlongequal{} Cu^{2+} + 2OH^- \tag{5-2}$$

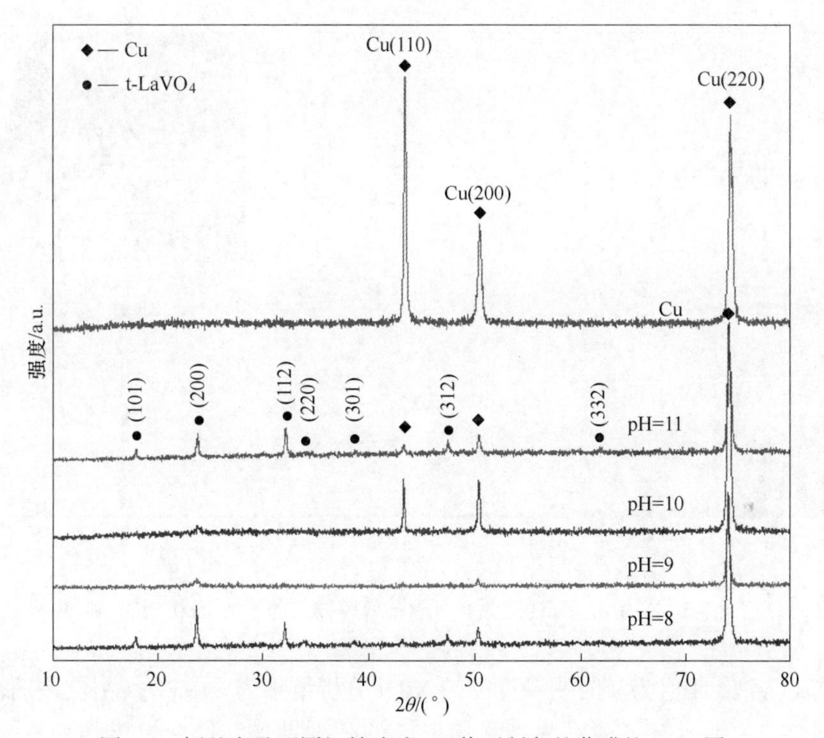

图 5-2 铜基底及不同初始溶液 pH 值下制备的薄膜的 XRD 图

当初始溶液 pH 值较低时，$[OH]^-$浓度较低，有利于式（5-2）的平衡向右移动，从而促进铜片表面的氧化。由于初始形成的 $LaVO_4$ 晶粒容易吸附于铜基底表面形成晶种层，基底表面铜原子的溶解可能破坏晶种层。因此，pH 值为 8 和 9 没有形成规整的纳米棒阵列。初始溶液 pH 值为 10 和 11 时，基底铜片表面的铜原子氧化程度小。升高初始溶液 pH 值，抑制铜片在水热体系中的氧化、溶解，有助于 $LaVO_4$:Cu,Eu 四方纳米棒阵列的形成。

由上述 SEM 和 XRD 分析结果可知，初始溶液 pH 值为 8 时制备薄膜和粉体中除了含有 t-$LaVO_4$ 纳米棒，还有大量的球形纳米颗粒。将薄膜从铜基片上剥离下来，对剥离下来的薄膜进行 EDS 分析，结果如图 5-3 所示，右上角插图为所分析的微观区域。EDS 谱图显示样品中含有大量的 Cu 和 O 元素，两种元素的摩尔分数分别为 41.1%和 42.4%，摩尔比接近 1∶1。因此，所制备的球形纳米颗粒应为 CuO 纳米颗粒，CuO 应来源于铜基片表面铜原子的氧化、溶解。此外，EDS 谱图还有少量的 La、Al、C 元素，La 元素来源于 $LaVO_4$ 晶体，Al 元素来源于样品台，C 元素来源于导电胶带。当水热体系的初始溶液 pH 值为 8 时，铜基片表面的铜原子可被氧化成 Cu^{2+}，破坏了沉积在基底表面的 $LaVO_4$ 晶种层，在铜基片上没有形成 $LaVO_4$ 纳米棒阵列结构。

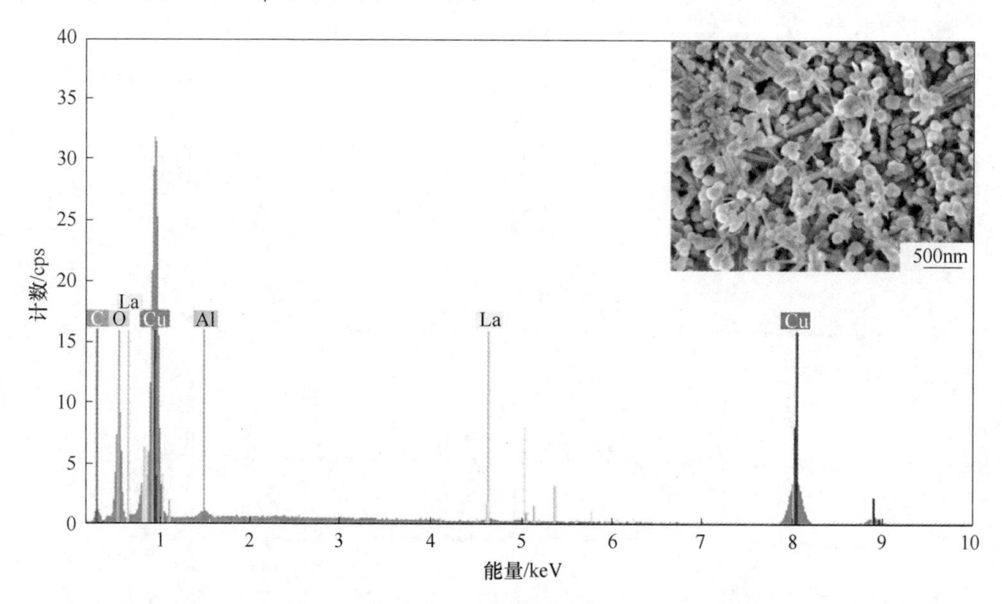

图 5-3　初始溶液 pH 值为 8 时制备薄膜样品的 EDS 图和 SEM 图

初始溶液 pH 值为 9 时制备样品的 XRD 分析结果为 t-$LaVO_4$ 晶体，粉体样品的微观形貌为纳米棒，薄膜为纳米棒形成的阵列结构，但纳米棒阵列不是很规整。将薄膜从铜片表面剥离下来，进行 EDS 选区分析，测试结果如图 5-4 所示，右上角插图为所选取分析的微观区域。EDS 图显示样品中含有 La、V、O 三种元素，其中，La、V 两种元素原子的摩尔分数分别为 20.6%和 22.7%，化学计量比接近 1∶1，推断水热产物为 $LaVO_4$。样品中 Cu 元素含量为 1.0%，可见铜基片仍有一定的溶解。此外，EDS 谱图还有少量的 Eu、Al、C 元素，Eu 元素来源于掺杂入 $LaVO_4$ 晶体的 Eu 离子，Al 元素来源于样品台，C 元素来源于导电胶带。当水热体系的初始溶液 pH 值为 9 时，铜氧化程度降低，这是由于初始溶液的 pH 值升高，溶液中的 H^+浓度降低，依据式（5-2），铜原子的氧化受到抑制，因此薄膜表面未见大量的氧化铜纳米颗粒。由此可见，基片表面铜的氧化程度对形成规整的 $LaVO_4$ 纳米棒阵列有着重要的影响。

将初始溶液 pH 值为 10 时制备的薄膜与铜片剥离，对剥离下来的薄膜样品进

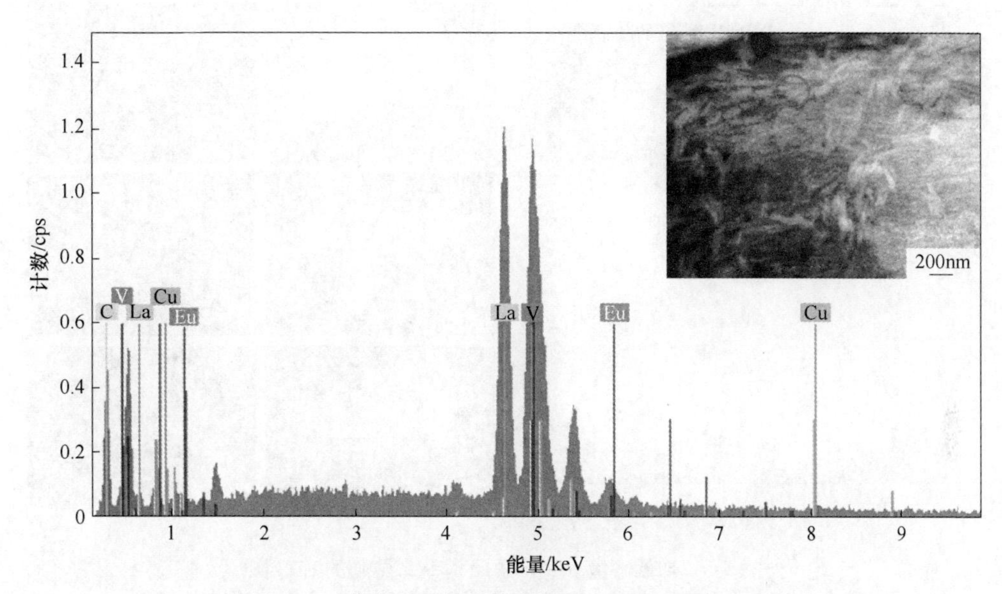

图 5-4 pH 值为 9 时制备薄膜样品的 EDS 图和 SEM 图

行 EDS 及面扫描分析，结果如图 5-5 所示，EDS 图右上角的插图为被剥离下来的薄膜样品的 SEM 图，薄膜样品为纳米棒阵列结构。通过对应选择的纳米棒阵列区域分析可知，纳米棒中含有 La、Eu、Cu、V 和 O 五种元素，其元素摩尔分数分别为 17.2%、1.2%、1.7%、20.5% 和 59.4%。由面分布的结果可见，La、Eu、Cu、V 和 O 五种元素在纳米棒中分布均匀。由于 Eu^{3+} 与 La^{3+} 有着相似的离子半径，Eu^{3+} 可进入 $LaVO_4$ 的晶格中占据 La^{3+} 的位置。而 Cu^{2+} 的离子半径远小于 La^{3+}，容易进入 $LaVO_4$ 的晶格中。因此，能谱测试结果表明所制备的薄膜为 $LaVO_4$:Cu,Eu。

图 5-6 为初始溶液 pH 值为 10 时制备的纳米阵列的 TEM 图、高分辨透射电镜照片以及选区电子衍射图片。从图 5-6a 的 TEM 图中可以看到 t-$LaVO_4$:Cu,Eu 纳米棒直径为 40~100nm，这和 SEM 的分析结果一致。图 5-6b 和 c 为 t-$LaVO_4$:Cu,Eu 纳米棒的 HRTEM 图像及其选区电子衍射图片，从图中可以看到 t-$LaVO_4$:Cu,Eu 纳米棒具有规则而清晰的晶格条纹，测量的晶格间距分别为 0.278nm、0.494nm 和 0.296nm，分别对应于 t-$LaVO_4$ 的（112）、$(0\bar{1}1)$ 和（211）晶面。电子衍射图片表明 t-$LaVO_4$:Cu,Eu 纳米棒是单晶结构。纳米棒的晶格扭曲是由 t-$LaVO_4$ 和 Cu 的晶格失配引起的。纳米棒沿着（101）晶面方向生长，（112）晶面为暴露晶面。结合图 5-2 的 XRD 分析，（112）晶面衍射强度增高也与（112）晶面为暴露晶面有关。

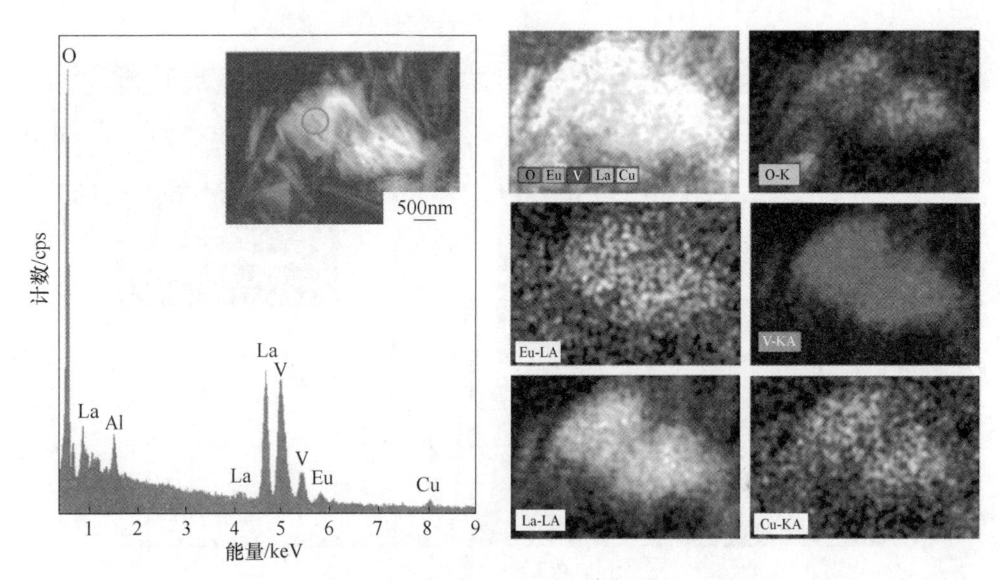

图 5-5　初始溶液 pH 值为 10 时制备薄膜的 EDS 图

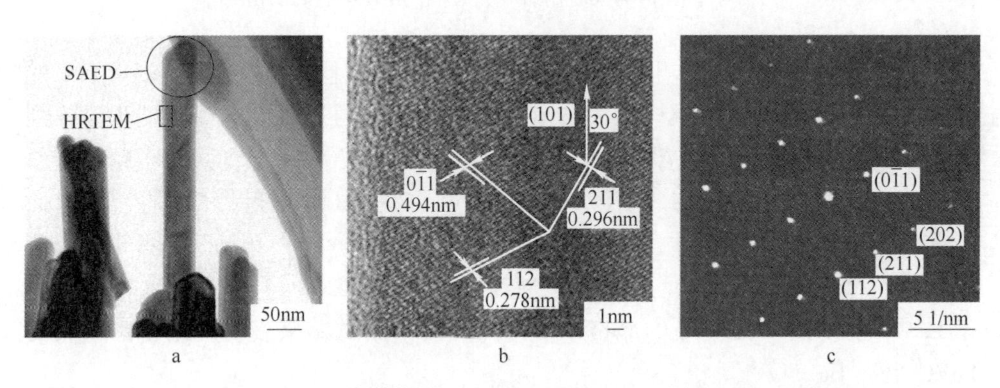

图 5-6　$LaVO_4$:Cu,Eu 纳米棒的 TEM 图(a)和 HRTEM 图(b)及 SAED 图(c)

晶体的不同晶面在化学反应中表现出不同的活性。通过对 $LaVO_4$:Cu,Eu 纳米棒阵列晶体结构分析发现，$LaVO_4$:Cu,Eu 纳米棒阵列主要暴露晶面，与 $LaVO_4$:Eu^{3+}束状棒、单孔 $LaVO_4$:Eu^{3+}空心微球不同，t-$LaVO_4$:Eu^{3+}束状纳米棒暴露较多的是活性较高的（200）晶面，而 $LaVO_4$:Cu,Eu 纳米棒阵列主要暴露晶面是相对稳定的（112）晶面。

5.3.1.2　$LaVO_4$:Cu,Eu 纳米阵列膜的光谱分析

图 5-7 为初始溶液 pH 值为 8~11 时制备 $LaVO_4$ 薄膜样品的 UV-Vis 吸收光谱图。制备的薄膜在 250~350nm 之间有一宽峰。这个宽带吸收峰是由于 $LaVO_4$:

Cu,Eu 价带上的电子被 200～350nm 这一波段的紫外光激发跃迁到导带而产生的[150-152]。当 pH=8 时，这个宽的吸收峰呈现一个峰值，在 289.6nm 处。当 pH 值为 9～11 时，薄膜样品分别在 250nm 和 320nm 附近有两个吸收峰值，最高的峰值在 320nm 附近，这两个吸收峰均对应于 VO_4^{3-} 的吸收。随着 pH 值升高，320nm 附近吸收峰的最高值出现蓝移，这可能与特殊的 $LaVO_4$:Cu,Eu 阵列结构有关。薄膜样品在 370～580nm 之间的可见光区域仍有较强的吸收。由于所制备的 $LaVO_4$ 纳米阵列膜厚度约 1μm，且 $LaVO_4$ 基质材料对可见光透过性较好，谱图中 370～580nm 范围的可见光吸收应是基底铜片吸收产生的。随着 pH 值升高，薄膜对可见光的吸收值降低，这可能是由初始溶液 pH 值高时制备的 $LaVO_4$:Cu,Eu 薄膜上纳米棒阵列排列规整、纳米棒尺寸大引起的。当可见光波长超过 600nm 时，谱图上样品的吸收值明显降低。这表明基底铜片对薄膜所发出的以 612nm 为主的红光吸收很少，因此，所制备的 t-$LaVO_4$:Cu,Eu 薄膜是一种良好的红色发光材料。

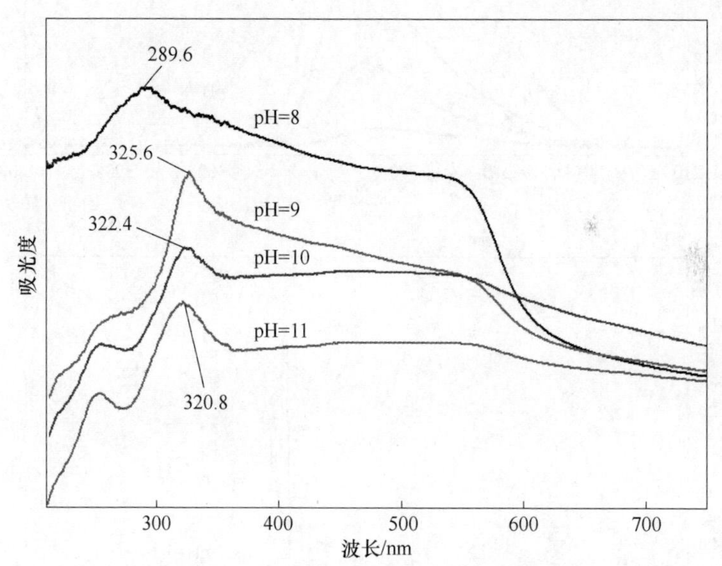

图 5-7 初始溶液 pH 值为 8～11 时制备的 $LaVO_4$:Cu,Eu 薄膜的 UV-Vis 吸收光谱图

图 5-8 为初始溶液 pH 值为 8～11 时制备的 $LaVO_4$:Cu,Eu 薄膜的激发光谱图（图 5-8a）和发射光谱图（图 5-8b）。所有激发光谱在 240～350nm 之间有一个峰值在 312nm 附近的强吸收峰，为基质 $LaVO_4$ 的 VO_4^{3-} 基团的特征紫外吸收。随着 pH 值的增加，吸收峰强度明显增大。当 pH=11 时，制备的 t-$LaVO_4$:Cu,Eu 产物激发光谱强度最高。图 5-8b 中发射光谱图的发射峰均对应于 Eu^{3+} 的特征发射，其 $^5D_0 \rightarrow {}^7F_0$、$^5D_0 \rightarrow {}^7F_1$、$^5D_0 \rightarrow {}^7F_2$、$^5D_0 \rightarrow {}^7F_3$、$^5D_0 \rightarrow {}^7F_4$ 能级跃迁分别对应于 580nm、590nm、610～615nm、646nm 和 694nm 处的发射峰，最强的发射峰在

615nm 附近，为红光发射区域。随着初始溶液 pH 值升高，制备的 t-$LaVO_4$:Cu，Eu 薄膜产物荧光强度增加。当 pH = 11 时，制备的 t-$LaVO_4$:Cu,Eu 纳米棒阵列膜发射光谱强度最高。pH = 11 时，制备的 t-$LaVO_4$:Cu,Eu 纳米棒阵列膜中的有序纳米棒具有较大的长径比，纳米棒两端无劈裂现象，晶体缺陷少，荧光强度较高。

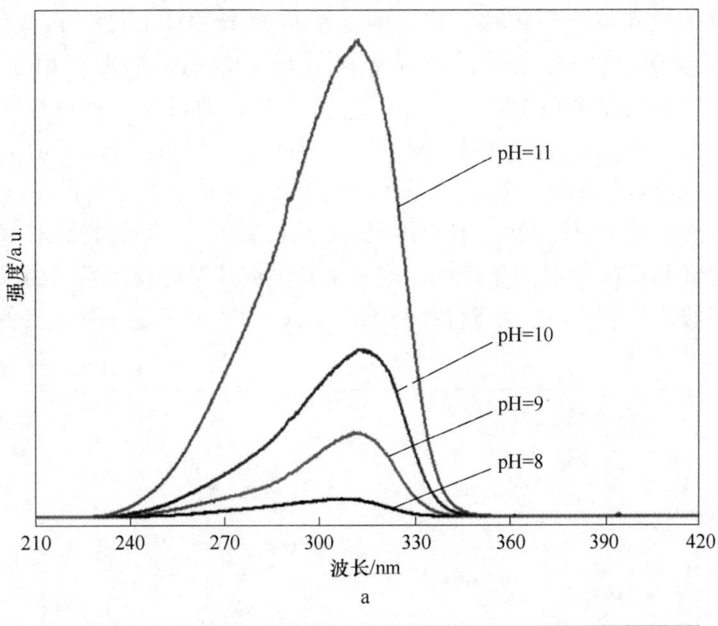

a

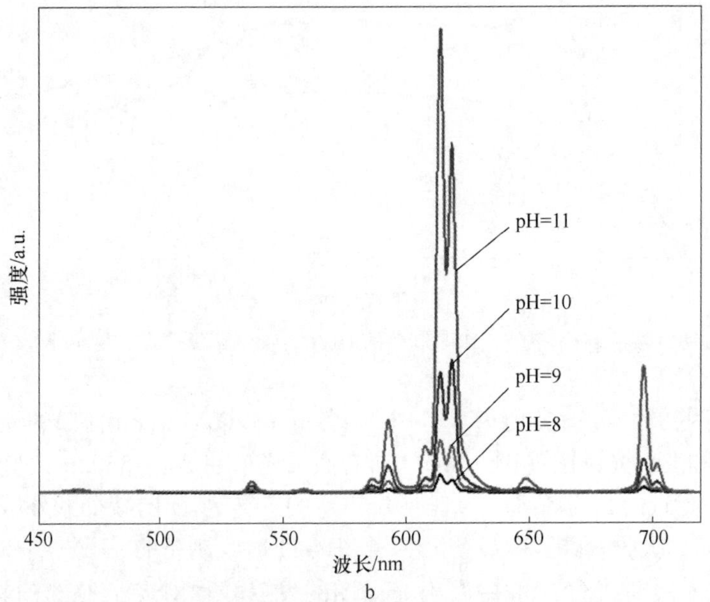

b

图 5-8　初始溶液 pH 值为 8~11 时制备的 $LaVO_4$:Cu,Eu 薄膜的激发光谱图(a)和发射光谱图(b)

综上所述，当初始溶液 pH 值为 10 和 11 时，制备的 t-$LaVO_4$:Cu,Eu 四方纳米棒阵列四方纳米棒排列规整，四方纳米棒为单晶结构，沿着（101）晶面的方向生长。由于铜（110）晶面与 t-$LaVO_4$:Cu,Eu（112）晶面的晶格失配，纳米棒在生长过程中发生晶格扭转，使能量较高的（112）晶面为主要暴露晶面。所制备的 t-$LaVO_4$:Cu,Eu 四方纳米棒阵列膜具有良好的紫外吸收性能，尽管铜基底对紫外光和可见光部分有着一定的吸收，t-$LaVO_4$:Cu,Eu 纳米阵列薄膜仍显示了良好的红光发射性能。

5.3.2 反应物溶液加入量对 $LaVO_4$:Cu,Eu 纳米棒阵列膜的影响

在上述 $LaVO_4$:Cu,Eu 纳米棒阵列膜的制备过程中，溶液中沉积了大量的 $LaVO_4$:Cu,Eu 晶体粉末。改变反应物溶液的加入量可调节 $LaVO_4$:Cu,Eu 纳米棒的产量，可以调节溶液中反应物浓度，以控制 $LaVO_4$:Cu,Eu 薄膜的生长过程。结合上述分析结果，在初始溶液 pH 值为 10 和 11、水热 2d、200℃下，将反应物溶液（$LaCl_3$、$EuCl_3$ 混合液、NH_4VO_3 及 Na_2EDTA）加入体积调整为 0.5mL、1.5mL、1mL 和 2mL，合成 $LaVO_4$:Cu,Eu 纳米棒阵列膜，研究初始溶液的反应物浓度对制备 $LaVO_4$:Cu,Eu 薄膜样品的微观结构和发光性能的影响。

5.3.2.1 反应物溶液加入量对 $LaVO_4$:Cu,Eu 纳米棒阵列膜结构的影响

初始溶液 pH 值为 10，不同反应物溶液加入量下制备的 $LaVO_4$ 薄膜的 XRD 图如图 5-9 所示。基底铜片产生的强衍射峰位于 43.5°、74.2°和 50.5°附近，分别对应于 JCPDS No. 03-1005 的（111）、（200）和（220）晶面。所有样品都有铜的特征衍射峰，且与铜基底相比较，Cu(220) 衍射峰强度明显增高，这同样是由 Cu(110) 晶面与 t-$LaVO_4$ 的晶格匹配引起的。由图 5-9 的插图可见，反应物溶液加入量为 0.5mL 和 1mL 所制备的薄膜样品在 21.4°、26.5°和 28.1°附近有弱的衍射峰，分别对应于单斜相（m-）$LaVO_4$（JCPDS No. 70-0216）的（101）、（200）和（120）晶面。所有薄膜样品中在 17.9°、23.8°、29.9°、32.0°、33.8°、36.4°和 38.5°附近处的衍射峰为 t-$LaVO_4$ 结构。反应物溶液加入量为 2mL 所制备的薄膜样品中几乎没有 m-$LaVO_4$。随着反应物溶液加入量的增加，t-$LaVO_4$的衍射峰强度增大，m-$LaVO_4$ 的衍射峰强度减小，表明 t-$LaVO_4$ 含量增加而 m-$LaVO_4$ 含量减少。t-$LaVO_4$ 的（101）和（112）晶面的衍射峰强度相对增强，这同样是由纳米棒阵列的择优取向引起的[203]，未发现有其他物相存在。反应物溶液加入量为 2mL 制备的薄膜的 t-$LaVO_4$ 衍射峰强度高于加入量为 0.5mL 和 1mL 所制备的薄膜，表明反应物溶液加入量为 2mL 所制备的薄膜样品具有更高的结晶程度。

pH 值为 10 时不同反应物溶液加入量下制备的 t-$LaVO_4$:Cu,Eu 薄膜产物的

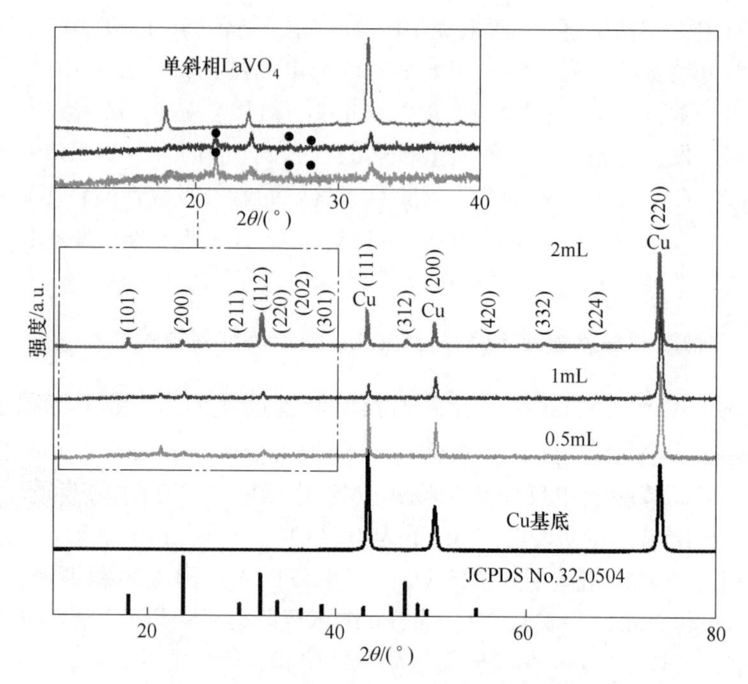

图 5-9　pH 值为 10 时不同初始溶液加入量制备薄膜的 XRD 图

SEM 图如图 5-10 所示，图 5-10 中插图为纳米棒的放大图片。当反应物溶液加入量在 0.5mL、1mL 和 2mL，形成的薄膜表面的微观形貌均是由四方纳米棒形成的较规整的阵列。当反应物溶液加入量为 0.5mL 时，薄膜表面的微观形貌如图 5-10a所示，组成阵列结构的纳米棒截面为正方形，边长在 200~300nm 之间。图 5-10d 为该薄膜截面的微观形貌图，可见薄膜由尺寸 100~200nm 的纳米颗粒组成厚度约 300nm 的致密颗粒层和生长在致密颗粒层上的高度约 1.2μm 的纳米棒阵列组成。反应物溶液加入量为 1mL 时，薄膜表面和截面的微观形貌如图 5-10b 和 e 所示，纳米棒排列较规整，四方纳米棒的边长在 60~120nm 之间，由截面图可见致密层的纳米颗粒较小，在 30~100nm 之间，颗粒层厚度约 300nm，纳米棒阵列的高度约 1.2μm。当反应物溶液加入量为 2mL 时，薄膜表面和截面的微观形貌如图 5-10c 和 f 所示，薄膜截面为纳米棒整齐排列的纳米棒阵列结构，四方纳米棒直径在 20~40nm 之间，从截面图 5-10f 可见，薄膜由紧密堆积的尺寸低于 20nm 的纳米颗粒层和高度 1.1μm 纳米棒阵列组成。颗粒层的厚度约 300nm。随着反应物溶液加入量的增大，薄膜的颗粒层变得致密，组成颗粒层的纳米颗粒尺寸变小，组成阵列的四方纳米棒边长减小，纳米棒高度几乎没有变化，长径比增大。

初始溶液 pH 值为 11 时不同反应物溶液加入量下制备的 $LaVO_4$ 薄膜的 XRD 图如图 5-11 所示。图上位于 43.2°和 50.3°附近的强衍射峰是基底铜片产生的衍

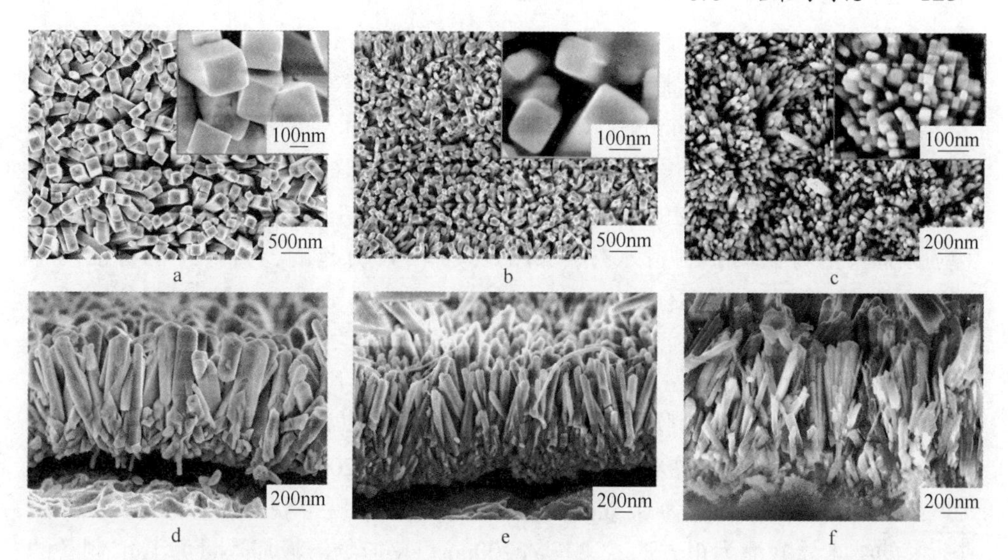

图 5-10 pH 值为 10 时不同初始溶液加入量制备的 $LaVO_4$:Cu,Eu 薄膜的表面和截面 SEM 图

a，b—0.5mL；c，d—1mL；e，f—2mL

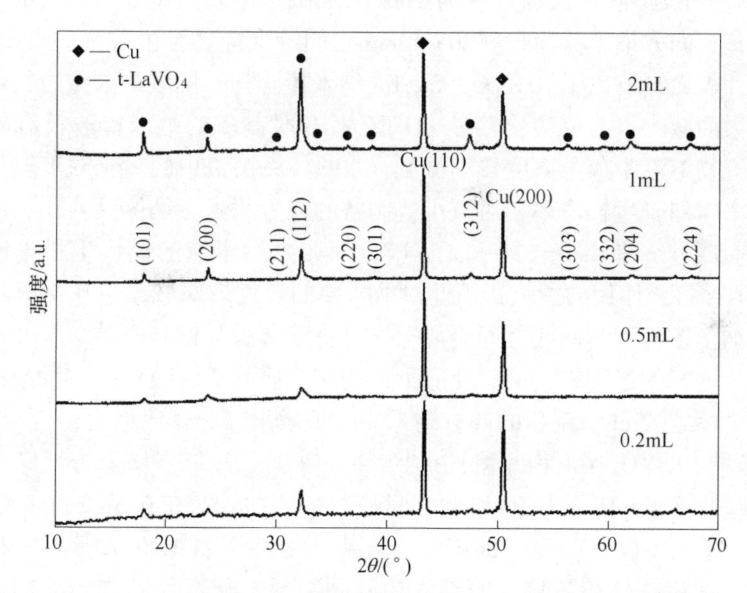

图 5-11 pH 值为 11 时不同初始溶液加入量制备薄膜的 XRD 图

射峰。此外，其余的衍射峰均与四方相锆石结构 t-$LaVO_4$（JCPDS No. 32-0504）的特征衍射峰相对应，位于 32.1°、23.8°、17.9°、47.4°的衍射峰分别对应于 t-$LaVO_4$ 的（112）、（200）、（101）、（312）晶面。对应于（112）晶面的 32.1°处的衍射峰与 t-$LaVO_4$ 其他特征衍射峰相比，其强度最大。表明随着反应物加入量的增大，产物 t-$LaVO_4$:Cu,Eu 薄膜的结晶程度增大。反应物溶液加入量从 2mL

降低到 0.5mL 后，薄膜产物的衍射峰相对于铜片的衍射峰相对强度明显减小，这可能是由于反应物溶液加入量较大时，制备的薄膜上沉积了大量的 t-$LaVO_4$:Cu,Eu 粉体，影响了薄膜的测试。而当反应物溶液加入量降低到 0.2mL 时，形成薄膜的 t-$LaVO_4$:Cu,Eu 产物量较少，其衍射峰强度降低。其中，反应物溶液加入量为 0.5~2mL 时，产物的衍射峰强度增大，产物结晶度增高。其原因可能是反应物加入量较大时，制备水热产物的产量较大引起的，另外，也可能与 t-$LaVO_4$:Cu,Eu 薄膜的形貌有关。

初始溶液 pH 值为 11，反应物溶液加入量分别为 0.2mL、0.5mL、1mL 和 2mL 时制备 t-$LaVO_4$:Cu,Eu 薄膜的微观形貌如图 5-12 所示。图 5-12a 为反应物溶液加入量 0.2mL 制备的薄膜表面的微观形貌图，薄膜为尺寸不均一的纳米棒组装成的、直径约 2μm 的微米球，纳米棒直径为 20~200nm，没有形成纳米棒阵列。当反应物溶液加入量为 0.5mL 时，薄膜表面的微观形貌如图 5-12b 所示，组成薄膜的纳米棒截面为正方形，边长约 200nm。反应物溶液加入量为 1mL 制备的薄膜表面形貌如图 5-12c 所示，纳米棒阵列比较规整，四方纳米棒尺寸均一，边长约 40nm。当反应物溶液加入量为 2mL 时，微观形貌如图 5-12d 所示，纳米棒阵列较规整，四方纳米棒边长在20~40nm 之间。反应物溶液加入量在 0.5~2mL 时，在铜片表面制备出了 t-$LaVO_4$:Cu,Eu 纳米棒阵列，四方纳米棒边长随溶液加入量的增大而减小，与反应物溶液 pH 值为 10 时制备的纳米棒边长有相同的趋势。而反应物溶液中离子浓度较小可见，水热体系溶液中的离子浓度增加，晶体的成核速率增加，生长速率相对减小，制备的四方纳米棒晶体尺寸小，所以反应物加入量对四方纳米棒边长几乎无影响。而四方纳米棒的优势生长方向主要受 La^{3+}与 EDTA 螯合作用的影响，因此对纳米棒的长度影响较小。从部分薄膜截面图可见，纳米棒阵列与基底之间剥离，这是由于薄膜与铜基底的结合并不十分牢固，在铜片剪开的过程中，薄膜受应力作用与基底分离。随着反应物溶液加入量从 0.5mL 增大至 2mL，制备的四方纳米棒边长减小，长径比增大，这与在 pH 值为 10 制备的 t-$LaVO_4$:Cu,Eu 薄膜中纳米棒一致。

当反应物溶液 pH 值为 10 和 11，反应物溶液加入量在 0.5~2mL 时，均可在铜基底表面制备 t-$LaVO_4$:Cu,Eu 纳米棒阵列。t-$LaVO_4$:Cu,Eu 薄膜由一层紧密堆积的纳米颗粒和生长在颗粒上的纳米棒阵列组成。随着反应物溶液加入量的增加，纳米颗粒的粒径变小，颗粒层变得致密；四方纳米棒边长也随之增大，但四方纳米棒的长度几乎没有变化，组成阵列的四方纳米棒长度均在 700~900nm。因此，反应物溶液加入量为 2mL 时，制备的 t-$LaVO_4$:Cu,Eu 纳米棒具有最大的长径比和最高的结晶程度。由于随着反应物溶液加入量减少，水热体系中 La^{3+}和 VO^{3-}浓度降低，$LaVO_4$ 结晶速率相对降低，晶体生长速率相对增大，导致 $LaVO_4$ 四方纳米棒的边长增大。然而，$LaVO_4$ 四方纳米棒的优势生长方向主要受 La^{3+}与

图 5-12 pH 值为 11 时不同初始溶液加入量制备的 $LaVO_4$ 薄膜的表面和截面 SEM 图

a—0.2mL；b—0.5mL；c—1mL；d—2mL

EDTA 螯合作用的影响，使反应物溶液加入量对 t-$LaVO_4$:Cu,Eu 纳米棒长度的影响较小。

5.3.2.2 反应物溶液加入量对 $LaVO_4$:Cu,Eu 纳米棒阵列发光性能的影响

图 5-13 为 pH 值为 10、反应物溶液加入量分别为 0.5mL、1mL 和 2mL 时，在铜片表面制备的 t-$LaVO_4$:Cu,Eu 薄膜的荧光光谱图。图 5-13a 是薄膜的激发光谱图，薄膜在 230~350nm 之间有一宽的激发峰，激发峰的峰值在 310nm 左右。当反应物溶液加入量为 2mL 制备的t-$LaVO_4$:Cu,Eu 薄膜激发峰强度最大，反应物溶液加入量为 1mL 制备的薄膜激发峰强度稍弱，反应物溶液加入量为 0.5mL 制备的薄膜激发峰强度相对弱得多。t-$LaVO_4$:Cu,Eu 四方纳米棒阵列膜的发射光谱如图 5-13b 所示，图中的所有发射峰均为 Eu^{3+}离子的特征发射，其中位于 615nm 附近的最强发射峰对应于$^5D_0 \rightarrow {}^7F_2$ 能级跃迁，为红光发射区域。由于晶体场作用，此发射峰劈裂为两个肩峰。与图 5-13a 中激发光谱的强度规律相同，反应物

溶液加入量为 2mL 时荧光强度最大，反应物溶液加入量为 1mL 时荧光强度稍弱，反应物溶液加入量为 0.5mL 制备的薄膜荧光强度相对弱得多。随着反应物加入量的增加，薄膜荧光强度增大，反应物溶液加入量为 2mL 制备的t-$LaVO_4$:Cu,Eu 薄膜激发峰强度最大。

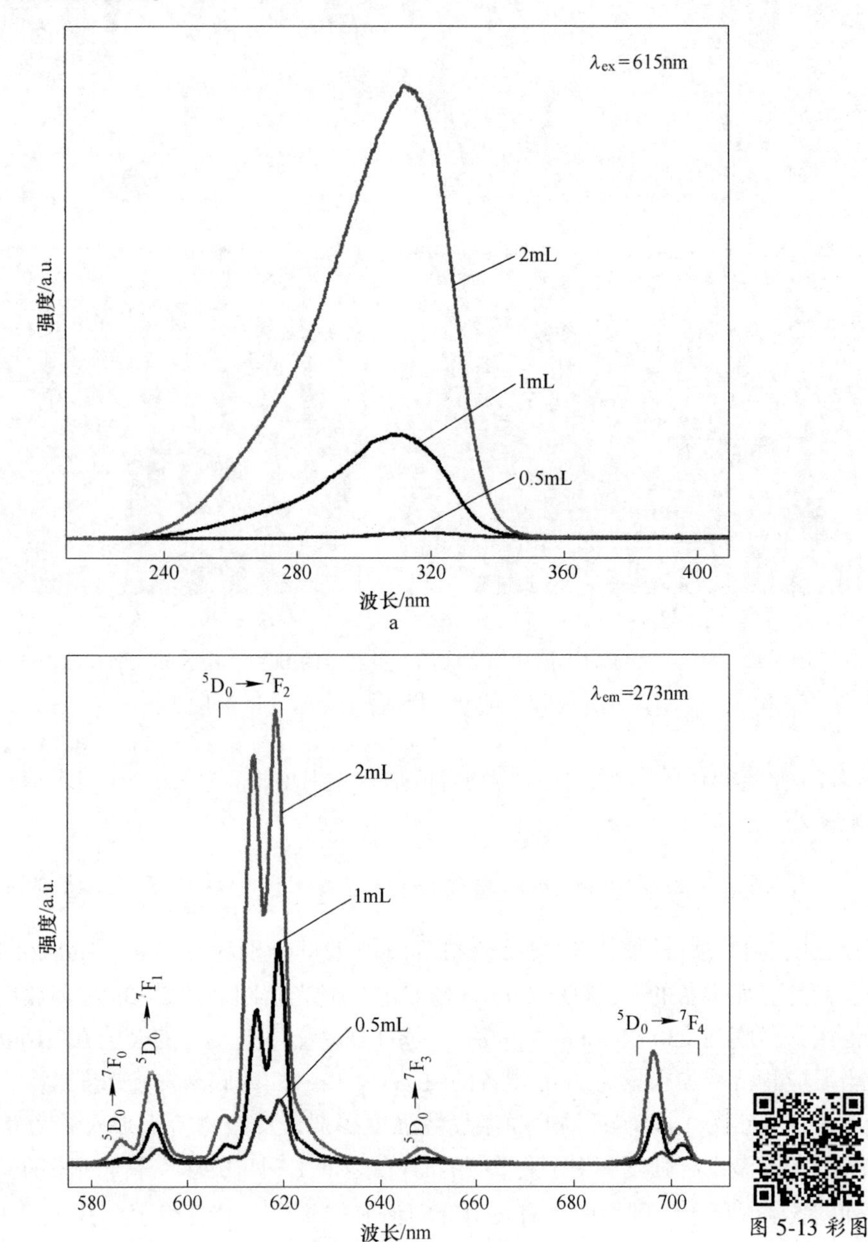

图 5-13　pH 值为 10 时不同初始溶液加入量制备的 $LaVO_4$ 薄膜的荧光光谱图

图 5-14 为 pH 值为 11 时，反应物溶液加入量分别为 0.2mL、0.5mL、1mL 和 2mL 制备的 t-$LaVO_4$:Cu,Eu 薄膜的荧光光谱图。图 5-14a 是 t-$LaVO_4$:Cu,Eu 薄膜的激发光谱图，在 240~340nm 之间有一宽的激发峰，峰值在 315nm 左右。当

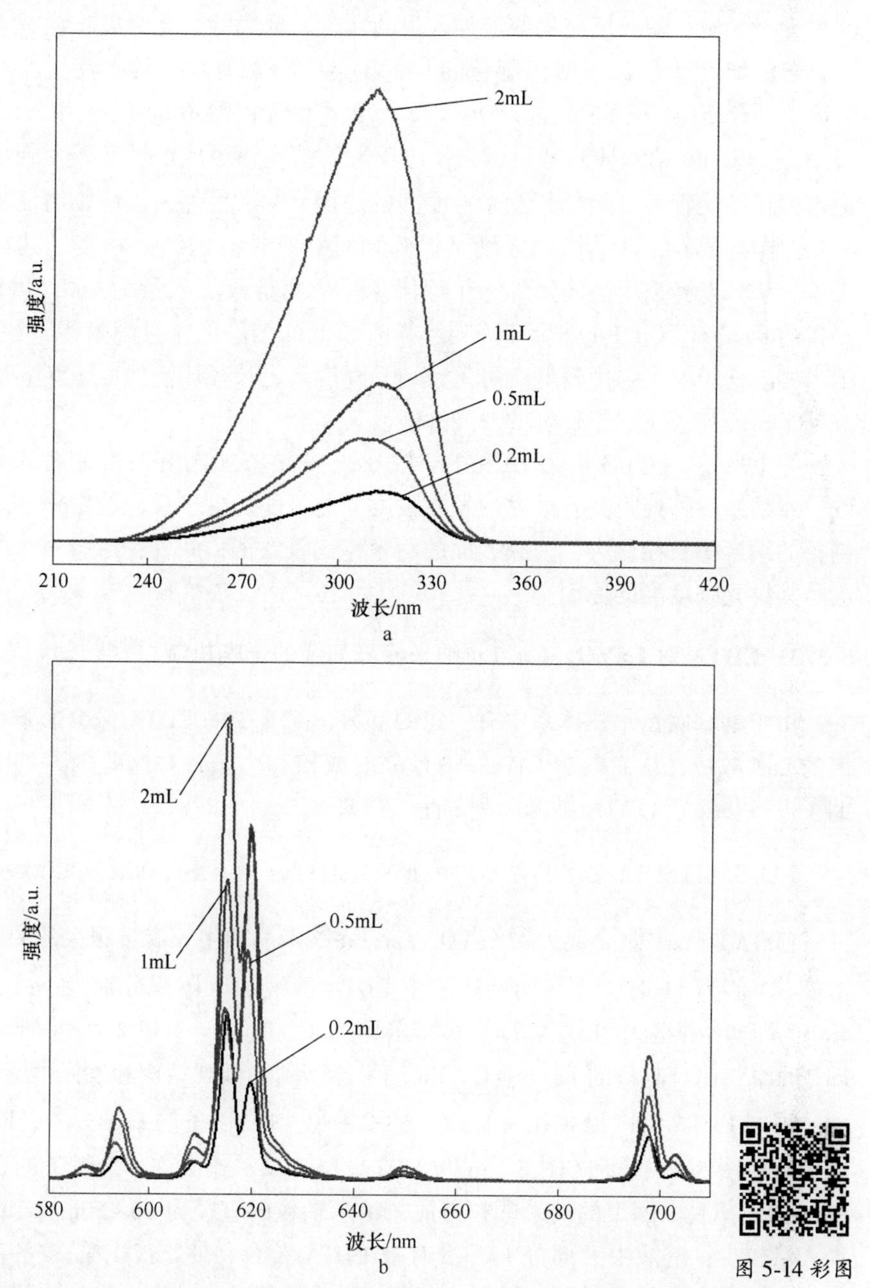

图 5-14 pH 值为 11 时不同初始溶液加入量制备的 $LaVO_4$ 薄膜的荧光光谱图

反应物溶液加入量为 2mL 时，薄膜的吸收峰强度最大，随着反应物溶液加入量的减少，激发峰强度依次减弱。发射光谱图如图 5-14b 所示，所有发射峰均为 Eu^{3+}的特征发射，其中位于 615nm 附近的最强峰对应于$^5D_0 \rightarrow {}^7F_2$ 能级跃迁，为红光发射区域。随着反应物溶液加入量的减少，薄膜的荧光强度依次减弱。当反应物溶液加入量为 2mL 时，制备的 t-LaVO$_4$:Cu,Eu 纳米棒具有较高的红光发射强度。结合 XRD 和 SEM 的分析结果可知，反应物溶液加入量为 2mL 制备的 t-LaVO$_4$:Cu,Eu 纳米棒阵列膜由长径比较大的纳米棒组成，红光发射强度高，其纳米棒长径比较大可能是其发光强度高的原因[204]。另外，反应物溶液加入量为 0.5mL 制备的 t-LaVO$_4$:Cu,Eu 纳米棒阵列膜具有较高的结晶程度，其晶体缺陷少，也是其发光强度高的另外一个原因。反应物溶液加入量为 1mL 和 0.2mL 时制备的 t-LaVO$_4$:Cu,Eu 纳米棒阵列膜具有较低的结晶度，且纳米棒长径比较小，纳米棒阵列膜发光强度较低。可见，结晶程度高、长径比高的 t-LaVO$_4$:Cu,Eu 四方纳米棒阵列膜显示了良好的发光性能。

综上所述，在 pH 值为 10 和 11 时，反应物溶液加入量 2mL 制备的 t-LaVO$_4$:Cu,Eu 纳米棒阵列膜具有最高的发光强度，这可能是由于反应物溶液加入量 2mL 制备的纳米棒长径比大，薄膜表面的纳米棒比较致密，此外，薄膜中 Eu^{3+}浓度高也是其发光强度高的原因。

5.3.3 EDTA 对 LaVO$_4$:Cu,Eu 纳米棒阵列膜的影响机制

由于铜基底在水热体系中有一定的溶解，溶液中的 EDTA 量会影响溶液中游离的 La^{3+}数量，从而影响 $LaVO_4$ 纳米晶的成核和生长，对这些因素的考查也有助于进一步探索 $LaVO_4$ 纳米阵列的生长机理。

5.3.3.1 EDTA/La^{3+}的摩尔比对 LaVO$_4$:Cu,Eu 纳米棒阵列膜微观结构的影响

EDTA 与 La^{3+}螯合能力对 LaVO$_4$:Cu,Eu 纳米晶的生长有着很大的影响。初始溶液 pH 值为 11 时，改变初始溶液中 EDTA 溶液加入体积分别为 1mL、3mL 和 4mL，即初始溶液中 EDTA/La^{3+}的摩尔比为 1∶2、3∶2 和 2∶1，研究 EDTA/La^{3+}的摩尔比对制备的 LaVO$_4$:Cu,Eu 纳米棒阵列的微观结构和发光性能的影响。

不同 EDTA/La^{3+}摩尔比（1∶2、3∶2 和 2∶1）制备的 LaVO$_4$:Cu,Eu 薄膜表面形貌如图 5-15 所示。图 5-15a 为 EDTA/La^{3+}摩尔比为 1∶2 制备的薄膜表面 SEM 图，薄膜由团聚的纳米颗粒组成，纳米颗粒的直径为 20~50nm。由于 EDTA 加入量较少，溶液中大部分 La^{3+}没有被 EDTA 螯合，使 $LaVO_4$ 晶粒各向异性生长，在铜基底上仅形成了一层由纳米颗粒组成的薄膜，纳米颗粒层上没有生长纳米棒。EDTA/La^{3+}摩尔比为 3∶2 制备的薄膜表面和截面如图 5-15b 和 c 所示，由

薄膜表面 SEM 图可见整齐排列的一簇一簇的四方纳米棒，四方纳米棒边长在20~80nm 之间，薄膜表面的纳米棒比较致密。由薄膜截面图可见，薄膜由垂直于基底的纳米棒阵列组成，纳米棒底端有一层纳米颗粒层，纳米颗粒的尺寸在 50nm 左右，束状棒直径在 120~200nm 之间，纳米棒高度约 0.7μm，束状棒顶端分裂出许多纳米棒，因此薄膜表面的四方纳米棒为束状纳米棒顶端分裂出的小纳米棒，纳米棒是一簇一簇的，呈现树状生长。另外，由图 5-15c 可见，薄膜表面散落着一些 $LaVO_4$ 束状纳米棒，与第 2 章中制备的束状棒相似，组成阵列的纳米棒大约为束状棒长度的一半。由此可见纳米阵列膜上的纳米棒与溶液中纳米棒的生长过程相似。图 5-15d 为 EDTA/La^{3+}的摩尔比为 2∶1 时制备的薄膜表面形貌图，薄膜仍由一簇一簇的四方纳米棒组成，薄膜非常致密。由于 EDTA 用量大，在 $LaVO_4$ 束状棒生长过程中不断创造出新的生长晶面，使束状棒的两端劈裂程度大，从而导致了纳米棒阵列排列不规整，束状棒两端的纳米棒边长在 200~300nm 之间。

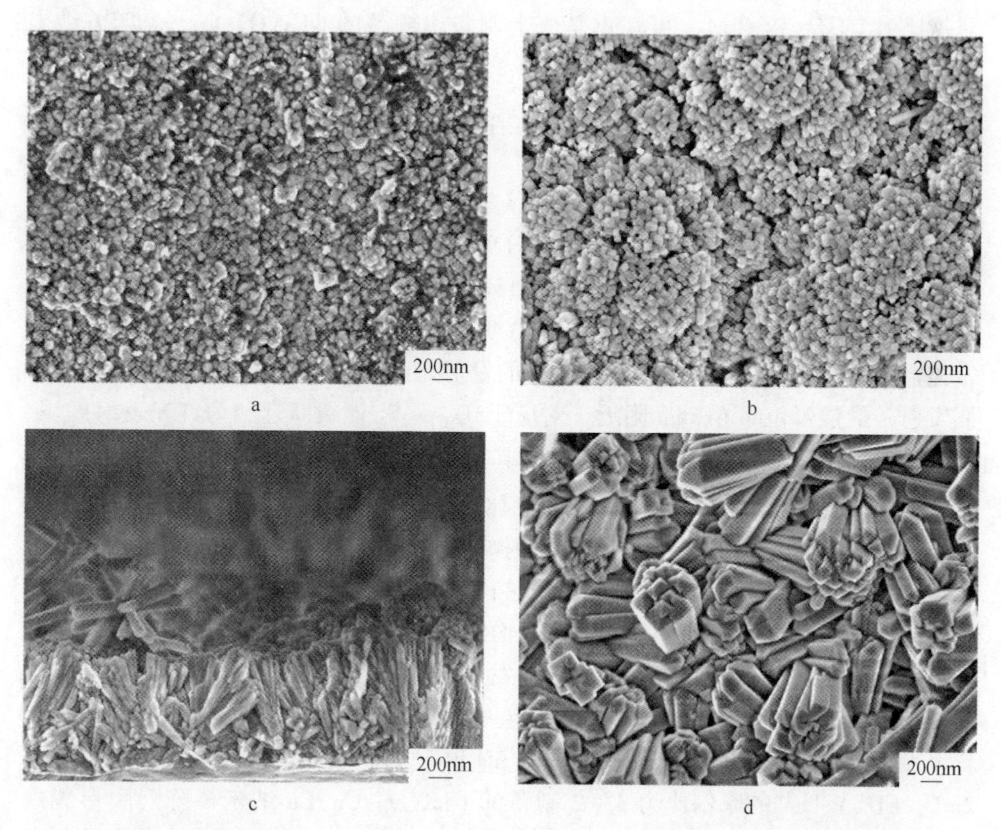

图 5-15　不同 EDTA/La^{3+}摩尔比下制备的 $LaVO_4$:Cu,Eu 薄膜表面和截面 SEM 图

a—1∶2；b，c—3∶2；d—2∶1

反应初始阶段，在铜片表面上形成的大量的 $LaVO_4$ 晶核，由于 Cu 的（100）和（111）晶面的溶解，铜片表面原子溶解在溶液中的 Cu^{2+} 很容易与 EDTA 配合，使与溶液中的 La^{3+} 配合的 EDTA 数量减少，从而影响了 $LaVO_4$ 晶粒的一维生长。当 EDTA/La^{3+} 的摩尔比很小（1∶2）时，溶液中的 EDTA 浓度很低，吸附于基片上的 $LaVO_4$ 晶粒很难与 EDTA 螯合，生长成纳米颗粒。当 EDTA/La^{3+} 的摩尔比增大，溶液中 EDTA 浓度增高，$LaVO_4$ 小晶粒螯合进行定向生长成纳米棒。由于 EDTA 与 La^{3+} 摩尔比 1∶1 完全螯合，当 EDTA/La^{3+} 的摩尔比增大到 3∶2 和 2∶1时，溶液中的 EDTA 浓度高，配合的 La^{3+} 数目较多，吸附于铜片表面的 $LaVO_4$ 晶核数量相对减少，而晶体生长速度增大，最终使 $LaVO_4$ 束状棒两端的小纳米棒生长速率增大。因此，EDTA/La^{3+} 的摩尔比为 2∶1 时，由于 $LaVO_4$ 束状棒数量少，其两端的小纳米棒尺寸大，所以制备的薄膜虽然较致密，但纳米棒阵列的有序性差。由于四方纳米棒的生长主要受 La^{3+} 与 EDTA 螯合作用的影响，当 EDTA/La^{3+} 摩尔比过大或过小时，均不利于四方纳米棒阵列的制备，EDTA/La^{3+} 摩尔比为 1∶1~3∶2 时，可在铜基底上制备出规整的 t-$LaVO_4$:Cu,Eu 四方纳米棒阵列。

5.3.3.2 EDTA/La^{3+} 的摩尔比对 $LaVO_4$:Cu,Eu 纳米棒阵列膜发光性能的影响

图 5-16 为 EDTA/La^{3+} 的摩尔比 2∶1、1∶1、2∶3 和 1∶2 时制备的 $LaVO_4$:Cu,Eu 薄膜样品的荧光光谱图。图 5-16a 为样品的激发光谱图，在 230~350nm 之间有一强度较高的宽吸收峰，峰值在 315nm 附近。EDTA/La^{3+} 的摩尔比 1∶1 制备的薄膜激发光谱峰的强度最高，EDTA/La^{3+} 的摩尔比 2∶3、2∶1 和 1∶2 时激发光谱强度依次减弱。图 5-16b 为样品的发射光谱图，所有发射峰均为 Eu^{3+} 的特征发射，最强峰位于 616nm 附近，对应于 $^5D_0 \rightarrow {}^7F_2$ 能级跃迁，为红光发射区域。当 EDTA/La^{3+} 的摩尔比为 3∶2 时，比其他 EDTA/La^{3+} 的摩尔比制备的 $LaVO_4$:Cu,Eu 薄膜红光发射峰强度大，R/O 比值为 9.6。当 EDTA/La^{3+} 的摩尔比为 2∶1、2∶1、1∶2 时，薄膜的红光发射峰强度依次减弱。由于 EDTA/La^{3+} 的摩尔比为 3∶2 制备的 $LaVO_4$:Cu,Eu 薄膜晶化程度高，纳米阵列形貌规整，组成阵列的纳米棒长径比大。此外，该薄膜表面纳米棒比较致密，可减少铜基底对紫外光及可见光的吸收，从而改善了薄膜的发光强度。

通过对初始溶液的 pH 值、初始溶液中反应物加入量以及 EDTA/La^{3+} 的摩尔比几个因素的考查，得出在初始溶液的 pH 值为 11，初始溶液中反应物加入量为 2mL，EDTA/La^{3+} 的摩尔比为 3∶2 制备的 t-$LaVO_4$:Cu,Eu 纳米棒阵列膜形貌规整，纳米阵列排列致密，可减少基底对紫外光及可见光的吸收，具有最高的红光发射强度。

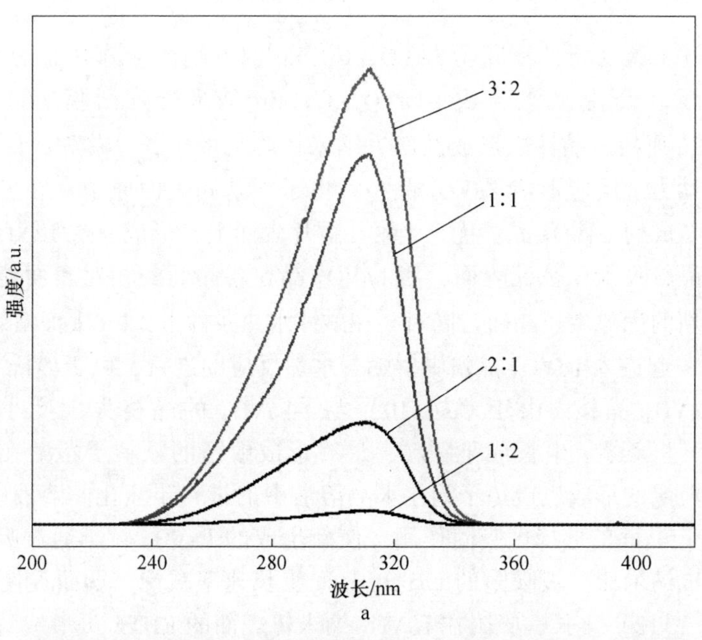

a

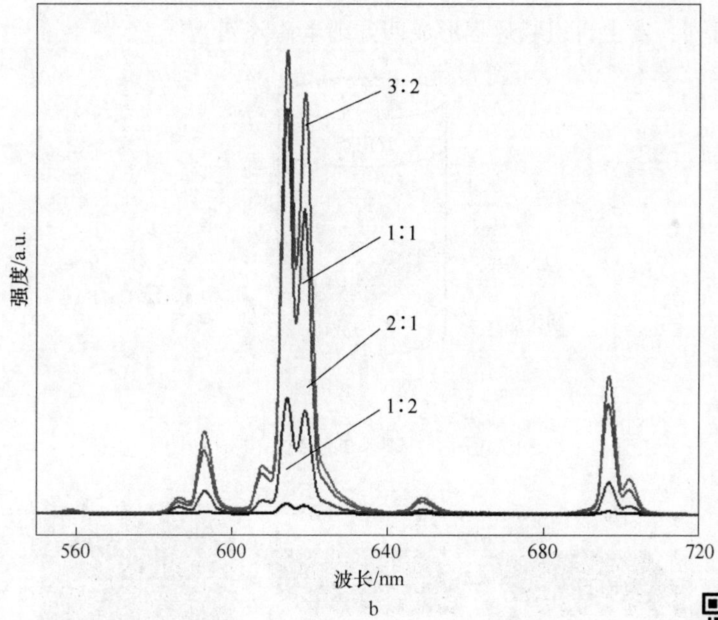

b

图 5-16 不同 EDTA/La^{3+}摩尔比下制备的 $LaVO_4$:Cu,Eu 薄膜的荧光光谱图

图 5-16 彩图

5.3.4　LaVO$_4$:Cu,Eu 四方纳米棒阵列膜的形成机理

基于上述实验结果，推断了 LaVO$_4$:Cu,Eu 四方纳米棒阵列膜的生长机理，如图 5-17 所示。铜基底上合成 t-LaVO$_4$:Cu,Eu 纳米棒阵列膜的过程包含了 LaVO$_4$:Cu,Eu 成核、晶种层形成及四方纳米棒阵列的生长。首先，La^{3+} 与 VO^{3-} 在水热的驱动力下反应形成 LaVO$_4$ 晶核。由于铜基底表面原子存在悬键而处于较高能态，形成的 LaVO$_4$ 晶核优先吸附在铜片表面上，形成一层 LaVO$_4$ 晶种层。初始形成的晶粒吸附于基底表面，使 LaVO$_4$ 晶粒各晶面的相对表面能发生了变化，出现了新的优势生长晶面。同时，在碱性水热条件下，Cu 表面溶解出 Cu^{2+}，Cu^{2+} 和 Eu^{3+} 一起进入 LaVO$_4$ 晶格中。随着水热反应的进行，由于奥氏熟化作用，不再形成 LaVO$_4$ 晶核。由于 Cu(110) 与 t-LaVO$_4$ 的晶格失配度小，晶核在 Cu(110) 晶面上聚集、生长成小颗粒，最终形成致密的颗粒层覆盖在铜片的表面，致密颗粒层的形成也避免了铜在水热溶液中的进一步氧化。溶液中的 EDTA 对 LaVO$_4$ 特定晶面的选择性吸附作用，使新生成的 LaVO$_4$ 粒子通过吸附于特定的晶面上形成纳米棒，被吸附的 LaVO$_4$ 晶面生长速率减慢，从而促使 LaVO$_4$ 沿着优势晶面（112）生长，吸附在 LaVO$_4$ 纳米棒表面的 EDTA 可形成氢键使纳米棒肩并肩排列，发生自组装过程形成四方纳米棒阵列[128]。

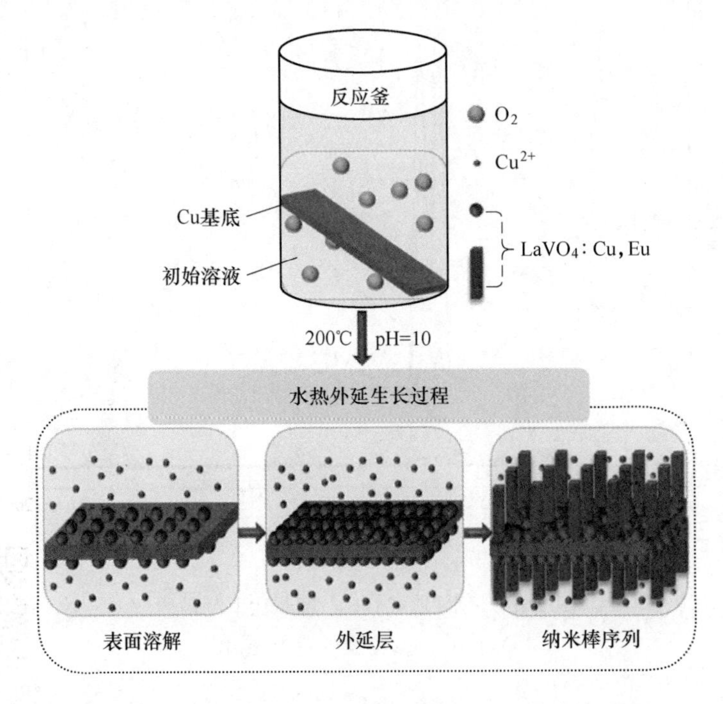

图 5-17　t-LaVO$_4$:Cu,Eu 纳米棒阵列的形成机理示意图

在水热体系中，随着反应的进行，EDTA 的螯合作用不断提供新的生长表面，作为离子“交联剂”[205-206]，纳米棒在生长过程中会产生分裂现象，形成树形生长的纳米棒阵列。

5.3.5 $LaVO_4$:Cu,Eu 四方纳米棒阵列膜浓度猝灭研究

对初始溶液 pH 值为 11，反应物加入量为 2mL，EDTA/La^{3+}的摩尔比为 3∶2 制备的 t-$LaVO_4$:Cu,Eu 四方纳米棒阵列膜进行了 Eu^{3+} 离子掺杂浓度的研究。在 Eu 掺杂浓度为 1%、2%、5%、8%和 10%时，制备的 $LaVO_4$:Cu,Eu 样品发射光谱图如图 5-18 所示。图 5-18 中插图以 616nm 处的峰强度值为纵坐标，对不同掺杂浓度下 $LaVO_4$:Cu,Eu 样品的红光发射峰最高强度进行比较。随着 Eu^{3+} 掺杂浓度增高，发射光谱强度先变大后变小，表明 Eu^{3+} 在 t-$LaVO_4$ 基质中存在浓度猝灭。随着 Eu^{3+}浓度增高，$LaVO_4$ 基质中 Eu^{3+}发光中心增多，有利于 VO_4^{3-} 到 Eu^{3+} 之间的能量传输，使得到 Eu^{3+}的能量概率加大，t-$LaVO_4$:Cu,Eu 四方纳米棒阵列膜发光强度提高。Eu^{3+} 掺杂浓度在 1%~5%时，发光强度随着掺杂浓度升高而增大。当 Eu^{3+}浓度超过 5%时，Eu^{3+} 的离子间距可能变小，Eu^{3+} 离子间的能量传输

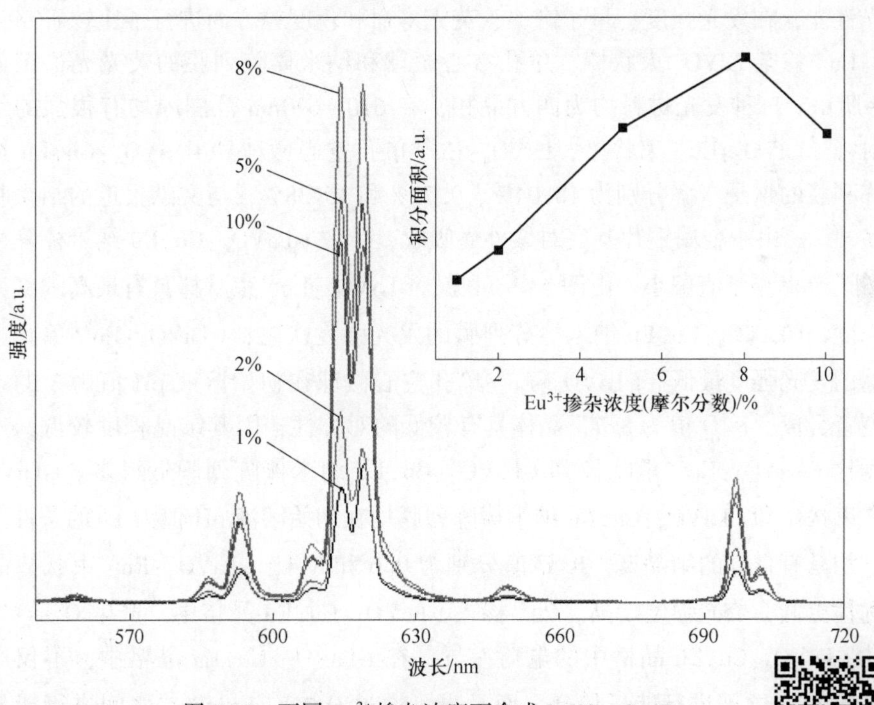

图 5-18 不同 Eu^{3+} 掺杂浓度下合成 $LaVO_4$:Cu,Eu 纳米棒阵列膜的发射光谱图

图 5-18 彩图

使能量损失，导致纳米棒阵列膜发光强度降低[207]。Eu^{3+}掺杂的摩尔分数超过5%时，存在浓度猝灭现象。Eu^{3+}掺杂浓度为1%、2%、5%、8%和10%时，制备的 $LaVO_4$:Cu,Eu 纳米棒阵列的 R/O 比值分别为 5.5、5.9、8.1、8.4 和 6.9。因此，Eu^{3+}最佳掺杂浓度为 5%，t-$LaVO_4$:Cu,Eu 四方纳米棒阵列膜有最高的发光强度，R/O 比值为 8.4。

5.3.6　Eu 掺杂 $LaVO_4$ 微纳米材料的发光性能和色度比较研究

通过对不同水热条件下制备的 Eu 离子掺杂 $LaVO_4$ 束状棒、单孔空心微球和纳米棒阵列膜的研究，得到了三种材料发光强度最高的最佳水热合成条件分别为：在初始溶液 pH 值为 11，水热温度为 200℃，水热时间为 48h，Eu^{3+}最佳掺杂浓度为 5%制备的 t-$LaVO_4$:Eu^{3+}的四方束状棒；在初始溶液的 pH 值为 4，水热时间 48h，EG 添加量 3.2mL，EDTA/La 摩尔比为 1∶1，Eu^{3+}最佳掺杂浓度为 5%制备的单孔 t-$LaVO_4$:Eu^{3+}空心微球；以及在水热温度为 200℃，初始溶液的 pH 值为 11，反应物溶液加入量为 2mL，EDTA/La^{3+}的摩尔比为 3∶2，Eu^{3+}最佳掺杂浓度为 8%制备的 t-$LaVO_4$:Cu,Eu 纳米棒阵列膜。为了进一步提高三种发光材料的发光性能，在发光强度、量子产率、荧光寿命和色度等方面进行了比较研究。

Eu^{3+}掺杂 $LaVO_4$ 束状棒、单孔空心微球和纳米棒阵列膜的荧光光谱图如图 5-19所示。三种发光材料均为四方晶相，在 610~630nm 范围内均有很强的红光发射峰。$LaVO_4$:Eu^{3+}束状棒、$LaVO_4$:Eu^{3+}单孔空心微球和 t-$LaVO_4$:Cu,Eu 纳米棒阵列膜的量子产率分别为 18.04%、9.72%和 15.38%，与文献报道的结果相差不多[161]。由于金属铜片基底对紫外光吸收，导致 t-$LaVO_4$:Cu,Eu 纳米棒阵列膜的量子产率测量值偏小。由图 5-19 可见，t-$LaVO_4$:Eu^{3+}束状棒具有最高的红光发射强度，t-$LaVO_4$:Cu,Eu 纳米棒阵列膜的发光强度次之，t-$LaVO_4$:Eu^{3+}单孔空心微球的发光强度最低。t-$LaVO_4$:Eu^{3+}单孔空心微球在初始溶液 pH 值为 3 的条件下制备合成，R/O 值为 8.7，晶体具有较低的对称性，因其结晶程度较低，发光强度比 t-$LaVO_4$:Eu^{3+}束状棒和 t-$LaVO_4$:Cu,Eu 纳米棒阵列膜低得多。t-$LaVO_4$:Eu^{3+}束状棒和 t-$LaVO_4$:Cu,Eu 纳米棒阵列膜均在初始溶液 pH 值为 11 的条件下制备，均具有良好的结晶度，R/O 值分别为 9.6 和 8.4，t-$LaVO_4$:Eu^{3+}束状棒晶体对称性更低，荧光强度略高。Cu^{2+}掺入 t-$LaVO_4$:Cu,Eu 晶格中，产生 O^{2-}空穴以补偿 t-$LaVO_4$:Cu,Eu 晶格中的电荷差异，在 t-$LaVO_4$:Cu,Eu 晶格中，不仅通过 Eu^{3+}与 VO_4^{3-}之间进行能量传递，而且也可通过 O^{2-}空穴与 Eu^{3+}之间进行能量传递，从而增加了材料的发光强度[208]。此外，金属铜片基底对可见光部分有着一定的吸收，也可能减弱 t-$LaVO_4$:Cu,Eu 纳米棒阵列膜在可见光区的发光强度。测试时t-$LaVO_4$:Eu^{3+}束状棒用量高于 t-$LaVO_4$:Cu,Eu 纳米棒阵列膜，所以 t-$LaVO_4$:Cu,Eu 纳米棒阵列膜仍是一种很有前景的发光材料。

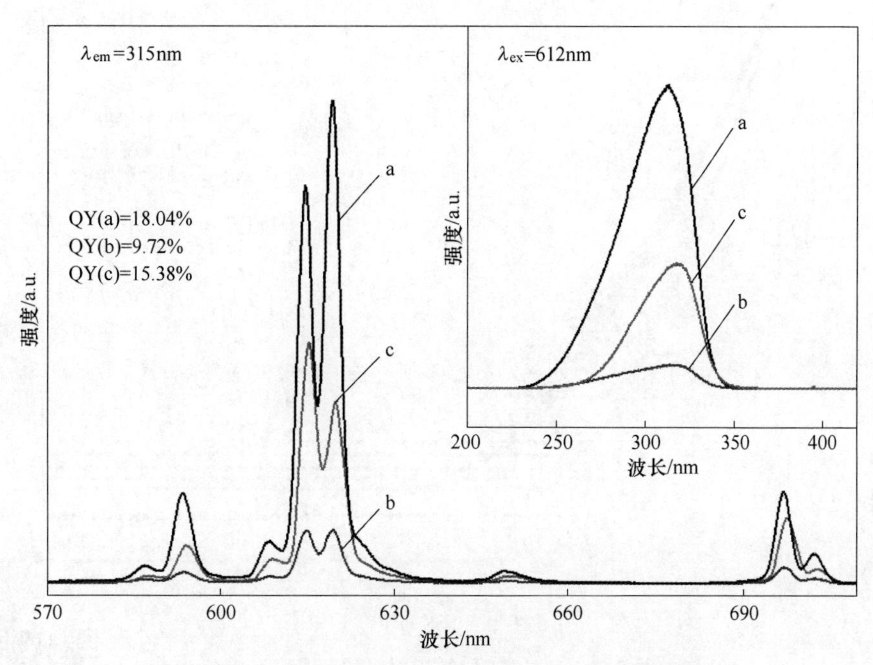

图 5-19 Eu^{3+}掺杂 $LaVO_4$ 微/纳米材料的荧光光谱图

a—四方束状棒；b—单孔空心微球；c—纳米棒阵列膜

图 5-20 给出了 $LaVO_4$:Eu^{3+}四方束状棒、单孔空心微球及 t-$LaVO_4$:Cu,Eu 纳米棒阵列的荧光寿命图。通过对原始数据进行模拟，依据式（5-3）计算出三种发光材料的荧光寿命（τ）分别为 0.97ms、0.90ms 和 0.80ms，与文献报道一致[124]，其中，$LaVO_4$:Eu^{3+}四方束状棒荧光寿命最长，t-$LaVO_4$:Cu,Eu 荧光寿命略短。

$$\tau = \frac{I_1 t_1^2 + I_2 t_2^2}{I_1 t_1 + I_2 t_2} \tag{5-3}$$

但三种材料的荧光寿命值略高于文献中的 Eu^{3+}掺杂 $LaVO_4$ 发光材料的荧光寿命值[85]。发光材料的荧光寿命与其结晶程度有关[198]。三种材料较长的荧光寿命可能由于所制备的 $LaVO_4$:Eu^{3+}微纳米材料具有较高的结晶度。$LaVO_4$:Eu^{3+}四方束状棒的纳米棒尺寸大，结晶度最高。而 t-$LaVO_4$:Cu,Eu 纳米棒阵列的纳米棒尺寸小以及外延颗粒层的存在，与另外两种材料相比其结晶度较低，因此荧光寿命最短。

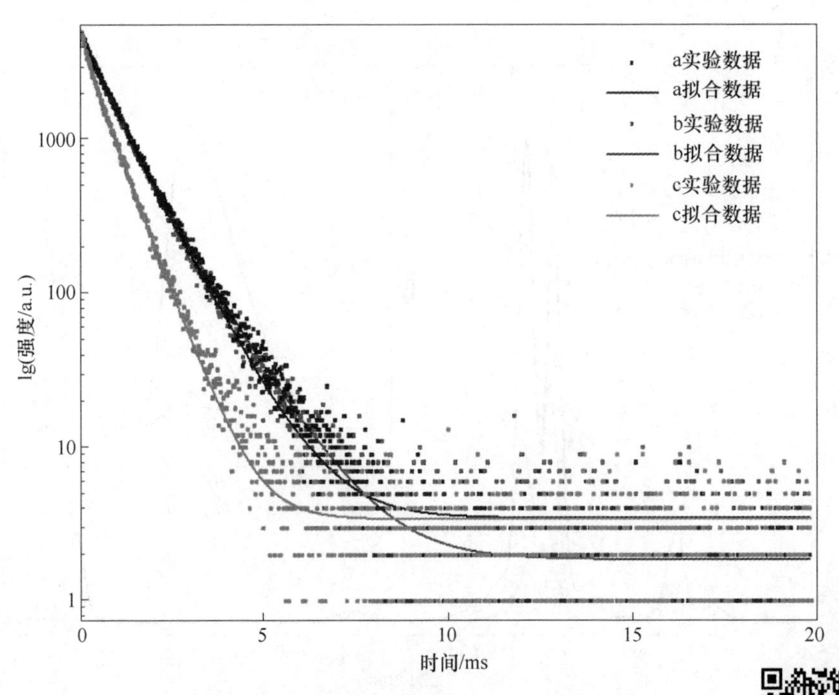

图 5-20 $LaVO_4$ 微/纳米材料的荧光寿命图

a—四方束状棒；b—单孔空心微球；c—纳米棒阵列膜

图 5-20 彩图

色度是表征发光材料的一个基本参数。图 5-21 给出了 $LaVO_4$:Eu^{3+}四方束状棒、单孔空心微球及 t-$LaVO_4$:Cu,Eu 纳米棒阵列膜的 CIE 色度图。经计算，$LaVO_4$:Eu^{3+}四方束状棒在 CIE 色度图上坐标为（0.659，0.341），单孔 $LaVO_4$:Eu^{3+}空心微球的坐标为（0.648，0.350），$LaVO_4$:Eu^{3+}纳米棒阵列的坐标为（0.665，0.335）。制备的三种 $LaVO_4$:Eu^{3+}微/纳米材料均呈现较强的红光发射，色度高。三种不同形貌的 $LaVO_4$ 材料中，$LaVO_4$:Eu^{3+}纳米棒阵列膜色度最高，其可能是由于晶粒尺寸小，纳米棒表面能高，晶胞参数减小，猝灭浓度较 $LaVO_4$:Eu^{3+}束状棒和单孔中空微球有所提高，更多的 Eu^{3+}取代 La^{3+}。因此，红色光增强，导致 R/O 比值升高，色度也升高。

总之，$LaVO_4$:Eu^{3+}四方束状棒、单孔空心微球及 t-$LaVO_4$:Cu,Eu 纳米棒阵列膜均具有良好的红光发射，量子产率有所提高，荧光寿命较长。其中，t-$LaVO_4$:Cu,Eu 纳米棒阵列膜具有高指数的暴露晶面（112），纳米棒表面活性高，在光催化及光电等领域具有潜在的应用。

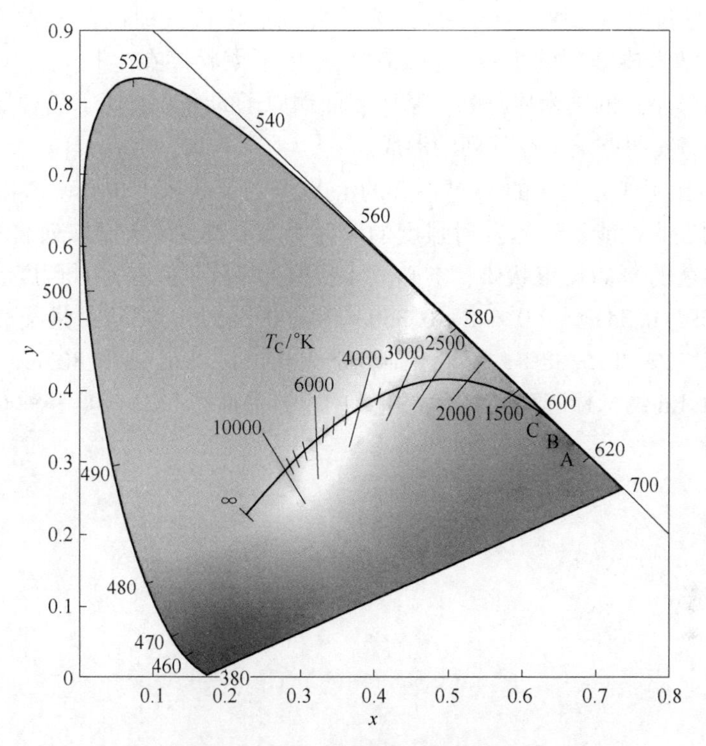

图 5-21 $LaVO_4$ 微/纳米材料的色度图

A—纳米棒阵列膜；B—四方束状棒；C—单孔空心微球

5.4 本章小结

（1）利用 Cu(110) 晶面与 t-$LaVO_4$（112）晶面的失配度较小，以 EDTA 为结构导向剂，在铜基底上制备了 $LaVO_4$:Cu,Eu 四方纳米棒阵列薄膜，该方法可拓展到其他以金属片为基底的薄膜制备。当水热温度为 200℃，初始溶液 pH 值为 10~11，反应物溶液加入量为 2mL，EDTA/La^{3+}的摩尔比为 3∶2，Eu^{3+}最佳掺杂浓度为 8%时，制备的 t-$LaVO_4$:Eu^{3+}纳米棒阵列膜排列规整、致密，红光发射强度最高。Cu^{2+}的掺入促进了 Eu^{3+}与 VO_4^{3-}之间的能量传递，改善了材料的发光性能。

（2）所有薄膜均由一层紧密堆积的纳米颗粒和生长在颗粒上的纳米棒阵列组成。四方纳米棒边长为 10~250nm，纳米阵列厚度为 0.5~1.0μm，每个四方纳米棒为单晶，纳米棒沿着（112）晶面生长。反应物溶液加入量可调控纳米颗粒粒径和四方纳米棒边长，而优势生长的晶面受反应浓度影响较小。

（3）铜基底上 t-$LaVO_4$:Cu,Eu 纳米棒阵列的生长机理包含了成核、晶种层形成及四方纳米棒阵列的生长。在 EDTA 作用下束状棒在生长过程中会产生分裂，形成树形生长的纳米棒阵列。基底表面铜原子的溶解破坏了晶种层，不利于 t-$LaVO_4$:Cu,Eu 四方纳米棒阵列的形成。

（4）对比了四方晶相的 Eu^{3+} 掺杂的 $LaVO_4$ 的束状棒、单孔空心微球和纳米棒阵列膜的发光性能。红光发射强度的顺序为束状棒>纳米棒阵列膜次>空心微球。Eu^{3+}掺杂的 $LaVO_4$ 束状棒、空心微球和纳米棒阵列膜在 CIE 色度图上坐标分别为（0.659，0.341）、（0.648，0.350）和（0.665，0.335）；量子产率分别为 18.04%、9.72%和 15.38%，荧光寿命分别为 974ms、901ms 和 803ms。所制备的 t-$LaVO_4$:Cu,Eu 纳米棒阵列膜具有高指数的暴露晶面（112），是一种有前景的发光薄膜材料。

6 结　论

钒酸镧有着良好的晶体结构，是一种优良的荧光粉基质材料。本书采用水热法，以 EDTA 为螯合剂，旨在提高材料的发光强度和色纯度，制备了 Eu^{3+} 掺杂的 $LaVO_4$ 束状棒、微米花球、单孔空心微球和纳米棒阵列膜。所制备的 $LaVO_4$:Eu^{3+} 微/纳米材料结晶度高、晶体对称性低，荧光发射强度高，量子产率较高，色度高，荧光寿命长。考查了反应参数初始溶液的 pH 值、水热时间、EDTA/La^{3+} 摩尔比及 Eu^{3+} 掺杂浓度等因素对合成的 $LaVO_4$:Eu^{3+} 微/纳米材料微观结构的影响机制，推测了制备的 $LaVO_4$:Eu^{3+} 微/纳米材料的形成机理，并研究了材料结构和发光性能间的本质联系。主要结论如下：

（1）研究了 EDTA 与 La^{3+} 的螯合作用，并利用 KCl 减弱 OH^- 对 La^{3+} 的配位作用，在 pH 值 4~12 范围内可控制备了具有良好的紫外吸收性能 t-$LaVO_4$:Eu^{3+} 纳米棒及束状棒，拓展了 t-$LaVO_4$ 的水热合成范围。EDTA 与 La^{3+} 的螯合作用可促进 $LaVO_4$:Eu^{3+} 晶体分裂，束状棒两端的分裂出的纳米棒是沿着（200）晶面方向生长的。明确了 t-$LaVO_4$:Eu^{3+} 束状棒的生长机理，解释了束状棒结构与发光强度的相关性。在初始溶液 pH 值为 11，温度为 200℃，水热时间为 48h，Eu^{3+} 最佳掺杂浓度为 5%，制备了具有良好的紫外吸收性能、结晶度高的 t-$LaVO_4$:Eu^{3+} 束状棒，发出以 616nm 为主的红光，红光发射强度高，R/O 比值为 9.6。

（2）采用 EG 作为溶剂和模板剂，辅助 EDTA 制备了单孔 t-$LaVO_4$:Eu^{3+} 空心微球。微球由直径约 8nm 排列有序的纳米棒组成，微球直径范围在 1~3μm，球壳厚度为 100~200nm，球壳表面有一直径 100~900nm 的大孔。球壳表面的纳米棒长径比大，沿着（200）晶面方向生长。利用 EG 的包覆作用、EDTA 的结构导向作用及奥氏熟化机理明确了单孔 t-$LaVO_4$:Eu^{3+} 空心微球的生长机理，并解释了单孔 t-$LaVO_4$:Eu^{3+} 空心微球的有序结构对发光性能的影响机制。在初始溶液 pH 值为 4，温度为 200℃，水热时间为 48h，Eu^{3+} 最佳掺杂浓度为 5%，制备了具有良好结晶程度、具有有序结构的单孔 t-$LaVO_4$:Eu^{3+} 空心微球，红光发射强度高，R/O 比值为 7.9。

（3）利用 Cu(110) 晶面与 t-$LaVO_4$(112) 晶面的失配度较小，采用水热外延法，在 pH 值 10~11，以 EDTA 为结构导向剂，在铜基底上制备了 $LaVO_4$:Cu, Eu 四方纳米棒阵列薄膜，该方法可拓展到其他以金属片为基底的薄膜制备。薄膜由紧密堆积的纳米颗粒层和生长在颗粒层上的纳米棒阵列组成。纳米阵列厚度为1~1.2μm，阵列中的纳米棒直径为10~300nm，具有高度有序和方向性，纳米棒沿着（112）晶面生长。明确了t-$LaVO_4$:Cu,Eu纳米棒阵列膜的生长机制。当水热温度为200℃，初始溶液pH值为11，反应物溶液加入量为2mL，EDTA/La^{3+}的摩尔比为3∶2，Eu^{3+}最佳掺杂浓度为8%时，制备的t-$LaVO_4$:Eu^{3+}纳米棒阵列膜排列规整、致密，红光发射强度最高。Cu^{2+}的掺入促进了Eu^{3+}与VO_4^{3-}之间的能量传递，改善了材料的发光性能。

（4）研究了水热合成条件对Eu^{3+}掺杂的$LaVO_4$束状棒、微米花、单孔空心微球和纳米棒阵列膜的影响，几种微纳米材料均具有较强的红光发射。$LaVO_4$束状棒、单孔空心微球和纳米棒阵列膜具有较高的量子产率，材料色度高。其中，$LaVO_4$:Cu,Eu纳米棒阵列膜具有高能量的暴露晶面（112），纳米棒表面活性高，是一种非常有前途的新型发光材料。

本书的研究对于人们进一步认识有序材料微观结构与发光性质的联系，对发光薄膜的发光机制和应用研究有着重大的意义。同时，Eu^{3+}掺杂$LaVO_4$微/纳米材料的制备方法为有序结构的制备提供了新的途径，也为其他新型材料的制备提供了借鉴，在光催化及光电等领域具有潜在的应用。

参考文献

[1] 王新，单桂晔，安利民，等. Y_2O_3:Er^{3+}纳米晶 anti-stokes 发光性质的研究［J］. 物理学报，2004，53：1972-1976.

[2] XING H B，SU L B，CH X H，et al. Broadband mid-infrared luminescence of Bi_2Se_3 and doped crystals［J］. Laser Physics，2014，24：035701.

[3] 胡炼，吴惠桢. 退火对 CdSe 量子点荧光影响的色度学研究［J］. 发光学报，2015，36（6）：610-616.

[4] HUHN V，GERBER A，AUGARTEN Y，et al. Analysis of Cu(In，Ga)Se_2 thin-film modules by electro-modulated luminescence［J］. Journal of Applied Physics，2016，119（9）：095705.

[5] PTACEK P，SCHAFER H，KOMPE K，et al. Crystal phase control of luminescence $NaGdF_4$：Eu^{3+} nanocrystals［J］. Advanced Functional Materials，2007，17：3843-3848.

[6] PALILLA F C，LEVINE A K，RINKEVICS M J. A new highly efficient red-emitting cathodoluminescent phosphor（YVO_4:Eu）for color television［J］. Journal of the Electrochemical Society，1965，112（8）：776-781.

[7] 卿冠兰，任国仲，刘哲，等. 纳米 $LaPO_4$:Eu^{3+}的制备及其光学性质研究［J］. 材料导报，2012，26：20-22.

[8] TU D，LIANG Y J，LIU R，et al. Photoluminescent properties of $LiSr_xBa_{1-x}PO_4$:RE^{3+}（RE = Sm^{3+}，Eu^{3+}）f-f transition phosphors［J］. Journal of Alloys and Compounds，2011，509：5596-5599.

[9] 郑会龙，曹望和. Er^{3+}单掺与Er^{3+}/Yb^{3+}共掺 Y_2SiO_5的上转换发光［J］. 功能材料，2008，6：883-888.

[10] WORAWUT N，WORAWAT W，WANTANA K，et al. Effect of local structure of Sm^{3+} in $MgAl_2O_4$：Sm^{3+} phosphors prepared by thermal decomposition of triethanolamine complexes on their luminescence property［J］. Journal of Alloys and Compounds，2017，701：1019-1026.

[11] LUO X X，CAO W H. Upconversion luminescence properties of Li^+-doped $ZnWO_4$:Yb, Er.［J］. Journal of Materials Research，2008，23：2078-2083.

[12] 王绘，刘连利，侯冰，等. 钨酸锌微纳米材料的水热合成及发光性能研究［J］. 人工晶体学报，2015，44（2）：537-541.

[13] 黎达荣. $ZnGa_2O_4$ 长余辉发光及其光催化性能研究［D］. 广州：广东工业大学，2015.

[14] TYMINSKI J K，LAWSON C M，POWELL R C. Energy transfer between Eu^{3+} ions in $LiNbO_3$，$CaWO_4$ and $Eu_xY_{1-x}P_5O_{14}$ crystals［J］. Chemical Physics，1982，77（9）：4318-4322.

[15] 阿不都卡德尔·阿不都克尤木，艾力江·吐尔地，热娜古丽·阿不都热合曼，等. Dy，Cr 共掺杂 $ZnGa_2O_4$ 长余辉纳米粒子的制备及发光性能研究［J］. 无机材料学报，2016，31（12）：1363-1369.

[16] KULESHOV N，LOIKO P，LOIKO P A，et al. Growth，spectroscopic and thermal properties of Nd-doped disordered Ca_9(La/Y)$(VO_4)_7$ and Ca_{10}(Li/K)$(VO_4)_7$ crystals［J］. Journal of Luminescence，2013，137：252-258.

[17] SLOBODIN B V, SURAT L L, ZUBKOV V G, et al. Structural, luminescence, and electronic properties of the alkaline metal-strontium cyclotetravanadates $M_2Sr(VO_3)_4$ (M = Na, K, Rb, Cs) [J]. Physical Review B-Condensed Matter and Materials Physics, 2005, 72 (15): 155205.

[18] CUI X Z, ZHUANG W D, ZHANG X Y, et al. Red emitting phosphor $(Y,Gd)BO_3:Eu^{3+}$ for PDP prepared by complex method [J]. Journal of Rare Earths, 2006, 24 (z2): 149-152.

[19] 陈程. 基于离子液体的稀土荧光纳米材料的合成、表征及性质研究 [D]. 呼和浩特: 内蒙古大学, 2010.

[20] JUDD B R. Optical absorption intensities of rare earth ions [J]. Physical Review, 1962, 127: 750-761.

[21] OFELT G S. Intensities of crystal spectra of rare-earthions [J]. Journal of Chemical Physics, 1962, 37: 511-520.

[22] 陈宝玖，王海宇，鄂书林，等. 从 Eu^{3+} 发射光谱获得 J-O 参数 Ω_2，Ω_4 [J]. 发光学报, 2001, 22: 139-142.

[23] LEE S S, KIM H J, BYEON S H, et al. Thermal-shock-assisted solid-state process for the production of $BaMgAl_{10}O_{17}:Eu$ phosphor [J]. Industrial and Engineering Chemistry Research, 2005, 44 (12): 4300-4303.

[24] LIU Y S, LUO W Q, LI R F, et al. Optical spectroscopy of Eu^{3+} doped ZnO nanocrystals [J]. Journal of Physical Chemistry C, 2008, 112 (3): 686-695.

[25] GRYGOROVA G, KLOCHKOV V, SEDYH O, et al. Aggregative stability of colloidal $ReVO_4:Eu^{3+}$ (Re=La, Gd, Y) nanoparticles with different particle sizes [J]. Colloids and Surfaces A: Physicochemical and Engineering Aspects, 2014, 457: 495-501.

[26] 邓湘平，袁孝友. Eu^{3+} 掺杂 $La_xY_{1-x}F_3$ 纳米结构的可控制备及荧光性能 [J]. 安徽大学学报, 2015, 5: 81-88.

[27] SONG C, REN Q, MIAO J H, et al. Synthesis and luminescent properties of a novel red emitting $La_2Mo_3O_{12}$: Li^+, Eu^{3+} phosphor [J]. Journal of Materials Science-Materials in Electronics, 2018, 29 (12): 10258-10263.

[28] 贾丽玮. 软化学方法制备钒酸盐微米/纳米材料 [D]. 长春: 长春理工大学, 2011.

[29] 阮慎康，周建国，钟爱民. 用溶胶-凝胶法合成 $Y_3Al_5O_{12}:Eu^{3+}$ 磷光体 [J]. 人工晶体学报, 1999, 26 (3/4): 413-417.

[30] BERTRAND C G, MAHIOU R, EI G M, et al. Luminescence of the orthoborate $YVO_4:Eu^{3+}$ and relationship with crystal structure [J]. Journal of Luminescence, 1997, 72/73/74: 564-566.

[31] JING L D, LIU X H, LI Y T, et al. Green-to-red tunable luminescence of Eu-doped KY (VO) phosphors [J]. Journal of Materials Science, 2016, 51 (2): 903-910.

[32] BALAKRISHNAIAH R, YI S S, JANG K W, et al. Enhanced luminescence properties of $YBO_3:Eu^{3+}$ phosphors by Li-doping [J]. Materials Research Bulletin, 2011, 46 (4): 621-626.

[33] GROOT F D, FUGGLE J C, THOLE B T, et al. 2p X-ray absorption of 3d transition-metal compounds: An atomic multiplet description including the crystal field [J]. Physical Review B, 1990, 42: 5459-5468.

[34] 马崇庚．掺杂在晶体中的镧系和锕系离子的 f-d 跃迁光谱的理论模拟 [D]. 合肥：中国科学技术大学，2008.

[35] 韩万书．中国固体无机化学十年进展 [M]. 北京：高等教育出版社，1998：4-5.

[36] MAI L Q, CHEN W, XU Q, et al. Cost-saving synthesis of vanadium oxide nanotubes [J]. Solid State Communications, 2003, 126 (10): 541-543.

[37] CHEN W, PENG J F, MAI L Q, et al. Synthesis and characterization of novel vanadium dioxide nanorods [J]. Solid State Communications, 2004, 132: 513-516.

[38] 陈文，麦立强，徐庆，等．钒氧化物纳米管的合成、结构及电化学性能 [J]. 高等学校化学学报，2004，25 (5)：904-907.

[39] MAI L Q, LAO C S, HU B, et al. Synthesis and electrical transport of single-crystal $NH_4V_3O_8$ nanobelts [J]. Journal of Physical Chemistry B, 2006, 10 (37): 18138-18145.

[40] 陈文，彭俊锋，麦立强，等．两种一维纳米结构钒氧化物的合成与表征 [J]. 无机化学学报，2004，20 (2)：147-151.

[41] WU X C, TAO Y R, MAO C J, et al. In situ hydrothermal synthesis of YVO_4 nanorods and microtubes using $(NH_4)_{0.5}V_2O_5$ nanowires templates [J]. Journal of Crystal Growth, 2006, 290: 207-212.

[42] YANG X Y, ZHANG Y M, ZHANG P, et al. pH modulations of fluorescence $LaVO_4:Eu^{3+}$ materials with different morphologies and structures for rapidly and sensitively detecting Fe^{3+} ions [J]. Sensors and Actuators B-Chemical, 2018, 267: 608-616.

[43] ZHONG F, NAOTO N, KIYOYUKI T. Anisotropic optical conductivities due to spin and orbital orderings in $LaVO_3$ and YVO_3: First-Principles studies [J]. Physical Review B, 2003, 67 (3): 106-110.

[44] YAN J Q, ZHOU J S, GOODENOUGH J B. Unusually strong orbit-lattice interactions in the RVO_3 perovskites [J]. Physical Review Letters, 2004, 93 (23): 235901.

[45] MULLIEA D F, SAPPENFIELD E L, ABRAHAM M M. Structural investigations of several $LnVO_4$ compounds [J]. Inorganica Chimica Acta, 1996, 248: 85-88.

[46] MAHAPATRA S, RAMANAN A. Hydrothermal synthesis and structural study of lanthanide orthovanadates, $LnVO_4$ (Ln=Sm, Gd, Dy and Ho) [J]. Journal of Alloys and Compounds, 2005, 395 (1): 149-153.

[47] MULLIEA D F, SAPPENFIELD E L, ABRAHAM M M. Structural investigations of several $LnVO_4$ compounds [J]. Inorganica Chimica Acta, 1996, 248: 85-88.

[48] JIN Y, ZHOU H P, ZHANG D F. Luminescence properties of Eu/Tb activated Y_2O_3 phosphors synthesized by solid state process [J]. Rare Metal Materials and Engineering, 2016, 45 (11): 2790-2792.

[49] CHOI D H, KANG D H, YI S S, et al. Up-conversion luminescent properties of $La_{0.80-x}VO_4$:

Yb_x , $Er_{0.20}$ phosphors [J]. Materials Research Bulletin, 2015, 71: 16-20.

[50] SHIM K S, YANG H K, CHUNG J W, et al. Crystal field effects on the photoluminescence properties of $Y_{1-x}La_xVO_4$:Eu^{3+} phosphors [J]. Applied Physics A, 2011, 104: 383-386.

[51] 蒋凯，余兴海，叶明新，等．溶胶-凝胶法制备小颗粒（Y,Gd)BO_3:Eu 及其表征 [J]. 发光学报，2004，25（1）：55-61.

[52] 张鲁宁，库志华．$Na_3LaB_8O_{27}$：Ln^{3+}（Ln=Eu 或 Tb）荧光体的制备与发光性能 [J]. 华东交通大学学报，2008，25（4）：80-85.

[53] WEI Z G, SUN L D, LIAO C S, et al. Size-dependent chromaticity in YBO_3:Eu nanocrystals: correlation with microstructure and site symmetry [J]. Journal of Physical Chemistry B, 2002, 106 (41): 10610-10617.

[54] TYMINSKI A, GRZYB T, LIS S, et al. $REVO_4$-based nanomaterials (RE=Y, La, Gd, and Lu) as hosts for Yb^{3+}/Ho^{3+}, Yb^{3+}/Er^{3+}, and Yb^{3+}/Tm^{3+} ions: structural and up-conversion luminescence studies [J]. Journal of the American Ceramic Society, 2016, 99 (10): 3300-3308.

[55] WIGLUSZ R J, BEDNARKIEWICZ A, STREK W. Role of the sintering temperature and doping level in the structural and spectral properties of Eu-doped nanocrystalline YVO_4 [J]. Inorganic Chemistry, 2012, 51: 1180-1186.

[56] HERRERA P G, JIMÉNEZ M J, YANG W L, et al. The influence of charge transfers effects in monazite-type $LaVO_4$ and perovskite-type $LaVO_3$ prepared by sol-gel acrylamide polymerization [J]. Journal of Electron Spectroscopy and Related Phenomena, 2016, 211: 82-86.

[57] PENG T Y, LIU H J, YANG H P, et al. Synthesis of $SrAl_2O_4$:Eu, Dy phosphor nanometer powders by sol-gel processes and its optical properties [J]. Materials Chemistry and Physics, 2004, 85 (1): 68-72.

[58] YU M, LIN J, WANG Z, et al. Fabrication, patterning, and optical properties of nanocrystalline YVO_4: A (A=Eu^{3+}, Dy^{3+}, Sm^{3+}, Er^{3+}) phosphor films via sol-gel soft lithography [J]. Chemistry of Materials, 2002, 14: 2224-2231.

[59] YU M, LIN J, ZHOU Y H, et al. Luminescence properties of $RP_{1-x}V_xO_4$:A (R=Y, Gd, La; A=Sm^{3+}, Er^{3+}; x=0, 0.5, 1) thin films prepared by Pechini sol-gel process [J]. Thin solid Films, 2003, 444: 245-253.

[60] SU X Q, YAN B. Matrix-induced synthesis and photoluminescence of $M_3Ln(VO_4)_3$:RE (M=Ca, Sr, Ba; Ln=Y, Gd; RE=Eu^{3+}, Dy^{3+}, Er^{3+}) phosphors by hybrid precursors [J]. Journal of Alloys and Compounds, 2006, 421: 273-278.

[61] ANSARI A A, LABIS J P, ALROKAYAN S A H. Synthesis of water-soluble luminescent $LaVO_4$: Ln^{3+} porous nanoparticles [J]. Journal of Nanoparticle Research, 2012, 14: 999.

[62] VELDURTHI N K, ESWAR N K, SINGH S A, et al. Cocatalyst free Z-schematic enhanced H_2 evolution over $LaVO_4/BiVO_4$ composite photocatalyst using Ag as an electron mediator [J]. Applied Catalysis B, 2018, 220: 512-523.

[63] 霍涌前，贺亚婷，赵乐乐，等．微乳液法合成 Y_2SiO_5:Eu^{3+}及其发光性质研究［J］．合成材料老化与应用，2016，45（3）：74-79.

[64] 张博，张希艳，董玮利，等．微乳液法制备 $NaYF_4$:Yb^{3+}，Er^{3+}粉体及其发光性能［J］．发光学报，2014，35（4）：431-436.

[65] ZHANG J，WU L T Y，DI X W，et al. Preparation of YVO_4:RE（RE = Yb^{3+}/Er^{3+}，Yb^{3+}/Tm^{3+}）nanoparticles via microemulsion-mediated hydrothermal method［J］. Transactions of Nonferrous Metals Society of China，2010，20：231-235.

[66] FAN W L，SONG X Y，SUN S X，et al. Microemulsion-mediated hydrothermal synthesis and characterization of zircon-type $LaVO_4$ nanowires［J］. Journal of Solid State Chemistry，2007，180：284-290.

[67] 施尔畏，夏长泰，王步国，等．水热法的应用与发展［J］．无机材料学报，1996，11（2）：193-206.

[68] DANIEL D J，KIM H J，RAJA A，et al. Rare earth（Ce^{3+}）activated $NaMgF_3$ phosphor synthesised by hydrothermal method and its optical properties［J］. Optik，2018，158：712-720.

[69] KUNDU S，KAR A，PATRA A. Morphology dependent luminescence properties of rare-earth doped lanthanum fluoride hierarchical microstructures［J］. Journal of Luminescence，2012，132：1400-1406.

[70] XU Z H，KANG X J，LI C X，et al. Ln^{3+}（Ln = Eu，Dy，Sm，and Er）ion-doped YVO_4 nano/microcrystals with multiform morphologies：hydrothermal synthesis，growing mechanism，and luminescent properties［J］. Inorganic Chemistry，2010，49：6706-6715.

[71] 张吉林，洪广言．稀土纳米发光材料研究进展［J］．发光学报，2005，26（3）：285-293.

[72] SHAO B Q，ZHAO Q，GUO N，et al. Novel synthesis and luminescence properties of t-$LaVO_4$:Eu^{3+} microcube［J］. Crystengcomm，2014，16：152-158.

[73] ZHU Y Q，NI Y H，SHENG E H. Fluorescent $LaVO_4$:Eu^{3+} micro/nanocrystals：pH-tuned shape and phase evolution and investigation of the mechanism of detection of Fe^{3+} ions［J］. Dalton Transactions，2016，45：8994-9000.

[74] LIU G C，DUAN X C，LI H B，et al. Hydrothermal synthesis，characterization and optical properties of novel fishbone-like $LaVO_4$:Eu^{3+} nanocrystals［J］. Materials Chemistry and Physics，2009，115（1）：165-171.

[75] ROPP R C，CARROLL B. Dimorphic lanthanum orthovanadate［J］. Journal of Inorganic and Nuclear Chemistry，1973，35：1153-1157.

[76] YOSHIO O，TAKESHI Y，NAOICHI Y. Hydrothermal synthesis of lanthanum vanadates：synthesis and crystal structures of zircon-type $LaVO_4$ and a new compound LaV_3O_9［J］. Journal of Solid State Chemistry，2000，152：486-491.

[77] FAN W L，SONG X Y，BU Y X，et al. Selected-control hydrothermal synthesis and formation mechanism of monazite- and zircon-type $LaVO_4$ nanocrystals［J］. Journal of Physical Chemistry

B, 2006, 110: 23247-23255.

[78] WANG L P, CHEN L M. Controllable synthesis and luminescent properties of $LaVO_4$: Eu nanocrystals [J]. Materials Characterization, 2012, 69: 108-115.

[79] JIA C J, SUN L D, YOU L P, et al. Selective synthesis of monazite- and zireon-type $LaVO_4$ nanocrystals [J]. Journal of Physical Chemistry B, 2005, 109 (8): 3284-3289.

[80] XIE B G, LU G Z, WANG Y Q, et al. A novel solution method for selective synthesis of pure t-$LaVO_4$ [J]. Materials Letters, 2011, 65: 240-243.

[81] CHENG X R, GUO D J, FENG S Q, et al. Structure and stability of monazite- and zircon-type $LaVO_4$ under hydrostatic pressure [J]. Optical Materials, 2015, 49: 32-38.

[82] HERRERA G, CHAVIRA E, JIMENEZ-MIER J, et al. Structural and morphology comparison between m-$LaVO_4$ and $LaVO_3$ compounds prepared by sol-gel acrylamide polymerization and solid state reaction [J]. Journal of Alloys and Compounds, 2009, 479: 511-519.

[83] XIE B G, LU G Z, WANG Y Q, et al. Selective synthesis of tetragonal $LaVO_4$ with different vanadium sources and its luminescence performance [J]. Journal of Alloys and Compounds, 2012, 544: 173-180.

[84] 廖金生，周全惠，周单，等．水热法合成 $LuVO_4$:Eu^{3+} 红色荧光粉及其光谱性能研究 [J]. 发光学报，2013，34 (6): 738-743.

[85] HE F, YANG P P, WANG D, et al. Hydrothermal synthesis, dimension evolution and luminescence properties of tetragonal $LaVO_4$: Ln (Ln = Eu^{3+}, Dy^{3+}, Sm^{3+}) nanocrystals [J]. Dalton Transactions, 2011, 40: 11023-11030.

[86] ZHU Y Q, NI Y H, SHENG E H. Mixed-solvothermal synthesis and applications in sensing for Cu^{2+} and Fe^{3+} ions of flowerlike $LaVO_4$:Eu^{3+} nanostructures [J]. Materials Research Bulletin, 2016, 83: 41-47.

[87] YAWALKAR M M, NAIR G B, ZADE G D, et al. Effect of the synthesis route on the luminescence properties of Eu^{3+} activated $Li_6M(BO_3)_3$ (M=Y, Gd) phosphors [J]. Materials Chemistry and Physics, 2017, 189: 136-145.

[88] LI B, WANG S Y, SUN Q, et al. Novel high-brightness and thermal-stable $Ca_3Gd(AlO)_3(BO_3)_4$: Eu^{3+} red phosphors with high colour purity for NUV-pumped white LEDs [J]. Dyes and Pigments, 2018, 154: 252-256.

[89] PAN S K, ZHANG J Y, PAN J G, et al. Optimized crystal growth and luminescence properties of Ce^{3+} ions doped $Li_6Gd(BO_3)_3$, $Li_6Y(BO_3)_3$ and their mixed crystals [J]. Journal of Alloys and Compounds, 2018, 751: 129-137.

[90] GUO Q F, ZHAO C L, LIAO L B, et al. Luminescence investigations of novel orange-red fluorapatite $KLaSr_3(PO_4)_3F$: Sm^{3+} phosphors with high thermal stability [J]. Journal of American Ceramic Society, 2017, 100: 2221-2231.

[91] PARK K, HEO M H, KIM K Y, et al. Photoluminescence properties of nano-sized $(Y_{0.5}Gd_{0.5})PO_4$: Eu^{3+} phosphor powders synthesized by solution combustion method [J]. Powder Technology, 2013, 237: 102-106.

[92] WANG Y F, WANG Y F, ZHU Q Q, et al. Luminescence and structural properties of high stable Si-N-doped $BaMgAl_{10}O_{17}$:Eu^{2+} phosphors synthesized by a mechanochemical activation route [J]. Journal of American Ceramic Society, 2013, 96 (8): 2562-2569.

[93] 张晓明，朱月华，王海波，等. 铝酸盐红色荧光粉研究进展 [J]. 材料导报，2008，22：270-273.

[94] 潘政薇，何洪，宋秀峰，等. LED用稀土Eu掺杂硅酸盐基荧光粉的研究进展 [J]. 硅酸盐学报，2009，37 (9)：1590-1596.

[95] 张慧娟. 固相反应法制备镝铕共掺硅酸盐荧光粉材料及其应用研究 [J]. 粉末冶金工业，2017，27 (6)：18-21.

[96] MI X Y, SHI H, WANG Z, et al. Luminescence properties of M(VO):Eu(M=Ca, Sr, Ba) phosphors [J]. Journal of Materials Science, 2016, 51 (7): 3545-3555.

[97] WU Y T, QIU K H, TANG Q X, et al. Luminescence enhancement of Al^{3+} co-doped $Ca_3Sr_3(VO_4)_4$:Eu^{3+} red-emitting phosphors for white LEDs [J]. Ceramics International, 2018, 44 (7): 8190-8195.

[98] LV C, MIN X, LI S L, et al. Luminescence properties of emission tunable single-phased phosphor $La_7O_6(BO_3)(PO_4)_2$: Ce^{3+}, Tb^{3+}, Eu^{3+} [J]. Materials Research Bulletin, 2018, 97: 506-511.

[99] RUAN F P, DENG D G, WU M, et al. Eu^{3+} doped self-activated $Ca_8ZrMg(PO_4)_6(SiO_4)$ phosphor with tunable luminescence properties [J]. Optical Materials, 2018, 79: 247-255.

[100] SHI Y R, LIU B T, LI W, et al. Luminescence properties of $Ca_5Y_3Na_2(PO_4)_5(SiO_4)F_2$: Eu phosphors [J]. Journal of Alloys and Compounds, 2016, 664: 492-498.

[101] 丁士进，张卫，徐宝庆，王季陶. $Ln(BO_3,PO_4)$ [Ln=La, Y] 基质中 Ce^{3+}、Tb^{3+}、Gd^{3+}的光谱 [J]. 光谱学与光谱分析，2001，21 (3)：275-278.

[102] 董其铮，何玲，孙卫民. 溶胶凝胶法制备 $(Y,Gd)(V,P)O_4$:Eu^{3+}纳米红色荧光粉 [J]. 兰州理工大学学报，2016，42 (1)：31-36.

[103] GRZYB T, SZCZESZAK A, SHYICHUK A, et al. Comparative studies of structure, spectroscopic properties and intensity parameters of tetragonal rare earth vanadate nanophosphors doped with Eu(Ⅲ) [J]. Journal of Alloys & Compounds, 2018, 741: 459-472.

[104] LIU G C, DUAN X C, LI H B, et al. Novel polyhedron-like t-$LaVO_4$: Dy^{3+} nanocrystals: hydrothermal synthesis and photoluminescence properties [J]. Journal of Crystal Growth, 2008, 310 (22): 4689-4696.

[105] CONG H J, ZHANG H J, SUN S Q, et al. Morphological study of Czochralski-grown lanthanide orthovanadate single crystals and implications on the mechanism of bulk spiral formation [J]. Journal of Applied Crystallography, 2010, 43: 308-319.

[106] MARTNEZ-HUERTA M V, CORONADO M, FERNNDEZ-GARCA M, et al. Nature of vanadia-ceria interface in V^{5+}/CeO_2 catalysts and its relevance for the solid-state reaction toward $CeVO_4$ and catalytic properties [J]. Journal of Catalysis, 2004, 225: 240-248.

[107] WANG N, CHEN W, ZHANG Q F, et al. Synthesis, luminescent and magnetic properties of

$LaVO_4$:Eu nanorods [J]. Materials Letters, 2008, 62: 109-112.

[108] MAHAPATRA S, RAMANAN A. Hydrothermal synthesis and structural study of lanthanide orthovanadates, $LnVO_4$ (Ln=Sm, Gd, Dy and Ho) [J]. Journal of Alloys and Compounds, 2005, 395 (1/2): 149-153.

[109] DING Y, ZHANG B, REN Q, et al. 3D architectures of $LaVO_4$:Eu^{3+} microcrystals via an EG-assisted hydrothermal method: phase selective synthesis, growth mechanism and luminescent properties [J]. Journal of the Korean Ceramic Society, 2017, 54 (2): 96-101.

[110] MA J, WU Q S, DING Y P. Selective synthesis of monoclinic and tetragonal phase $LaVO_4$ nanorods via oxides-hydrothermal route [J]. Journal of Nanopart Research, 2008, 10: 775-786.

[111] JIA C J, SUN L D, LUO F, et al. Structural transformation induced improved luminescent properties for $LaVO_4$: Eu nanocrystals [J]. Applied Physics Letters, 2004, 84 (26): 5305-5307.

[112] FAN W L, ZHAO W, YOU L P, et al. A simple method to synthesize single-crystalline lanthanide orthovanadale nanorods [J]. Journal of Solid State Chemistry, 2004, 177: 4399-4403.

[113] WANG H J, WANG L Y. One-pot syntheses and cell imaging applications of poly (aminoacid) coated $LaVO_4$:Eu^{3+} luminescent nanocrystals [J]. Inorganic Chemistry, 2013, 52: 2439-2445.

[114] PALA R, GANGWAR P, PANDEY M, et al. Increased loading of Eu^{3+} ions in monazite $LaVO_4$ nanocrystals via pressure-driven phase transitions [J]. Crystal Growth and Design, 2013, 13 (6): 2344-2349.

[115] DEUN R V, D'HOOGE M, SAVIC A, et al. Influence of Y^{3+}, Gd^{3+}, and Lu^{3+} co-doping on the phase and luminescence properties of monoclinic Eu: $LaVO_4$ particles [J]. Dalton Transactions, 2015, 44 (42): 18418-18426.

[116] CHEN L Y, DAI H, SHEN Y M, et al. Size-controlled synthesis and magnetic properties of $NiFe_2O_4$ hollow nanospheres via a gel-assistant hydrothermal route [J]. Journal of alloys and compounds, 2010, 491: L33-L38.

[117] 王宪. 二氧化硅核壳结构及无机氧化物空心球的制备 [D]. 广州: 华南理工大学, 2010.

[118] 艾鹏飞, 李文宇, 李毅东, 等. Y_2O_2S:Eu^{3+}空心微球的制备与性能 [J]. 无机化学学报, 2009, 25 (10): 1753-1757.

[119] WANG J, YAN Y L, Hojamberdiev M, et al. A facile synthesis of luminescent YVO_4:Eu^{3+} hollow microspheres in virtue of template function of the SDS-PEG soft clusters [J]. Solid State Sciences, 2012, 14: 1018-1022.

[120] TIAN L, ZHAO R N, WANG J J, et al. Faclie synthesis and luminescence of hollow Eu^{3+}-doped $LaVO_4$ nanospheres [J]. Materials Letters, 2015, 156: 101-105.

[121] LIU X F, YANG H X, HAN L, et al. Mesoporous-shelled CeO_2 hollow nanospheres synthesized

by a one-pot hydrothermal route and their catalytic performance [J]. Crystengcomm, 2013, 15 (38): 7769-7775.

[122] 尹沛羊，刘鹏伟，邓湘云，等．钛酸锶钡纳米管阵列薄膜的水热合成及其性能研究 [J]. 人工晶体学报，2016，45 (7)：1954-1958.

[123] 贾静，虎生，爱琴，等．LED 柔性照明及显示用超弹性柔性荧光膜 [J]. 发光学报，2017，38 (11)：1493-1502.

[124] BAO A, SONG Z Q, HASCHAOLU O, et al. Morphology-controllable synthesis and photoluminescence properties of t-LaVO:Ln^{3+} nanostructures on glass substrates [J]. Journal of Materials Science, 2017, 52 (5): 2661-2672.

[125] ZHANG H W, ZHANG X, LI H Y, et al. Hierarchical growth of Cu_2O bouble tower-tip-like nanostructures in water/oil microemulsion [J]. Crystals Growth and Design, 2007, 7: 820-825.

[126] 曹铁平，李跃军．稀土铕掺杂纳米发光薄膜的制备及性质研究 [J]. 白城师范学院学报，2008，3：18-21.

[127] LIU J F, LI Y D. Synthesis and self-assembly of luminescent Ln-Doped $LaVO_4$ uniform nanocrystals [J]. Advanced Materials, 2007, 19: 1118-1122.

[128] LIU J F, WANG L L, SUN X M, et al. Cerium vanadates nanorod arrays from ionic chelator mediated self-assembly [J]. Angewandte Chemie-International Edition, 2010, 122: 3570-3573.

[129] 王磊，董杰，黄平，等．碱土金属离子对红色长余辉材料 Y_2O_2S:Eu^{3+}，$2M^+$ (M=Mg, Ca, Sr, Ba)，Ti^{4+} 纳米阵列发光性能的影响 [J]. 发光学报，2014，35 (5)：553-557.

[130] TOMOYUKI K, KATSUYOSHI W. Rapid synthesis of $Zn_3(VO_4)_2$ phosphor film on quartz substrate by RF magnetron sputtering and rapid thermal processing [J]. Ceramics International, 2017, 43 (12): 9267-9271.

[131] TAKAHASHI M, HAGIWARA M, FUJIHARA S. Liquid-phase synthesis of $Ba_2V_2O_7$ phosphor powders and films using immiscible biphasic organic-aqueous systems [J]. Inorganic Chemistry, 2016, 55 (16): 7879-7885.

[132] MARIE C, OLIVIER M, NATACHA H, et al. Undulated oxo-centered layers in $PbLn_3O_4(VO_4)$ (Ln=La and Nd) and relationship with $Nd_4O_4(GeO_4)$ [J]. Journal of Solid State Chemistry, 2018, 260: 101-105.

[133] ZHOU X C, WANG X J. Characterization, and luminescence properties of (Li, La) VO/(Li, La)PO:Eu phosphors [J]. Optics and Spectroscopy, 2015, 118 (1): 125-130.

[134] DU P, YU J S. Photoluminescence, cathodoluminescence and thermal stability of Sm^{3+}-activated $Sr_3La(VO_4)_3$ red-emitting phosphors [J]. Luminescence, 2017, 32 (8): 1504-1510.

[135] ZHOU J, HUANG F, XU J, et al. Luminescence study of a self-activated and rare earth activated $Sr_3La(VO_4)_3$ phosphor potentially applicable in W-LEDs [J]. Journal of Materials Chemistry C, 2015, 3 (13): 3023-3028

[136] LI MING, SUN S J, ZHANG L Z, et al. Growth and spectral properties of a promising laser crystal Yb^{3+}/Er^{3+}: $Ca_9La(VO_4)_7$ [J]. Journal of Crystal Growth, 2016, 451: 52-56.

[137] 杨晓峰，董相廷，王进贤．等．无机纳米稀土发光材料的制备方法［J］．化学进展，2009，21（6）：1179-1185.

[138] 杨继兰，王卓．白光 LED 用红色荧光粉 $CaWO_4$:Eu^{3+}，Li^{+}，Bi^{3+}的制备与表征［J］．中国稀土学报，2010，28（5）：532-542.

[139] 张博，张希艳，董玮利，等．微乳液法制备 $NaYF_4$：Yb^{3+}，Er^{3+}粉体及其发光性能[J]．发光学报，2014，35（4）：431-436.

[140] 钱慰宗，孙盤，郑德修．彩色等离子体显示器的新进展［J］．真空电子技术，2002，4：18-22.

[141] 张巍巍，谢平波，张慰萍，等．PDP 荧光粉 $GdBO_3$:Eu 格位选择激发下的光致发光及其相变研究［J］．无机材料学报，2001，16（3）：470-475.

[142] 刘行仁，王晓君，谢宜华，等．PDP、FED 及 LED 发光材料的最近发展［J］．液晶与显示，1998，13（3）：155-162.

[143] LIAO H W, WANG Y F, LIU X M, et al. Hydrothermal preparation and characterization of luminescent $CdWO_4$ nanorods [J]. Chemistry of Materials, 2000, 12: 2819-2821.

[144] 余泉茂，刘中仕，荆西平．场发射显示器（FED）荧光粉的研究进展［J］．液晶与显示，2005，20（1）：7-17.

[145] YU Z J, HUANG X W, ZHUANG W D, et al. Crystal structure transformation and luminescent behavior of the red phosphor for plasma display panels [J]. Journal of Alloys and Compounds, 2005, 390 (1): 220-222.

[146] ZAHEDIFAR M, CHAMANZADEH Z, HOSSEINPOOR S M. Synthesis of $LaVO_4$: Dy^{3+} luminescent nanostructure and optimization of its performance as down-converter in dye-sensitized solar cells [J]. Journal of Luminescence, 2013, 135: 66-73.

[147] NEDIELKO M, ALEKSEEV O, CHORNII V, et al. Structure and properties of microcrystalline cellulose "ceramics-like" composites incorporated with $LaVO_4$: Sm oxide compound [J]. Acta Physica Polonica, 2018, 133 (4): 838-842.

[148] GOUVEIA A F, FERRER M M, SAMBRANO J R, et al. Modeling the atomic-scale structure, stability, and morphological transformations in the tetragonal phase of $LaVO_4$ [J]. Chemical Physics Letters, 2016, 660: 87-92.

[149] OKRAM R, PHAOMEI G, SINGH R N. Water driven enhanced photoluminescence of Ln (= Dy^{3+}, Sm^{3+}) doped $LaVO_4$ nanoparticles and effect of Ba^{2+} co-doping [J]. Materials Science and Engineering B, 2013, 178: 409-416.

[150] WU X, TAO Y, DONG L, et al. Preparation of single-crystalline $NdVO_4$ nanorods, and their emissions in the ultraviolet and blue under ultraviolet excitation [J]. Journal of Physical Chemistry B, 2005, 109: 11544-11547.

[151] SHEN J C, YANG H, SHEN Q H, et al. Synthesis and characterization of $LnVO_4$ nano-materials and their photoluminescence properties [J]. Procedia Engineering, 2014, 94:

64-70.

[152] LUO F, JIA C J, WEI S, et al. Chelating ligand-mediated crystal growth of cerium orthovanadate [J]. Crystal Growth and Design, 2005, 5 (1): 137-142.

[153] LAUR V, TANNE G, LAURENT P, et al. Dielectric properties at microwave frequencies: substrate influence [J]. Ferroelectrics, 2007, 353: 455-462.

[154] 张琳. 稀土发光纳米片材料的制备及性能研究 [D]. 上海: 华东师范大学, 2015.

[155] WANG L P, ZHAO X, JIA C J, et al. Mechanism of morphology transformation of tetragonal phase $LaVO_4$ nanocrystals controlled by surface chemistry: experimental and theoretical insights [J]. Crystals Growth and Design, 2012, 12: 5042-5050.

[156] HE H M, ZHANG Y J, ZHU W, et al. Controlled synthesis, characterization, mechanism, and photoluminescence property of nanoerythrocyte-like $HoVO_4$ with high uniform size and morphology [J]. Journal of Crystal Growth, 2011, 329: 71-76.

[157] DENG H, LIU C, YANG S H, et al. Additive-mediated splitting of lanthanide orthovanadate nanocrystals in water: morphological evolution from rods to sheaves and to spherulites [J]. Crystal Growth and Design, 2008, 8 (12): 4432-4439.

[158] FAN W L, BU Y X, SONG X Y, et al. Selective synthesis and luminescent properties of monazite- and zircon-type $LaVO_4$: Ln (Ln = Eu, Sm, and Dy) nanocrystals [J]. Crystals Growth and Design, 2007, 7 (11): 2361-2366.

[159] 刘国聪, 段学臣, 李海斌, 等. 鱼骨状 $LaVO_4$:Eu^{3+}纳米晶的水热合成和荧光性能[J]. 中国有色金属学报, 2009, 19 (1): 119-126.

[160] 韦庆敏, 陆建平, 刘国聪, 等. $LaVO_4$:Dy^{3+}纳米棒的溶剂热合成及其光学性能 [J]. 光谱学与光谱分析, 2012, 32 (12): 3329-3334.

[161] YAN B, WU J H. Solid state-hydrothermal synthesis and photoluminescence of $LaVO_4$:Eu^{3+} nanophosphors [J]. Materials Letters, 2009, 63: 946-948.

[162] 张洪武, 付晓燕, 牛淑云, 等. 纳米发光材料 $LnVO_4$:Eu(Ln= La, Gd, Y) 的光谱研究 [J]. 光谱学与光谱分析, 2004, 24 (10): 1164-1167.

[163] GUAN G, ZHANG Z, WANG Z, et al. Single-hole hollow polymer microspheres toward specific high-capacity uptake of target species [J]. Advanced Materials, 2007, 19: 2370-2375.

[164] ZHOU F L, CHIRAZI A, GOUGH J E, et al. Hollow polycaprolactone microspheres with/without a single surface hole by co-electrospraying [J]. Langmuir, 2017, 33 (46): 13262-13271.

[165] HE C, LEI B, WANG Y, et al. Sonochemical preparation of hierarchical ZnO hollow spheres for efficient dye-sensitized solar cells [J]. Chemistry-a European Journal, 2010, 16: 8757-8761.

[166] YANG Y, FAN H, XIE J, et al. Facile preparation of multifunctional Fe_3O_4@SiO_2@$LaVO_4$:Eu^{3+} nanocomposites as potential drug carriers [J]. Ceramics International, 2016, 42: 19445-19449.

[167] LI H Y, ZHAO L, XU Y, et al. Single-hole hollow molecularly imprinted polymer embedded carbon dot for fast detection of tetracycline in honey [J]. Talanta, 2018, 185: 542-549.

[168] ZHAO Q, LI H Y, XU Y, et al. Determination triazine pesticides in cereal samples based on single-hole hollow molecularly imprinted microspheres [J]. Journal of Chromatography A, 2015, 1376: 26-35.

[169] WANG H J, WANG L Y. One-pot syntheses and cell imaging applications of poly (amino acid) coated $LaVO_4:Eu^{3+}$ luminescent nanocrystals [J]. Inorganic Chemistry, 2013, 52: 2439-2445.

[170] FU X Y, LIU J J, HE X H. A facile preparation method for single-hole hollow Fe_3O_4@SiO_2 microspheres [J]. Colloids and Surfaces A: Physicochemical and Engineering Aspects, 2014, 453: 101-108.

[171] FU X, HE X, HU X. Preparation of single-hole silica hollow microspheres by precipitation-phase separation method [J]. Colloids and Surfaces A: Physicochemical and Engineering Aspects, 2012, 396: 283-291.

[172] LI M, XUE J. Facile route to synthesize polyurethane hollow microspheres with size-tunable single holes [J]. Langmuir, 2011, 27: 3229-3232.

[173] LI D M, ZHENG Y S. Single-hole hollow nanospheres from enantioselective self-assembly of chiral AIE carboxylic acid andamine [J]. Journal of Organic Chemistry, 2011, 76 (4): 1100-1108.

[174] 许石桦，刘国聪，黄忠京，等．球状 $LaVO_4:Eu^{3+}$纳米晶的水热合成及其荧光性能[J]. 惠州学院学报，2014，34（6）：1-7.

[175] JIU H F, JIAO H Q, ZHANG L X, et al. Improved luminescence behavior of $YVO_4:Eu^{3+}$ hollow microspheres by Ca^{2+} doping [J]. Superlattices and Microstructures, 2015, 83: 627-635.

[176] WANG W S, ZHEN L, XU C Y, et al. Controlled synthesis of calcium tungstate hollow microspheres via Ostwald ripening and their photoluminescence property [J]. Journal of Physical Chemistry C, 2008, 112: 19390-19398.

[177] PETER M M, GREGORY A H, KATE E P, et al. Transformers: the changing phases of lowdimensional vanadium oxide bronzes [J]. Chemical Communications, 2015, 51: 5181-5198.

[178] SINGH L R, NINGTHOUJAM R S. Critical view on energy transfer, site symmetry, improvement in luminescence of Eu^{3+}, Dy^{3+} doped YVO_4 by core-shell formation [J]. Journal of Applied Physics, 2010, 107: 104305.

[179] ZHU Y Q, CHEN Y Q, LIU L Z. Effect of ethylene glycol on the growth of hexagonal SnS_2 nanoplates and their optical properties [J]. Journal of Crystal Growth, 2011, 328: 70-73.

[180] MAHATA M K, KUMAR K, RAI V K. Er^{3+}-Yb^{3+} doped vanadate nanocrystals: A highly sensitive thermographic phosphor and its optical nanoheater behavior [J]. Sensors and Actuators B, 2015, 209: 775-780.

[181] STOUWDAM J W, RAUDSEPP M, VEGGEL F M. Colloidal nanoparticles of Ln^{3+}-doped $LaVO_4$: energy transfer to visible- and near-infrared-emitting lanthanide ions [J]. Langmuir, 2005, 21: 7003-7008.

[182] WANG J, HOJAMBERDIEV M, XU Y H. Effects of different organic additives on the formation of YVO_4: Eu^{3+} microspheres under hydrothermal conditions [J]. Solid State Sciences, 2011, 13: 1401-1406.

[183] KANG J H, IM W B, LEE D C, et al. Correlation of photoluminescence of (Y, Ln) VO_4: Eu^{3+} (Ln = Gd and La) phosphors with their crystal structures [J]. Solid State Communications, 2005, 133: 651-656.

[184] ZHANG L H, YANG H Q, XIE X L, et al. Preparation and photocatalytic activity of hollow ZnSe microspheres via Ostwald ripening [J]. Journal of alloys and compounds, 2009, 473: 65-70.

[185] DING Y, XIA X, DAI S Y, et al. Inside-out Ostwald ripening: A facile process towards synthesizing anatase TiO_2 microspheres for high-efficiency dye-sensitized solar cells [J]. Nano Research, 2016, 9: 1891-1903.

[186] WANG X, WAN X, CHANG L. Solvothermal synthesis of Bi_2WO_6 hollow microspheres via ostwald ripening with their enhanced photocatalytic activity [J]. Catalysis Letters, 2014, 144 (7): 1268-1277.

[187] 邹丽娜. 纳米孔二氧化钛超薄薄膜的制备方法和减反特性 [D]. 长春: 吉林大学, 2007.

[188] FENG X J, LATEMPA T J, BASHAM J I, et al. Ta_3N_5 nanotube arrays for visible light water photoelectrolysis [J]. Nano Letters, 2010, 10: 948-952.

[189] CONG Y Q, PARK H S, WANG S J, et al. Synthesis of Ta_3N_5 nanotube arrays modified with electrocatalysts for photoelectrochemical water oxidation [J]. Journal of Physical Chemistry C, 2012, 116: 14541-14550.

[190] LI Y B, TAKATA T, CHA D, et al. Vertically aligned Ta_3N_5 nanorod arrays for solar-driven photoelectrochemical water splitting [J]. Advanced Materials, 2013, 25: 125-131.

[191] LIAO M J, FENG J Y, LUO W J, et al. Co_3O_4 nanoparticles as robust water oxidation catalysts towards remarkably enhanced photostability of a Ta_3N_5 photoanode [J]. Advanced Functional Materials, 2012, 22: 3066-3075.

[192] BUISSETTE V, HUIGNARD A, GACION T, et al. Luminescence properties of YVO_4: Ln (Ln=Nd, Yb, and Yb-Er) nanoparticles [J]. Surface Science, 2003, 532/533/534/535: 444-449.

[193] 逄茂林, 林君, 于敏, 等. 发光薄膜的制备及应用 [J]. 液晶与显示, 2002, 17 (5): 372-380.

[194] COSTA C C, JEGOU P, BENATTAR J J. Role of substrate wettability in the "bubble deposition method" applied to the $CeVO_4$ nanowire films [J]. Journal of Surfaces and Colloids, 2011, 27: 4397-4402.

[195] ZHAO N N, LIU K, GREENER J, et al. Close-packed superlattices of side-by-side assembled Au-CdSe nanorods [J]. Nano Letters, 2009, 9: 3077-3081.

[196] HU J T, ODOM T W, LIEBER C M. Chemistry and physics in one dimension: synthesis and properties of nanowires and nanotubes [J]. Accounts of Chemieal Research, 1999, 32: 435-445.

[197] RAHNAMAYE A H A, PARVIZI Z. Structural electronical and thermal properties of XVO_4 (X = Y, Gd) vandadate crystals [J]. Computational Materials Science, 2014, 93: 125-132.

[198] WU D D, MA Y Q, ZHANG X, et al. Dy^{3+} activated $LaVO_4$ films synthesized by precursors with different solution concentrations [J]. Journal of Rare Earth, 2012, 30 (4): 325-329.

[199] LAURENT K, BROURI T, CAPO-CHICHI M. Study on the structural and physical properties of ZnO nanowire arrays grown via electrochemical and hydrothermal depositions [J]. Journal of Applied Physics, 2011, 110: 094310.

[200] CAO F, PAN G X, XIA X H. Hydrothermal-synthesized mesoporous nickel oxide nanowall arrays with enhanced electrochromic application [J]. Electrochimica Acta, 2013, 111: 86-91.

[201] YOU T G, YAN J F, ZHANG Z Y, et al. Fabrication and optical properties of needle-like ZnO array by a simple hydrothermal process [J]. Materials Letters, 2012, 66: 246-249.

[202] KWON S J, IM H B, NAM J E, et al. Hydrothermal synthesis of rutile-anatase TiO_2 nanobranched arrays for efficient dye-sensitized solar cells [J]. Applied Surface Science, 2014, 320: 487-493.

[203] JIANG Q P, LI Y H, DU G F, et al. A novel structure of SnO_2 nanorod arrays synthesized via a hydrothermal method [J]. Materials Letters, 2013, 105: 95-97.

[204] KOVALENKO M V, SCHEELE M, TALAPIN D V. Colloidal nanocrystals with molecular metal chalcogenide surface ligands [J]. Science, 2009, 324: 1417-1420.

[205] TIAN L, SUN Q L, XU X J, et al. Controlled synthesis and formation mechanism of monodispersive lanthanum vanadate nanowires with monoclinic structure [J]. Journal of Solid State Chemistry, 2013, 200: 123-127.

[206] 王念. 钒酸盐低维纳米材料的合成、结构及性能研究 [D]. 武汉: 武汉理工大学, 2007.

[207] HIGUCHI T, HOTTA Y, HIKITA Y, et al. $LaVO_4$: Eu Phosphor films with enhanced Eu solubility [J]. Applied Physics Letters, 2011, 98: 071902.

[208] JIU H F, JIAO H G, ZHANG L X, et al. Improved luminescence behavior of YVO_4: Eu^{3+} hollow microspheres by Ca^{2+} doping [J]. Superlattice Microsture, 2015, 83: 627-635.